豫南夏玉米化肥农药减施增效技术集成研究与应用

YUNAN XIAYUMI HUAFEI
NONGYAO JIANSHI ZENGXIAO JISHU
JICHENG YANJIU YU YINGYONG

杨占平　主编

中国农业出版社
北　京

图书在版编目（CIP）数据

豫南夏玉米化肥农药减施增效技术集成研究与应用 /
杨占平主编 . —北京：中国农业出版社，2022.1
（黄淮海夏玉米化肥农药减施技术集成研究与应用成
果丛书）
ISBN 978-7-109-29107-2

Ⅰ.①豫… Ⅱ.①杨… Ⅲ.①玉米－合理施肥－研究
－河南 Ⅳ.①S513.62

中国版本图书馆 CIP 数据核字（2022）第 014660 号

中国农业出版社出版
地址：北京市朝阳区麦子店街 18 号楼
邮编：100125
责任编辑：郭银巧 史佳丽
版式设计：杨 婧 责任校对：刘丽香
印刷：中农印务有限公司
版次：2022 年 1 月第 1 版
印次：2022 年 1 月北京第 1 次印刷
发行：新华书店北京发行所
开本：880mm×1230mm 1/32
印张：11.75
字数：350 千字
定价：68.00 元

YUNAN XIAYUMI HUAFEI NONGYAO JIANSHI ZENGXIAO
JISHU JICHENG YANJIU YU YINGYONG
豫南夏玉米化肥农药减施增效
技术集成研究与应用

编 委 会

序

　　黄淮海地区是夏玉米主产区，对保障国家粮食安全举足轻重。2019年夏玉米播种面积1 127.05万hm^2，占全国玉米总面积27.3%；产量6 908.5万t，占全国玉米总产量26.5%。2017年我国化肥利用率37.8%，农药利用率38.8%，给环境带来了巨大压力。2015年2月发布了《到2020年化肥使用量零增长行动方案》和《到2020年农药使用量零增长行动方案》，2017年10月启动了"十三五"国家重点研发计划试点专项"化学肥料和农药减施增效综合技术研发"（以下简称"双减"专项），河南农业大学谭金芳教授（现任职于中山大学）牵头组织主持了"黄淮海夏玉米化肥农药减施技术集成研究与示范"项目。该项目设8个课题：中国农业大学孟庆锋博士主持"黄淮海夏玉米化肥减施增效共性关键技术研究"、中国农业科学院植物保护研究所魏守辉博士主持"黄淮海夏玉米农药减施增效共性关键技术研究"、山东省农业科学院农业资源与环境研究所谭德水研究员主持"鲁东夏玉米化肥农药减施增效技术集成与示范"、山东农业大学李向东教授主持"鲁西夏玉米化肥农药减施增效技术集成研究与示范"、河南省农业科学院植物营养与资源环境研究所杨占平研究员主持"豫南夏玉米化肥农药减施增效技术集成

1

与示范"、河南农业大学郭线茹教授主持"豫北夏玉米化肥农药减施增效技术集成与示范"、河北农业大学张利辉教授主持"冀中南夏玉米化肥农药减施增效技术集成研究与示范"、北京市农林科学院衣文平研究员主持"环京津夏玉米化肥农药减施增效技术集成与示范"。自2018年项目启动以来，项目负责人高度重视、积极组织，成立项目办公室，河南农业大学韩燕来教授、王宜伦教授、李慧博士全程跟踪、积极服务。项目和课题负责人瞄准问题，重点突破，通力合作，积极配合，各课题都出色完成了目标任务，做到了对国家负责、成果奉献社会。

由河南省农业科学院植物营养与资源环境研究所牵头主持的"豫南夏玉米化肥农药减施增效技术集成与示范"课题，针对豫南夏玉米生产存在的化肥农药施用量大、耕作粗放、常发病虫害种类多等突出问题，以化肥农药减施增效为核心内容，组织土壤肥料、植物保护、作物栽培等多学科联合，开展了关键技术与协同增效技术研发优化、综合技术模式构建与大面积示范应用，并在示范推广工作机制体制方面进行了创新探索。

通过三年的研究与应用，取得了一系列研发成果，筛选了一批适合豫南的养分高效抗性玉米品种、新型肥料产品、农药助剂、精准施肥施药机械，研发了以肥料品种、施肥方式、周年有机肥替代为核心的化肥减施增效技术，并针对有机肥替代对土壤 NO_3^--N 淋溶量、温室气体排放等环境指标进行了测定与评价；以豫南小麦-玉米主要种植制度为研究对象，对玉米单季及周年两季的化肥减施潜力进行了评价；明确了豫南夏玉米病虫草害主要防控对象，研发提出了以种子处理、苗期与中后期病虫草害防控为核心的豫南夏玉米全生育期主要有害生物综合防控技术；集成构建豫南夏玉米不同土壤肥力化肥农药减施增效技术模式，并在豫南多地进行较大面积示范推广应用，取得较好社会、经济、生态效益。

　　本书的出版是目前我国在这一领域十分重要的研究成果，有利于推动农业绿色高效种植及"藏粮于地，藏粮于技"战略实施，对实现夏玉米的绿色、安全、高效种植具有重要指导意义，可为豫南夏玉米及其他作物与生态类型区化肥农药减施增效提供技术参考和借鉴，也可为广大读者提供参考用书。

2021 年 5 月 16 日

玉米是一种高产、稳产的世界第三大粮食作物，播种面积和总产量仅次于水稻、小麦。目前，全世界玉米生产已从传统的粮食作物生产发展到饲料与深加工等多用途生产。我国是玉米生产第二大国，常年播种面积2 500万 hm² 左右，约占世界玉米面积的17％。当前化肥和农药减施是全球性重大科学命题。据报道，2013年我国玉米每亩施肥量（纯养分）约为16.7 kg，高于发达国家制定的每亩13 kg的上限；2017年我国三大作物化肥和农药利用率虽分别提高至37.8％和38.8％，但与欧美国家相比，化肥利用率仍低12～27个百分点，农药利用率低11～20个百分点。黄淮海地区是我国夏玉米最大的种植区，也是化肥农药消耗总量最大的区域。由于以往技术在不同生态区、不同品种、不同土壤上针对性不强，精准性差，集成度弱，化肥农药利用率低。其中，豫南夏玉米种植区雨热同季，夏玉米茎腐病、锈病、桃蛀螟、玉米螟和杂草发生严重，农药施用量大；土壤质地黏/板障碍因素突出，根系下扎困难，更是制约了肥效发挥和化肥利用率提高。

针对豫南夏玉米种植区域存在的以上诸多问题，依托"十三五"国家重点研发计划"黄淮海夏玉米化肥农药减施技术集成研究与示范"项目的实施，开展了豫南主要土壤供肥特性与化肥高效施用技术研究、病虫草害发生规律与农药高效施用技术研究、养分高效兼具病虫害抗性品种筛选与利用、化肥有机替代与病虫草害绿色防控技术模式研究，集成构建豫南夏玉米化肥农药减施增效综合技术模式，并在实践中示范推广应用。本书内容以该项目豫南课题实施期间的研究成果为主，同时吸收国内外同行专家的部分研究成果编写而成。本书中的"豫南"是指沙河、颍河以南的广大区域，主要包括许昌市、漯河市、周口市、平顶山市、南阳市、驻马店市和信阳市7个地级市所辖区域，其主要种植制度以小麦—玉米轮作为主。

全书共8章：第1章为豫南主要气候特点与土壤类型；第2章为豫南夏玉米主要有害生物发生危害现状；第3章为豫南夏玉米品种抗性监测与评价；第4章为豫南夏玉米养分高效品种的利用；第5章为夏玉米化肥减施增效途径及应用；第6章为夏玉米农药减施增效途径及应用；第7章为豫南夏玉米高效栽培技术途径及应用；第8章为化肥农药减施增效技术集成与应用。

本书得到"十三五"国家重点研发计划"黄淮海夏玉米化肥农药减施技术集成研究与示范"项目的资助。在编写过程中，还承蒙中国农业科学院陈万权研究员与何萍研究员的大力帮助和指导，对此深表谢意！对先后参加该课题研究的全体人员和给予出版支持的领导专家，表示衷心的感谢！

由于作者水平有限，加之编写时间紧，难免纰漏，书中不妥之处，敬请同行专家及广大读者予以批评指正。

编　者

2021年5月于郑州

目录

1

第1章 豫南主要气候特点与土壤类型

河南省是我国重要的粮食主产区，约占全国 1/16 的耕地，生产了全国 1/4 的小麦、1/10 的粮食，连续多年来粮食产量保持在 550 亿 kg 以上，不仅解决了河南 1 亿多人口的吃饭问题，每年还调出 200 亿 kg 原粮和加工制成品，为保证国家粮食安全做出了突出贡献。河南省玉米种植面积常年保持在 350 万 hm² 以上，是重要的农业生产基地之一。

1.1 豫南气候特点

豫南 7 个地级市中，南阳、信阳、驻马店和周口总体气候特征：均处于亚热带向暖温带的过渡地带，雨量充沛，光照充足，热量丰富，四季分明。其中，南阳属北亚热带大陆性季风型气候，季风的进退与四季的替换较为明显，夏季炎热，雨量充沛；春季回暖快，降雨逐渐增多；秋季凉爽，降雨逐渐减少。信阳属典型的季风气候，春夏秋季受热带海洋气团与极地气团交替控制，冬季则主要受极地大陆气团的影响，夏季湿热，冬季干寒，春秋凉爽，四季分明，雨热同期，降水丰沛。驻马店具有亚热带与暖温带的双重气候特征，是典型的大陆性季风型半湿润气候，气候温和，雨量充沛，光照充足，热量丰富，四季分明。周口地处中纬度地带，属亚热带季风气候和暖温带季风气候过渡地带，具备南北方之长，四季分明，雨量充沛，冬季温差较大，夏秋降水偏多，冬季降水偏少。

许（许昌）、漯（漯河）、平（平顶山）区域总体气候特征：

均属北暖温带季风气候，雨量充沛，热量丰富，光照充足，四季分明。其中，许昌属大陆性季风气候，春季干旱多风沙，夏季炎热雨集中，秋季晴和气爽日照长，冬季寒冷少雨雪。漯河位于暖温带南部边缘，冬季寒冷干燥，夏季高温多雨。一年之中，冷暖交替，四季分明。光照充足，热量丰富，降水适中，气候温暖。平顶山处于暖温带和亚热带气候交错的边缘地区，具有明显的过渡性特征，总体上地处暖温带，这一带冷暖空气交汇频繁，春暖、夏热、秋凉、冬寒，四季分明，雨量充沛，光照充足，无霜期长。

利用南阳、信阳、驻马店等 7 个地级市气象观测站近 10 年（2008—2017 年）地面气象观测资料，对其气候特点进行分析。

1.1.1 热量

1.1.1.1 光照和太阳辐射

光照是植物进行光合作用的必要条件。豫南地区全年可得到太阳辐射的总时数为 4 400 h 左右，而实际日照时数又因地理环境和云雾的影响而各不相同。该区域实际日照时数在 1 800～2 280 h 之间，日照率大致为 40%～48%。其分布趋势为北部多于南部，平原多于山区。太阳辐射是地表热量的源泉，根据日照站的实际观测，豫南地区太阳辐射量在 502.3 kJ/cm² 左右，各地市之间的差异比较明显。南阳年太阳辐射总量为 437.2～469.7 kJ/cm²，年日照时数 1 898～2 121 h，年无霜期 220～245 d。信阳年太阳辐射总量为 430.0～450.0 kJ/cm²，年日照时数 1 900～2 100 h，年无霜期 220～230 d。驻马店年太阳辐射总量为 468.8～502.3 kJ/cm²，年平均日照时数 1 900～2 100 h，年无霜期 220～231 d。周口年太阳辐射总量为 510.8 kJ/cm²，年平均日照时数 2 025～2 269 h，年无霜期 219 d。许昌年太阳辐射总量为 475.0～515.0 kJ/cm²，年日照时数 2 280 h，年无霜期 217 d。漯河年太阳辐射总量为 470.0～

508.0 kJ/cm²，年日照时数 2 181 h，年无霜期 216～225 d。平顶山年太阳辐射总量为 469.0～490.0 kJ/cm²，年日照时数 1 800～2 200 h，年无霜期 214～231 d。

1.1.1.2 气温

豫南地区 7 个地级市平均气温 14.3～15.8℃。南阳年平均气温 14.4～15.7℃，7 月平均气温 26.9～28.0℃，1 月平均气温 0.5～2.4℃。信阳年平均气温 12℃左右，冷暖适中，气候湿润，雨水充沛。春季处在冬季风向夏季风的转换季节，冷暖空气交替影响，天气乍寒乍暖。夏季常产生强度较大的降水，季平均气温 26℃左右，7 月最热，极端最高气温为 40.9℃。秋季处在夏季风向冬季风的过渡期，常受高压天气系统控制，多晴好天气，季平均气温 16℃左右。冬季受强盛的蒙古冷高压控制，以湿寒为主，常出现雨雪并降的情况，季平均气温 4℃左右，1 月最冷，平均气温在 1～2℃，极端最低气温达－20.0℃。驻马店年平均气温在 14.9～15℃之间，1 月最冷，月平均气温为 0.8～1.3℃，极端最低气温－20.7℃，7 月最热，月平均气温 27.2～27.7℃，极端最高气温达 43.7℃。大于 0℃积温 5 300～5 500℃，日平均气温稳定通过 10℃且保证率为 80%的积温为 4 473～4 776℃。

周口年平均气温在 14.5～15.8℃之间，四季平均气温分别为 14.5℃、26℃、15℃和 1.6℃，极端最高气温达 43.2℃，极端最低气温为－21℃，一般年份最低气温不低于－11℃，年平均气温为 27℃左右，年周期变化在 0～28℃之间。许昌年平均气温在 14.3～14.6℃之间，极端最高气温 41.9℃，极端最低气温－19.6℃，年平均气温在 15℃左右，历年 1 月平均气温为 0.7℃，7 月平均气温为 27.1℃。漯河累年平均气温为 14.7℃，7 月最热，年平均气温为 27.5℃，1 月最冷，年平均气温为 0.5℃。平顶山年平均气温在 14.8～15.2℃之间，极端最低气温为－11.3℃，极端最高气温为 38.1℃。

1.1.2 降水与蒸发

1.1.2.1 降水量

南阳年降水量 703.6～1 173.4 mm，自东南向西北递减。信阳年平均降水量 1 000～1 200 mm，空气湿润，相对湿度年均 75%～80%。但年际差异较大，最多可达 1 654.1 mm（1956 年），最少为 493.0 mm（2001 年）。季节降水分布不均，冬季最少，夏季最多，春雨多于秋雨。春季平均降水量 250～380 mm，最多可达 500 mm。夏季平均降水量为 400～600 mm，占年降水量的 45%，是暴雨的多发季节，季平均暴雨日数为 3～5d，最高日雨量可达 300 mm 以上。但降水量年际变化又较大，若夏季风较常年偏弱，季风雨带停滞在江淮一带，迟迟不能北上，可造成洪涝，降水量最多可超过 1 000 mm。秋季平均降水量 240 mm 左右，秋分过后降温迅速，"一场秋雨一场寒，十场秋雨穿上棉"是真实的写照。冬季平均降水量 90 mm 左右。驻马店年平均降水量为 850～960 mm，降水量适中。雨量多集中在 4—10 月，占全年降水量的 82%～86%。降水主要特征是：年际变化大。由于受季风的影响，年际降水量的波动十分明显，最多年份降水量是最少年份的 2～3 倍，如 1982 年降水量 1 791.6 mm，1966 年仅 400.9 mm，相差 3.47 倍；四季分配不均匀。降水主要集中在夏季（6—8 月），占全年降水量的 42%～52%；秋季（9—11 月）占 22%～23%；春季（3—5 月）占 22%～24%；冬季（12 月至翌年 2 月）最少，占 6%～8%。

周口年降水量为 689～816 mm，丰水年份可达 1 000 mm。85% 以上的降水多在农作物生长季节，基本能满足农作物生长的需要。夏季降水集中，平均降水量为 371.9 mm，占全年降水量的 50.2%，且时空分布不均，多暴雨、大雨，雨量从东南至西北呈递减趋势；冬季降雪较稀，降雪深度平均为 12 cm。许昌年平均降水量 705.6 mm，日照时数 2 035.0 h。漯河降水量平均为 786 mm。

光照充足，热量丰富，降水适中，气候温暖。夏季高温多雨，日照时数平均为 2 181 h，年降水量为 786 mm。平顶山年降水量为 1 000 mm 左右。

1.1.2.2 蒸发量

河南省多年平均水面蒸发量，黄河以南，由淮南的 900 mm 向北递增到 1 100 mm；黄河以北，由 1 100 mm 增至 1 400 mm。蒸发量的最小值出现在 1—2 月，最大值豫北地区出现在 6 月，豫南地区出现在 8 月。年陆面蒸发量有随降水量增加而增加的趋势。淮南雨量多，陆面蒸发量多年平均值达 700 mm，为全省最高区。蒸发量年际变化不大，这主要是受太阳辐射、温、湿、风、气压等年际变化不大的气候条件制约所致。

1.1.3　气候因子变化规律

利用南阳、信阳、驻马店等 7 个地级市气象观测站 10 年（2008—2017 年）地面气象观测资料，对其气候因子进行分析。豫南地区气候因子年变化、月变化和夏玉米生育期气候因子月变化规律，分别见图 1-1、图 1-2 和图 1-3。

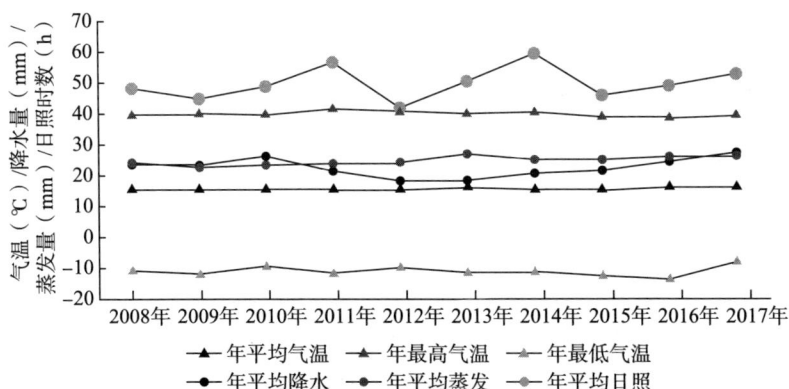

图 1-1　豫南地区气候因子年变化

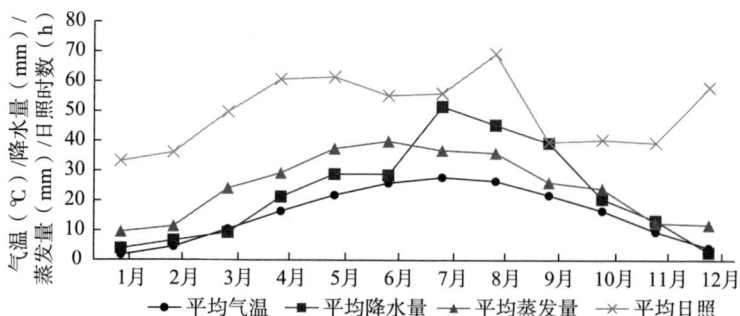

图 1-2 豫南地区气候因子月变化

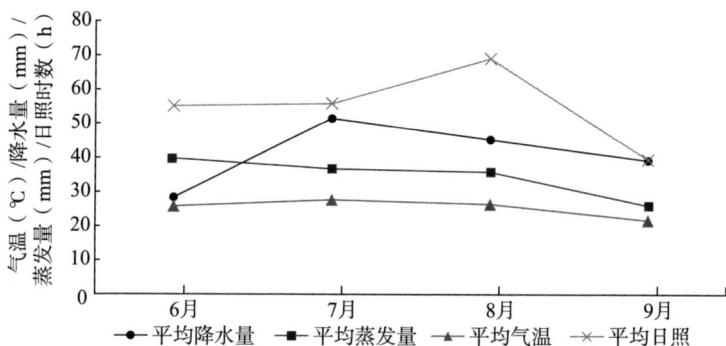

图 1-3 豫南地区夏玉米生育期气候因子月变化

1.1.4 不利气候条件

豫南地区位于北亚热带和暖温带之间的过渡地带，受大陆性季风气候影响，冷暖空气交流频繁，易造成涝、干热风、大风等多种自然灾害，给玉米生产造成不良影响。

1.1.4.1 暴雨

暴雨是河南省的主要气象灾害之一。降雨急骤会带来洪涝。淮河两岸及遂平以南的驻马店、确山、泌阳一带是暴雨发生较多的地区，平均每年发生 3～4 次。雨涝多发生在 7 月、8 月。

1.1.4.2 干热风和大风

"干热风"因气温高、湿度小，风速和蒸发量都很大，对作物极易造成危害。河南全省各地每年都有不同程度的干热风发生，其分布呈自南向北、自西向东递增的趋势。淮南地区平均每 10 年有 1～2 次。大风是指≥8 级的风，全省大风出现在冬、春两季，出现 5 d 以上的大风区主要分布在周口、遂平、方城、三门峡一线以北的地区和淮河两岸及南阳盆地。

1.1.5 气候分区概述

根据光热和水分资源状况的地域差异，豫南地区地跨北亚热带和暖温带两个气候带。

1.1.5.1 北亚热带

河南省北亚热带大致是由西向东沿伏牛山主脉南麓海拔 600～700 m 到沙颍河一线以南地区，约 49 535 km²，占全省面积的 29.9%。该地带范围内平均年总辐射量为 481～511 kJ/cm²；≥10℃活动积温在 4 700～5 000℃；最冷月平均气温为正值；多年（15 年以上）极端最低气温平均值高于－10℃；无霜期平均在 220 d 以上；降水量在 800～1 300 mm。

淮南温热湿润，春雨丰沛区。本区位于河南省最南部，包括淮河以南的平原、岗地、丘陵和大别山地、桐柏山地，水热资源丰富。年平均气温大于 15℃；≥10℃活动积温在 4 900℃以上，持续天数 225～230 d，最冷月平均气温 1～2℃；年平均降水量 1 000～1 300 mm,年湿润系数＞1.0，全年平均水分收入大于支出。该区春季阴雨天气多，日照少，湿度大。

南阳盆地温热半湿润，夏季多旱涝区。本区位于伏牛山南侧，西、北、东三面环山，热量资源丰富。年平均气温大于 15℃，最冷月平均气温 1～2℃，≥10℃活动积温 4 900℃左右；年降水量 800 mm 左右，年湿润系数 0.7～0.9。其水热资源仅次于淮南。夏季雨水集中，变率大，夏秋季节旱涝交替出现。

伏牛山山地温凉湿润，少旱区。本区位于河南西部伏牛山地区，主要包括卢氏和洛宁、嵩县、西峡、鲁山的部分地区，气候温凉湿润。由于地形起伏变化大，气候条件的区域差异和垂直变化也较明显，水、热和光照条件均随高度、坡向不同而显著不同。总体讲，年平均气温在 12℃左右，最热月（7 月）平均气温 25～26℃，≥10℃活动积温大部分地区 4 500℃以上，持续日数 210 d，无霜期 200 d；年降水量约 800 mm，年湿润系数为 1.0，旱象少。

1.1.5.2 暖温带

豫南地区地跨暖温带分区情况如下：

淮北平原温和半湿润，春雨适中，夏季易涝区。本区包括临颍、周口至郸城以南，淮河以北，京广铁路以东的平原区。年平均气温 14～15℃，最热月平均气温 28℃左右，≥10℃活动积温 4 700～4 900℃，持续日数 220 d；年降水量 800～900 mm，春雨多于秋雨，湿润系数 0.8～1.0。夏季雨水集中，加之洼地较多，排水不畅，易造成洪涝灾害。

豫东平原温和半湿润，春季多旱，夏季易涝交替区。本区主要指沙颍河以北、黄河以南、京广铁路以东的平原区。年平均气温 14℃左右，≥10℃活动积温 4 600～4 700℃，持续日数 210～220 d；年降水量平均 600～800 mm，年湿润系数 0.7～1.0。由于降水量年内分配不均，常出现季节性旱涝。

1.2 豫南主要土壤类型与特点

1.2.1 豫南主要土壤类型与分布

豫南地区土壤类型多、分布广，主要包括砂姜黑土、黄褐土、褐土、黄棕壤、潮土和水稻土等,为夏玉米种植提供了丰富的土壤资源。不同生态的土壤理化性状有较大差异,因此弄清楚豫南夏玉米种植区土壤类型与分布对夏玉米化肥农药减施有着重要意义。

1.2.1.1 砂姜黑土

1. 砂姜黑土分布区域 砂姜黑土多分布于山前交接洼地、岗丘间洼地和河间洼地,淮北平原是我国最大的砂姜黑土分布区。河南省砂姜黑土主要分布在南阳盆地,包括南阳市区、新野、淅川、内乡、方城、唐河、南召、社旗、邓州和镇平,漯河郾城区、临颍县和舞阳,驻马店市区、确山、正阳、泌阳、遂平、西平、新蔡、上蔡、平舆和汝南,周口郸城、项城、沈丘和商水,平顶山舞钢、叶县和宝丰,以及许昌建安区。

2. 砂姜黑土成因与土类划分

(1) 土壤成因与结构特征。砂姜黑土是在暖温带半湿润气候条件下,发育于河湖相沉积物上经脱沼泽作用而形成的半水成土,主要受地方性因素(地形、母质、地下水)及生物因素作用。剖面构型为黑土层—脱潜层—砂姜层。在 1.5 m 控制层段内,必须同时具有黑土层与砂姜层两个基本层次,而且黑土层上覆的近期浅色沉积物厚度必须<60 cm。土壤类型主要特征:一是土体深厚,剖面自上而下有耕作层、亚耕层、残留黑土层、氧化还原过渡层和砂姜土层。二是铁锰氧化物的迁移与积累明显,形成锈纹斑、铁锰斑与结核。三是土体中有黑土层。

(2) 砂姜黑土土类划分。砂姜黑土土类划分为 4 个亚类,本区分布有 2 个亚类即砂姜黑土和石灰性砂姜黑土。砂姜黑土主要分布在南阳地区的东南部,驻马店大部分区域,信阳、周口、漯河和许昌也有分布。砂姜黑土又分为覆盖砂姜黑土、漂白砂姜黑土、青黑土和砂姜黑土。石灰性砂姜黑土主要分布在河南沙河、颍河以北的周口、漯河、许昌黄河冲积平原的交接洼地,驻马店和南阳也有零星分布。石灰性砂姜黑土又分为覆盖灰砂姜黑土、黄灰砂姜黑土、

9

灰青黑土和灰砂姜黑土。

3. 砂姜黑土土壤性质

（1）土壤性质。砂姜黑土有机质含量并不高，耕作层为 10～20 g/kg，黑土层仅 10 g/kg 左右，往下层逐渐减少。除特殊情况外，剖面上部游离碳酸钙的含量甚低，一般在 10 g/kg 以下，甚至小于 5 g/kg，剖面下部夹面砂姜的土层其含量可达 40～70 g/kg 或更高；有硬砂姜的土层则可大于 100 g/kg。土壤交换量较高，一般为 20～30 cmol/kg，剖面上部土层高于下部土层，尤以黑土层为高。土体中粗沙含量甚少，黏粒含量多在 30% 以上，但也有 20% 左右的土层，前者常具有变性特征。土层质地以壤质黏土、粉沙质黏壤土及黏土为主，质地层次分异不明显。黏粒的硅铝铁率、硅铝率和硅铁率均较高，分别为 3.0～3.3、3.8～4.3、13～16。黏粒的交换量高达 55～60 cmol/kg。K_2O 含量多数在 26%～30%。砂姜黑土形成过程中常受季节积水影响，土体中氧化还原作用强烈，铁锰氧化物的迁移与积累明显，形成锈纹斑、铁锰斑与结核。在春旱期能起到一定的覆盖保墒作用，但其本身并不蓄水保墒，加上结构无水稳性，所以保墒抗旱作用有限。黑土层蒙脱石的含量在 50%～60%，耕作层也达 40% 以上。蒙脱石具有强烈的膨胀性和收缩性，故砂姜黑土遇水膨胀，遇旱收缩，以致形成楔形自然体和滑擦面等变性土的特征。活性腐殖质的相对含量极低，腐殖酸的相对含量较低，腐殖质中残渣的相对含量较高，以难分解的胡敏素为主，腐殖质中胡敏酸与富里酸的比值较大，在 0.7～1.1 之间，大于棕壤和黄棕壤，明显大于红壤和黄壤，但却小于东北地区的黑土和黑钙土。砂姜黑土的磷素以无机磷为主，占全磷量的 75%～90%，有机磷一般只占全磷量的 10%～25%，无机磷组成中以钙-磷为主，闭蓄态磷次之。不同肥力水平的砂姜黑土，其无机磷组成有较大差别，即二钙-磷、铝-磷、铁-磷和八钙-磷的含量以高肥类型的为多，十钙-磷以低肥类型的为多，而闭蓄态磷则无规律可循。

这说明二钙-磷、铝-磷、铁-磷和八钙-磷对提高作物产量有重要的作用。

（2）土壤养分状况。砂姜黑土养分状况的主要特点是有机质含量不足，严重缺磷少氮，但钾素较为丰富。随着化肥的连年施用，有效磷的含量明显提高，缓效钾和速效钾的含量丰富，作物一般缺钾。砂姜黑土中有效微量元素的分布状况是耕作层明显高于下部的土体。砂姜黑土有效锰、铁的含量较高，有效铜含量适中，而有效锌、硼、钼的含量过低。目前土壤主要养分状况：有机质含量 $10.8 \sim 25.1\ \mathrm{g/kg}$，全氮含量 $0.47 \sim 1.48\ \mathrm{g/kg}$，有效磷含量 $5.9 \sim 38.6\ \mathrm{mg/kg}$，速效钾含量 $76 \sim 193\ \mathrm{mg/kg}$。

4. 砂姜黑土土壤改良

（1）砂姜黑土低产主要原因。利用不合理，农业生态因素失去平衡和交替性的旱涝灾害，缺磷少氮，土壤有效肥力低，土壤耕性差，适耕期短（赵亚丽，2021；王玥凯，2019）。同时，砂姜黑土区域内自然条件比较优越，地势平坦，土层深厚，有利于机械化，有利于种植业、养殖业和林业的协调发展，土壤生产潜力较大，光热水资源丰富，具有开发利用价值。

（2）土壤改良利用途径。从长远考虑，以水利为基础、改土为中心，实行农林牧治理，排除内涝，发展灌溉，广辟肥源，合理轮作，增施磷肥，深耕改土。发展绿肥，增加豆科作物种植比重，增施磷肥，协调氮磷比例，充分利用水资源，合理开发地下水，提高抗旱能力。赵亚丽等（2021）研究表明，深松 50 cm 的改土和增产效果最佳，对夏玉米生产而言，砂姜黑土的耕作深度不宜超过 50 cm。刘卫玲等（2020）研究表明，侧位深松比正位深松更能促进夏玉米生长，提高夏玉米产量，尤其以侧位深松＋三层施肥处理效果最好（分层施肥：肥料分别施在 3 个不同的位置，分别为 10 cm、15 cm 和 20 cm，种子与肥料横向间隔距离为 10 cm 左右）。

1.2.1.2 黄褐土

1. 黄褐土分布区域 黄褐土是我国北亚热带向暖温带过渡的地带性土壤，河南省主要分布于伏牛山南麓与沙河一线以南至桐柏、大别山以北的地区，多为海拔在 500 m 以下的岗丘（低丘、缓岗）和沿河阶地。该土类主要分布在南阳、驻马店、信阳和平顶山，面积为 1 491 万 hm^2，占全省土壤面积的 12%，占黄褐土类面积的 97%，其中耕地面积为 133 万 hm^2，占全省耕地面积的 15.4%，其他地市分布面积很小。就行政区来看，黄褐土主要分布在南阳市卧龙区、内乡县东南、镇平县北部、方城县、唐河县，邓州市西部，平顶山市叶县、鲁山县东南，驻马店市西平县西部及西南部、上蔡县和遂平县南部、泌阳县、正阳县、平舆县和新蔡县一带。

2. 成因与土类划分

（1）土壤成因与结构特征。黄褐土是北亚热带半湿润常绿阔叶林和落叶阔叶混交林或针阔混交林下发育于第四纪更新统黄土母质，典型剖面构型为 $A-B_{ts}-C_k$。母质中常有石灰结核，但 B 层无石灰性，pH 6.8～7.5。其形成经过黏化过程、弱富铝化过程和铁锰的淋淀过程。

土壤呈黄褐色或黄棕色，质地黏重（黏壤土至黏土），土层紧实，尤以心底土中的黏粒聚积明显，并有铁锰胶膜和结核淀积。据土壤微形态观察，淀积层的细土物质明显分离，孔壁多有胶膜状光性定向黏粒分布，其量超过 1% 的黏化标准。表土层和亚表土层色泽较暗，屑粒状或小块状结构。B 层的厚度多大于 30 cm，黄棕、黄褐或淡红棕色，中到大棱块状或棱柱状结构，结构体间垂直裂隙发达，表面有暗褐色黏粒胶膜和铁锰胶膜，土层致密黏实，有时可形成胶结黏盘，根系不易穿透。底土色泽稍浅于心土，质地也略轻于心土，仍有较多老化的棕黑色铁锰斑和结核。向下更深部位可出现石灰结核和暗色铁锰斑与灰色或黄白色相间的枝状网纹。全剖面一般无石灰反应，土壤呈中性偏微碱性。黄褐土的形态特征表现在不同土地利用强度也有一定的差异。大部分岗顶、坡地上的耕种黄褐土，均有不同程度的水土流失，加之耕作管理粗放，土壤熟化度不高，有机质含量比一般林草地土壤低，由 15～20 g/kg 降低到 10 g/kg 左右，颜色由暗变淡，土体亦趋紧实。相反，地形平缓地段以及农户地或菜园地，灌溉、施肥、耕作条件较好的黄褐土，熟土层增厚，色泽深暗，理化性状及营养状况有显著改善。

黄褐土全剖面质地层间变化不大。由下蜀黄土发育的土壤，质地为壤质黏土至黏土，小于 0.002 mm 黏粒的含量 25%～45%，粉沙粒（0.002～0.02 mm）30%～40%。黏粒在 B 层淀积，含量明显增高，一般均超过 30%，高者可达 40% 以上。表土层和底土层质地稍轻，尤其是受耕作影响较深的土壤和白浆化（漂洗）黄褐土，表土质地更轻，多为黏壤土，甚至壤土。黄褐土全剖面无游离碳酸钙，含少量氧化钙。土壤盐基交换量 17～27 cmol/kg。黏粒交换量＞40 cmol/kg，其中以交换性钙和镁为主，占盐基总量的 80% 以上，含微量甚至不含交换性氯和铝。土壤呈中性，pH 6.5～7.5，盐基饱和度≥80%，自上而下增高，这些特性明显区别于同一地带的黄棕壤。黄褐土土壤凋萎含水量与黏粒含量呈正相关，田间持水量自上而下降低，凋萎含水量增大。

（2）黄褐土土类划分。黄褐土分为黄褐土、白浆化黄褐土和黄褐土性土 3 个亚类。黄褐土亚类分为黄土质黄褐土、洪冲积性黄褐土、砂姜黄褐土和钙质黄褐土 4 个土属，该亚类分布在淮河两岸、沙颍河以南及南阳盆地周围垄岗地区，即南阳、驻马店、信阳和平顶山等地。白浆化黄褐土亚类主要分布在河南北纬 33°10′以南、东经 113°50′以东的缓岗地区，即驻马店地区中南部与信阳地区的北部。黄褐土性土亚类主要分布在伏牛山、桐柏山海拔 200～500 m 的低山丘陵地带，即驻马店、南阳、漯河和平顶山等地。该亚类又分为黄土质黄褐土性土、洪冲积黄褐土性土、钙质黄褐土性土和洪积黄褐土性土 4 个土属。

3. 黄褐土土壤性质

（1）土壤物理性状。黄褐土全剖面质地层间变化不大。由下蜀黄土发育的土壤，质地为壤质黏土至黏土，小于 0.002 mm 黏粒的含量 25%～45%，粉沙粒（0.002～0.02 mm）30%～40%。黏粒在 B 层淀积，含量明显增高，一般均超过 30%，高者可达 40% 以上。表土层和底土层质地稍轻，尤其是受耕作影响较深的土壤和白浆化（漂洗）黄褐土，表土质地更轻，多为黏壤土，甚至壤土。

（2）土壤化学性质。黄褐土全剖面无游离碳酸钙，含少量氧化钙。土壤盐基交换量 17～27 cmol/kg。黏粒交换量＞40 cmol/kg，其中以交换性钙和镁为主，占盐基总量的 80% 以上，含微量甚至不含交换性氯和铝。土壤呈中性，pH 6.5～7.5，盐基饱和度≥80%，自上而下增高。

（3）土壤养分状况。有机质和氮素含量偏低，钾素较丰富，磷素贫缺。有效微量元素中铁和锰含量丰富，锌和钼属于低值范围，硼极缺。因此，在配方施肥时，注意因土因作物不同，补施硼、钼和锌肥均可获增产效果。土壤主要养分具体状况为：有机质含量 8.9～22.6 g/kg，全氮含量 0.65～1.22 g/kg，有效磷含量 7.2～37.4 mg/kg，速效钾含量 60～211 mg/kg。

4. 利用与改良途径 黄褐土地处丘陵垄岗，土质黏重，物理性质很差，耕层浅薄，养分贫瘠，是河南面积很大的中低产土壤。根据其易旱、易涝、黏重和瘠薄的土壤肥力特点，应采取以下综合性利用改良措施：一是改坡地为梯田，蓄水保土。二是深耕改土，增施有机肥料，熟化土壤。三是有机无机肥料结合，改善土壤养分贫瘠失调状况。四是广种适生绿肥牧草，大力发展畜牧业。五是合理规划，发展灌排。

1.2.1.3 褐土

1. 褐土分布区域 褐土主要是暖温带半湿润地区发育于排水

14

良好地形的半淋溶型土壤。一般分布在海拔 500 m 以下，地下潜水位在 3 m 以下，母质各种各样，有各种岩石的风化物，但仍以黄土物质为主。河南褐土主要分布在伏牛山主脉与沙河、汾泉河一线以北，京广路以西的广大地区。豫南褐土区域主要分布在禹州、平顶山市宝丰县、许昌市襄城县西部和西北部、长葛市西北部。

2. 褐土成因与土类划分

（1）土壤成因与结构特征。褐土是暖温带半湿润季风气候、干旱森林与灌木草原植被下，经过黏化过程和钙积过程发育而成的具有黏化 B 层，剖面中某部位有 $CaCO_3$ 积聚（假菌丝）的中性或微酸性的半淋溶土壤。我国境内褐土多发育于碳酸盐母质，呈中性至碱性反应，碳酸钙多以假菌丝体状广泛存在于土层中、下层，有时出现在表土层。成土过程是碳酸盐的淋溶淀积过程和黏化过程，黏化层和淀积层是褐土的特征土层。黏化层呈暗红色，厚度为 50～80 cm，黏粒含量＞25％。钙积层位于黏化层之下，碳酸盐含量＞2.0％，碳酸盐结晶形成各种形态的新生体，如假菌丝体、砂姜、粒状方解石晶体等。

褐土由于矿物风化处于初级阶段，其黏土矿物以水化云母和水云母层钾离子释放而形成的蛭石（含量 20％～70％）为主，蒙脱石次之（10％～50％），少量高岭石的出现，则可能为母质的残留性状。由于这种矿物组成，所以黏粒的 SiO_2/R_2O_3 * 一般为 2.5～3.0。铁的游离度较高，Fed/Fet 可达 20％，其中淋溶褐土高于普通褐土与石灰性褐土（＜18％）。剖面的机械组成一般为轻壤—中壤，但黏化层则多为中壤—重壤，其＜0.001 mm 的黏粒所示 Bt/A≥1.2，高者可达 1.5，由矿物黏粒所决定的交换量一般为 40～50 cmol/kg。一般全剖面的盐基饱和度＞80％，pH 7.0～8.2，根据

---

* R 为硅铝铁率（Silica-sesquioxide ratio），别称 Saf 值。土壤黏粒中的氧化硅与氧化铝、氧化铁的摩尔比，以 $SiO_2/（Al_2O_3+Fe_2O_3）$ 或 SiO_2/R_2O_3 表示。

不同亚类特征，$CaCO_3$出现于不同层次。容重平均为 1.3 g/cm^{3}左右，低层为 1.4～1.6 g/cm^3，沙性质地则稍大于此数，黏性质地则稍小于此数。剖面一般无特殊的障碍层次，个别石灰性褐土有石灰淀积层，一般不影响水分物理特性。

（2）褐土土类划分。褐土分为普通褐土（A-B$_{tk}$-C）、淋溶褐土（A-B$_t$-C$_k$）、石灰性褐土（A$_{hk}$-B$_{tk}$-C$_k$）、潮褐土（A$_{hk}$-B$_{tk}$-C$_k$-C$_g$）、娄土（P-A$_h$-B$_t$）和褐土性土（A-B$_k$-C）共 6 个亚类。

3. 褐土土壤性质

（1）土壤形成过程。褐土的土壤颗粒组成除粗骨性母质外，一般均以壤质土居多。在这种质地剖面中，主要特征是一定深度内具有明显的黏粒积聚，即黏化层。由于黏粒的积聚，碳酸钙含量也高，土壤由中性到微碱性，盐基饱和度多在 80％以上，钙离子饱和。褐土主要的形成过程有黏化过程、钙化过程和熟化过程。黏化过程是褐土主要的成土过程之一，由于季节性的干燥和湿润，黏化层中黏土矿物的不断收缩和膨胀，使土体沿结构面产生裂缝，在植物根系穿插与土壤重力水下渗情况下，使黏化层纵裂缝加大，成为水分下渗的通道，随水下渗的黏粒及溶解于水的钙、镁等物质涂敷于结构面上，形成黏土胶膜。黏化过程发生在碳酸钙的淋洗之后，褐土以残积黏化为主，但也有淋淀黏化作用。钙化过程主要指碳酸盐在土体中淋淀、淋积的过程。熟化过程主要是在耕作过程中，农民长期连续施用混有大量黄土的堆沤肥，称之为"土粪"，在形成褐土深厚的熟化层中起到作用。与堆积熟化过程相反，还存在着土壤侵蚀过程。褐土深厚的熟化层是人为长期耕作，水保措施与水土流失现象矛盾统一的结果。

（2）土壤养分状况。褐土有机质和全氮含量比较低，褐土对于一般作物来说是缺乏氮素营养的土壤，而大多数土壤 0～20 cm 土层的有机质含量在 10～20 g/kg，全氮在 0.4～1.0 g/kg，碱解氮在 40～60 mg/kg。由于钙离子饱和，磷多与钙结合而被固定，因此磷的有效形态较低。钾比较丰富。土壤中有效态微量元素 Zn、Mn、Fe、B 等均处于低量供应水平，其中特别是 Zn，当 pH＞7 时补锌效果明显。土壤主要养分状况：有机质含量 12.4～26.8 g/kg，全氮含量 0.85～1.81 g/kg，有效磷含量 6.3～44.7 mg/kg，速效钾含量 87～259 mg/kg。

4. 利用与改良途径 褐土的主要问题是干旱与水土流失，据此，提出以下几个措施：一是调整农业生产结构，适当调整农、林、牧业生产结构。二是防旱保墒与适当发展灌溉。三是植树种草，防冲护土。四是加强农田基本建设，搞好水土保持。防治水土流失的措施中，工程措施和生物措施要融为一体。

1.2.1.4 黄棕壤

1. 黄棕壤分布区域 黄棕壤是北亚热带向暖温带过渡的地带性土壤。主要分布在伏牛山南坡与大别山、桐柏山海拔 1 300 m 左右以下的山地，呈一狭长地带分布。河南省该类土壤面积为 32 万 hm²，占全省土壤面积的 2.35％，其中耕地面积 6.5 万 hm²，占全省耕地面积的 0.73％。河南省该土类主要分布在南阳盆地和桐柏山地，行政区划包括信阳平桥、光山、商城、新县、罗山、固始、潢川、南阳唐河、南召、西峡、内乡、桐柏、镇平、淅川，三门峡卢氏，平顶山舞钢、鲁山，洛阳嵩县等。

2. 黄棕壤成因与土类划分

（1）土壤成土条件。该区气候主要受季风影响，夏季温热多雨，冬季寒冷，年均温 15℃ 左右，≥10℃ 积温在 5 000℃ 以上，年降水量 800～1 300 mm，多在 7—9 月，占全年降水量的 50％～60％，一年中无明显的干湿季节，无霜期 240 d。该区的植被类型为常绿阔叶树种的落叶阔叶林与针叶林的混交林，其下多灌丛与草本植物。地形与母质上，该土类多分布在低山和丘陵地区，部分地区为中山，成土母质为各种岩石的残、坡积物，如花岗岩、片麻岩、安山岩、千枚岩、页岩、砂岩等，在岗地为下蜀黄土。黄棕壤受人为因素的影响很大，由于多是低山丘陵，乱砍滥伐森林，引起水土流失，使土层变薄，石砾增多，土壤养分含量较低，但在较高的山地，森林生长茂密、土层较厚，有机质含量较高，土壤养分比较丰富。

（2）黄棕壤土类划分。根据《中国土壤系统分类》，并结合河南的情况，将该土类分为普通黄棕壤和黄棕壤性土2个亚类。普通黄棕壤又分为5个土属、硅铝质黄棕壤、硅铝钾质黄棕壤、硅镁铁质黄棕壤、砂泥质黄棕壤和硅质黄棕壤。根据成土母质的差异，黄棕壤性土又分为硅铝质黄棕壤性土和砂泥质黄棕壤性土2个土属。

3. 黄棕壤土壤性质

（1）土壤性质。黄棕壤有明显的淋溶作用、黏化作用、弱富铝化作用和较强烈的生物积累作用。①淋溶作用：该区高温多雨，利于岩石矿物风化分解，风化过程中释放出来的 K^+、Na^+、Ca^{2+}、Mg^{2+} 等盐基离子，随下渗水向下淋洗产生较为强烈的淋溶过程，使黄棕壤的整个土体没有石灰反应，淋溶过程使土壤酸性增加，盐基饱和度下降，淋溶层质地变轻，土壤黏粒和锰氧化物产生剖面分异。②黏化作用：该区高温多雨，使黏化作用较为明显。分析表明：粉粒、黏粒含量均有明显的层次分异，且B层黏粒含量最高。发育良好的黄棕壤剖面黏粒均有淋溶淀积现象，剖面上部淋溶层黏粒含量减少，剖面中、下部淀积层黏粒含量增加。③弱富铝化作用：土壤中碳酸盐淋失，交换性盐基中度淋失，原生铝硅酸盐矿物发生分解，部分 SiO_2 淋溶，并形成2∶1型或2∶1∶1型及少量1∶1型黏土矿物。同时，铁已明显释放，形成相当数量的游离氧化铁。黏粒的硅铁铝率也是表征土壤脱硅富铝化的有效指标，黏粒的硅铁铝率一般在2.5～3.0。④生物积累作用：该区气候温暖湿润，大部分有较好的森林植被，生物积累作用明显。而开垦后的黄棕壤，生物积累作用比自然植被条件下积累作用大为下降。

（2）土壤养分状况。黄棕壤 A 层较高的有机质含量约 40 g/kg，全氮为 1.5 g/kg，低的有机质为 16 g/kg，全氮为 0.9 g/kg。A 层向下，土壤有机质含量普遍小于 15 g/kg，全氮多小于 0.7 g/kg，全磷多在 0.2～0.4 g/kg 之间，全钾多在 10 g/kg 左右，有效磷小于 50 mg/kg，速效钾多为 50～100 mg/kg。黄棕壤主要养分状况：有机质含量 6.2～19.2 g/kg，全氮含量 0.59～1.18 g/kg，有效磷含量 5.1～35.9 mg/kg，速效钾含量 35～221 mg/kg。

4. 利用与改良途径 黄棕壤是豫南山地丘陵区广泛分布的土壤类型，该区林业资源丰富，生物种类繁多，兼具北亚热带与暖温带的气候特点，是全区用材林、经济林分布面积最大、最集中的地区。因此，合理利用与因地制宜搞好水土保持工作是改良利用的基本方针：①严禁陡坡开荒，高度重视水土保持。②深耕改土、增施有机肥料。③适地适树，因地制宜发展经济林业。④引进良种牧草，大力发展畜牧业。⑤搞好多种经营，发展山区经济。

1.2.1.5 潮土

1. 潮土分布区域 潮土是河流沉积物受地下水运动和耕作活动影响而形成的土壤，因有夜潮现象而得名，属半水成土，其主要特征是地势平坦、土层深厚。集中分布于河流冲积平原、三角洲泛滥地和低阶地，在河南集中分布在东部黄淮海冲积平原。另外，淮河干流以南、唐白河、伊洛河、沁浍河诸河流沿岸及沙河、颍河上游多呈带状亦有小面积分布。潮土是河南省面积最大、分布最广的一个土类，潮土耕地面积为 333 万 hm^2，占全省耕地面积的 37%，在农业生产上具有极重要的作用。豫南区域主要分布在许昌、驻马店和信阳等地。

2. 潮土成因与土类划分

（1）土壤成因与结构特征。潮土分布于黄淮海平原，汾河、渭河等地的河谷平地，属于半湿润半干旱气候区。成土母质是近代河流冲积物，富含碳酸盐或不含碳酸盐，历史上受黄河、淮河以及海河多次泛滥、决堤的影响，沙、壤、黏沉积物的区域分布及垂直剖面中质地层理分异尤为明显。受地下水运动和耕作活动影响，由夜潮现象而得名，属半水成土。其主要特征是地势平坦、土层深厚，地下水埋深较浅。潮土是由潴育化过程和受旱耕熟化影响的腐殖质积累过程两个成土过程形成的，具有腐殖质层（耕作层）、过渡层、氧化还原层及母质层等剖面层次，沉积层理明显。

（2）潮土土类划分。潮土分为潮土（黄潮土）、湿潮土、脱潮土、盐化潮土、碱化潮土、灰潮土及灌淤潮土7个亚类。黄潮土是潮土土类中分布面积最大的亚类，其母质起源于西北黄土高原，多是富含碳酸钙的黄土性沉积物，又称为石灰性潮土。湿潮土是潮土与沼泽土之间的过渡性亚类，主要分布在平原洼地，排水不良，地下水埋深仅 1.0～1.5 m，母质为河湖相静水黏质沉积物，一般无盐化或碱化威胁。脱潮土是潮土土类向地带性土壤褐土土类过渡性亚类，又称褐土化潮土。盐化潮土是潮土与盐土之间的过渡性亚类。碱化潮土分布的面积最小，是潮土与瓦碱土之间过渡性亚类。灰潮土是江南的主要旱作土壤，表土颜色灰暗，母质分为含与不含碳酸盐的河流沉积物。灌淤潮土主要分布于干旱、半干旱地区，人为引水淤灌而成，为潮土与灌淤土之间的过渡性亚类。

3. 潮土土壤性质 潮土质地变化较多，紧砂慢淤，不紧不慢出两合。潮土的黏土矿物一般以水云母为主，蒙脱石、蛭石、高岭石次之。大部分 pH 在 7.2～8.5 之间。大多数潮土的腐殖质层是一种人为耕作熟化表土层，一般厚 15～20 cm，腐殖质含量低。耕作层呈屑粒状、碎块状，与原沉积物相比，孔隙度增加，容重值降低。潮土水稳性团聚体含量较低，一般为 2%～16%，总孔隙度一般为 47%～53%，毛管孔隙度一般为 39%～43%，质地由沙至黏，数值依次递增。潮土的最大吸湿量为 2.3%～6.5%，凋萎含水量为 3.5%～9.5%，田间持水量为 20%～28%，饱和持水量为 32%～42%。腐殖质含量低，多小于 10 g/kg，全氮含量为 0.10～

20

2.38 g/kg，钾素丰富，普遍缺磷，微量元素中锌含量偏低。潮土大多含有碳酸钙，含量大多在 40～140 g/kg 之间，以沙质土较低，黏质土较高。土壤主要养分状况：有机质含量 9.0～24.2 g/kg，全氮含量 0.70～1.39 g/kg，有效磷含量 6.3～32.1 mg/kg，速效钾含量 64～207 mg/kg。

4. 利用与改良途径 潮土区地形平坦，气候条件比较适宜，水资源较充足，灌排方便，对农业生产发展十分有利。但也存在着影响农业生产发展的一些障碍因素，主要是旱、涝、盐碱、瘠薄与风沙等，针对这些障碍因素，必须因地制宜采取有效措施。一是发展灌溉，防止旱涝盐碱。二是加强农田基础建设，沟、渠、路、林、田、井、电综合治理。三是因地制宜调整农业生产结构，做到农林牧结合。四是广开肥源，培肥地力。

1.2.1.6 水稻土

1. 水稻土分布区域 水稻土是指发育于各种自然土壤之上、经过人为水耕熟化、淹水种稻而形成的耕作土壤。水稻土以种植水稻为主，也可种植小麦、棉花、油菜等旱作作物。水稻土广泛分布于淮南丘陵垄岗、山间盆地与峡谷；豫西豫北山区主要分布在河流两岸较开阔的带状平地与山前交接洼地泉水出露处。就行政区来看，以信阳最多，其次是驻马店和南阳，新乡、平顶山、洛阳和焦作也有一定的面积。

2. 水稻土成因与土类划分

（1）土壤成因与结构特征。水稻土经历氧化还原、有机质的合成与分解、盐基淋溶与复盐基、铁锰淋溶与淀积、黏土矿物的分解与合成等过程。在各个地带性土壤、水成和半水成土壤、盐碱化土壤上长期种植水稻均可发育为水稻土。但不是只要种植了水稻就是水稻土，水稻土必须有因长期种植水稻发育而成的水耕淀积层（B_{shg}）。水稻土形成过程是水耕熟化中水层管理的灌水淹育和排水疏干，使土体发生还原和氧化的交替作用。这种土壤由于长期处于水淹的缺氧状态，土壤中的氧化铁被还原成易溶于水的氧化亚铁，并随水在土壤中移动，当土壤排水后或受稻根的影响（水稻有通气组织为根部提供氧气），氧化亚铁又被氧化成氧化铁沉淀，形成锈斑、锈线，土壤下层较为黏重。

（2）水稻土土类划分。水稻土分为淹育水稻土（W-A_{p2}-B-C）、渗育水稻土（W-A_{p2}-B_e-B_{ghs}-C）、潴育水稻土（W-A_{p2}-B_e-B_{shg}-C_g）、潜育水稻土（A_1-A_{p2}-B_e-B_r）、脱潜水稻土（W-A_{p2}-B_e-B_{shg}-B_r）、漂洗水稻土［W-A_{p2}-（E）-B_{ts}-C］、盐渍水稻土和咸酸水稻土等几个亚类。

3. 水稻土土壤性质

（1）水稻土中的有机质和氮素。灌水前，水稻土的氧化还原电位（Eh）一般为 $450\sim650$ mV，灌水后迅速降至 200 mV 以下，是土壤有机质旺盛分解期，有利于有机质的积累，水稻成熟落干，又可上升到 400 mV 以上。水稻土利于有机质的积累，与旱作土壤相比，腐殖质化系数也高。因有机质含量高，水稻土的氮素营养主要来自土壤，研究表明，施氮条件下，水稻所吸收的氮素 $60\%\sim80\%$ 来自土壤，$20\%\sim40\%$ 来自化肥。

（2）水稻土中的磷、钾、硅与硫。水稻土往往缺磷：一是早春土温低，微生物活动弱，不利于有机磷的转化，故早春易发生僵苗或红苗；二是后期水稻土水层的落干管理，Fe^{2+} 变为 Fe^{3+} 与 PO_4^{3-} 结合，形成难溶性的 $FePO_4$。水稻土往往缺钾，主要是 Fe^{2+} 交换土体中的钾而产生置换淋失，致使幼苗缺钾，可用稻草还田、施草木灰及钾肥等解决。水稻土中的硅虽多，但溶解度小，硅酸以单分子 $Si(OH)_4$ 形态溶于水，但它可以被铁、铝两性胶体吸附，又能与 $Fe(OH)_3$ 结合成复盐。这种化合物只有通过淹灌，增加其还原性而提高硅的有效性，以补充水稻生长时的需要。水稻土中的硫 $85\%\sim94\%$ 为有机态，当通气状态不好时易还原为 H_2S，引起水稻中毒，其中毒标志是水稻根系发黑，被 FeS 所覆盖。

（3）水稻土中的铁、锰与 pH。水稻土中的铁和锰易随 Eh 的变化产生移动，但在作为水稻的营养状况而考虑时，只有在酸性较强排水不良的"锈水田"中 Fe 含量可达 $50\sim100$ mg/kg 的毒害临界值。水稻田的 pH 除受母质影响外，与水层管理关系较大，一般酸性水稻土或碱性水稻土在淹水后，其 pH 均向中性变化，即 pH 从 $4.6\sim8.0$ 变化到 $6.5\sim7.5$。因为酸性土灌水后，形成 Fe^{2+} 和 Mn^{2+}，在水中形成 $Fe(OH)_2$ 和 $Mn(OH)_2$，使水稻土 pH 升高；碱性水稻土由于灌溉，使土壤中的碱性物质遭到淋失，从而使 pH 降低。

（4）土壤养分状况。土壤中有机质含量和氮含量稳定。磷的活性提高，供磷能力提高。铁锰被还原为低价态，具有更高活性。目前，土壤主要养分状况（平均值）：有机质含量 16.48 g/kg，全氮含量 0.99 g/kg，有效磷含量 19.62 mg/kg，速效钾含量 125 mg/kg，有效铁含量 16.04 mg/kg，有效锰含量 19.02 mg/kg，有效钼含量 1.74 mg/kg，有效锌含量 1.07 mg/kg，有效硼含量 0.82 mg/kg。

4. 利用与改良途径　水稻土存在的主要问题是冷渍、淀板、养分失调、有机肥源不足等。一是健全排灌系统，改变串灌旧习，排除田面积水，防止土壤潜育化的发展。二是广辟有机肥源，熟化土壤，消除淀浆板结。三是推广配方施肥，补施磷、钾肥，做到土壤养分协调。

1.2.2　豫南夏玉米土壤供肥特征

1.2.2.1　豫南土壤养分状况

（1）有机质。平均含量为 16.7 g/kg，高于河南全省有机质平均含量（16 g/kg），其中信阳、平顶山大多数土壤有机质含量水平较高，其他地区属中等以下水平。

（2）全氮。以信阳、南阳、平顶山等含量较高，约占 90%。区域土壤全氮含量高于河南全省平均水平。

（3）速效氮。南阳、信阳、许昌、周口含量范围为97～109 mg/kg，高于河南全省平均水平（97 mg/kg），而平顶山、驻马店、漯河速效氮含量略低。

（4）有效磷。豫南区域土壤有效磷含量范围为11.5～18.9 mg/kg，平均含量为15.9 mg/kg，比河南全省平均含量降低了1.85%，但漯河、南阳、周口、驻马店有效磷含量高于全省平均水平。

（5）速效钾。豫南地区速效钾含量为102～151 mg/kg，均值与河南全省速效钾含量均值相比降低了7.20%，但周口和南阳地区速效钾含量高于全省平均水平。

1.2.2.2 豫南夏玉米基础地力水平

基础产量即在不施肥的条件下作物获得的产量，大量数据分析表明，基础产量决定最佳产量，它能直观反映土壤的基础地力水平。同时，根据夏玉米单位产量的养分吸收量，即养分系数，计算其供肥水平。根据分析计算结果，本书中夏玉米每100 kg经济产量所需养分量分别为氮（N）2.52 kg、磷（P_2O_5）1.30 kg、钾（K_2O）2.35 kg（详见下一节）。豫南各市夏玉米基础产量水平和供肥水平，以及豫南各土壤类型区夏玉米基础产量水平与供肥水平，分别见表1-1和表1-2。

表1-1 豫南各地级市夏玉米每亩[*]基础产量水平与供肥水平（kg）

指标	平均	平顶山	漯河	驻马店	许昌	南阳	信阳	周口
产量	322.6	312.6	275.1	280.4	386.9	306.9	279.1	350.1
土壤供氮量（N）	8.13	7.88	6.93	7.07	9.75	7.73	7.03	8.82
土壤供磷量（P_2O_5）	4.19	4.06	3.58	3.65	5.03	3.99	3.63	4.55
土壤供钾量（K_2O）	7.58	7.35	6.46	6.59	9.09	7.21	6.56	8.23

---

[*] 亩为非法定计量单位，15亩=1 hm²。余同——编者注

表 1-2   豫南各土壤类型区夏玉米每亩基础产量水平与供肥水平（kg）

指标	平均	砂姜黑土	黄褐土	褐土	潮土	黄棕壤	水稻土
产量	322.6	293.2	298.3	334.1	353.3	288.4	279.1
土壤供氮量（N）	8.13	7.39	7.52	8.42	8.90	7.27	7.03
土壤供磷量（P_2O_5）	4.19	3.81	3.88	4.34	4.59	3.75	3.63
土壤供钾量（K_2O）	7.58	6.89	7.01	7.85	8.30	6.78	6.56

1.3   豫南夏玉米施肥施药现状

河南省玉米种植面积占全国玉米种植面积的 10％以上，而豫南玉米种植面积占河南省玉米种植面积的 47.25％，占豫南地区耕地面积的 30.67％，玉米产量占河南省玉米总产量的 42.72％，可见豫南地区玉米生产尤为重要。在我国玉米种植区划分上，豫南地区属于黄淮海夏播玉米区，而在我国主要农业生态区中，黄淮海区的肥料施用量最高，肥料的利用效率最低（孙海潮，2008）。豫南夏玉米区雨热同季，夏玉米病虫草害发生严重，农药施用量大，土壤质地黏/板障碍因素等问题突出。主要有以下方面：

1.3.1   豫南夏玉米需肥水平与施肥现状

1.3.1.1   豫南夏玉米需肥水平

1. 豫南夏玉米需肥水平   单位产量的养分吸收量即养分系数，本书中是指每 100 kg 夏玉米籽粒产量所需养分量，一般可用下式计算：单位产量吸收养分的数量＝玉米地上部所含的养分总量/玉米籽粒产量。

一般来说，作物养分需求量与环境条件、栽培技术，特别是产量水平有关。随着作物产量的提高，氮、磷、钾吸收量也相应增多。由于作物对养分具有选择性吸收，以及作物组织具有较稳定的化学结构，所以作物单位产量养分的吸收量会在一定的范围内变化。一般研究中，常常把单位产量的养分需求量看作一个常数。本书中，为探讨玉米单位产量（每100 kg）养分需求量的变化幅度，对玉米经济产量与其对应的玉米地上部（包括籽粒和秸秆）所吸收的养分总量（也即生物产量所吸收的养分量）做了相关分析。其中，玉米生物产量所吸收养分量与其对应的经济产量之间的关系见图1-4、图1-5和图1-6。

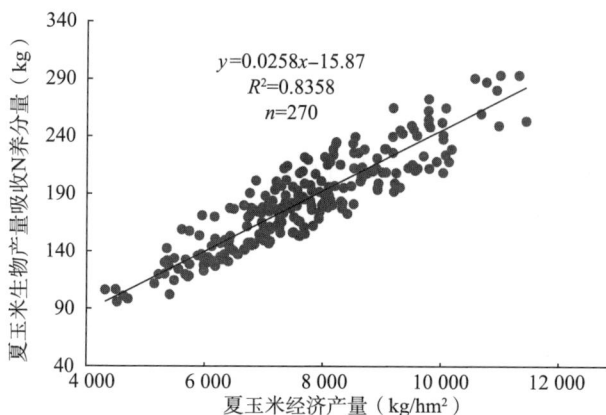

图1-4 夏玉米生物产量所吸收 N 养分量与对应经济产量之间的关系

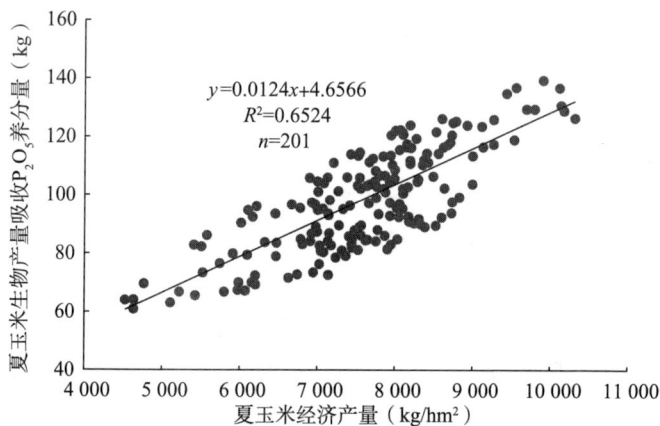

图1-5 夏玉米生物产量所吸收 P_2O_5 养分量与对应经济产量之间的关系

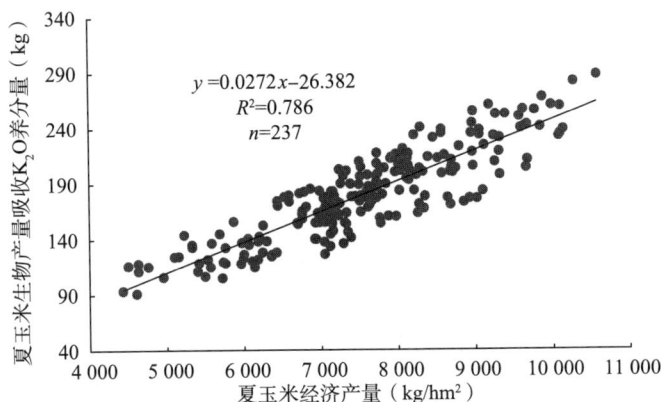

图 1-6　夏玉米生物产量所吸收 K_2O 养分量与对应经济产量之间的关系

　　从图中可看出，玉米生物产量养分需求量受玉米产量水平的影响很大，且随着产量水平的提高而增加。玉米生物产量的养分吸收量与对应的经济产量之间均呈极显著的直线相关关系。也就是说，玉米生物产量的养分吸收量与玉米经济产量的比值（即玉米单位产量所需养分量）趋向一个稳定的范围，因此可以把玉米单位产量的养分需求量定为常数。于是就可以把所选取各样本中分别计算出来的单位产量养分需求量（N、P_2O_5 和 K_2O）求其算术平均值，作为玉米的养分系数。根据分析计算结果，本书中，夏玉米每 100 kg 经济产量所需养分量分别定为氮（N）2.52 kg、磷（P_2O_5）1.30 kg、钾（K_2O）2.35 kg。

2. 豫南夏玉米产量水平

　　（1）豫南夏玉米产量。根据夏玉米单位产量的养分吸收量即养分系数计算夏玉米需肥水平。根据分析计算结果，本书中，夏玉米每 100 kg 经济产量所需养分量分别定为氮（N）2.52 kg、磷（P_2O_5）1.30 kg、钾（K_2O）2.35 kg。豫南各市夏玉米平均产量水平与需肥水平，以及豫南各土壤类型区夏玉米平均产量水平与需肥水平，分别见表 1-3 和表 1-4。

27

表1-3　豫南各市夏玉米每亩平均产量水平与需肥水平（kg）

指标	平顶山	漯河	驻马店	许昌	南阳	信阳	周口	平均
产量	507.9	452.5	489.9	504.0	433.2	457.6	514.7	475
需氮量（N）	12.80	11.40	12.35	12.70	10.92	11.53	12.97	11.97
需磷量（P_2O_5）	6.60	5.88	6.37	6.55	5.63	5.95	6.69	6.18
需钾量（K_2O）	11.94	10.63	11.51	11.84	10.18	10.75	12.10	11.16

表1-4　豫南各土壤类型区夏玉米每亩平均产量水平与需肥水平（kg）

指标	砂姜黑土	黄褐土	褐土	潮土	黄棕壤	水稻土	平均
产量	465.8	473.9	480.7	507.6	448.0	457.6	475
需氮量（N）	11.74	11.94	12.11	12.79	11.29	11.53	11.97
需磷量（P_2O_5）	6.06	6.16	6.25	6.60	5.82	5.95	6.18
需钾量（K_2O）	10.95	11.14	11.30	11.93	10.53	10.75	11.16

（2）目标产量。目标产量即计划产量，是决定肥料需要量的原始依据，目标产量的设计是实现玉米定量化栽培管理的前提和基础。生产上现有的目标产量设计主要有"以地定产"、"以水定产"、以前3年平均产量定产或将光温生产潜力修订后作为目标产量等几种方法。其中在前3年平均产量的基础上增加10%～15%作为目标产量是生产上应用最广泛的方法之一。根据生产实际，本书以近5年夏玉米平均产量来定产，夏玉米产量的增产率定为15%。

1.3.1.2　豫南夏玉米化肥施用情况

夏玉米作为豫南地区主要的粮食、饲料作物，目前的栽培生产中存在施肥量大、施肥不均衡、施肥方式不合理等问题。随着化学肥料的投入，玉米单产不断提高，导致农民过于依赖化肥，化肥投入量不断增加。据调查结果显示，化肥施用占到99.4%，其中平衡肥（15-15-15）占13.0%，配方肥占81.4%，只施用氮肥的占5.6%，而有机肥施用只占0.6%。在施肥方式上，因为玉米生产规模小，农田基础设施落后，农民为了省事省力，"一炮轰"的施肥方式普遍存在。调查结果表明,豫南地区一次性施肥(不追肥)占 71.0%,而在主要土壤类型玉米种植区,一次性施肥除砂姜黑土区为 53.8%外,其他均达到 70%以上。另外,玉米种植过程中遇到旱涝问题,不能及时灌水排水,长此以往导致土壤板结、肥料利用率和产量下降等问题。因此施肥上要采用分期施肥和配方施肥,增施磷、钾肥,满足不同时期各种养分的需要,提高玉米抗倒伏能力,同时提高肥料利用率。豫南各市夏玉米种植区施肥水平调查统计情况,以及豫南不同土壤类型夏玉米种植区施肥水平调查统计情况,见表 1-5 和表 1-6。

表 1-5　豫南各地级市夏玉米种植区施肥水平调查统计

区域范围	施肥特点	施肥结构
南阳 ($n=151$)	一次性施肥占 68.9%,2 次(一基一追)施肥占 31.1%。施用有机肥占 2.0%	平衡肥(15-15-15)占 23.8%,纯施氮肥占 5.3%,配方肥占 70.9%。亩施肥量 50 kg 以下(30～50 kg)占 23.8%,50 kg 占 51.7%,50 kg 以上占 24.5%
平顶山 ($n=678$)	一次性施肥占 98.4%,2 次(一基一追)施肥占 1.6%	平衡肥(15-15-15)占 2.2%,纯施氮肥占 9.6%,配方肥占 88.2%。亩施肥量 50 kg 以下(40～50 kg)占 10.5%,50kg 占 80.8%,50 kg 以上占 8.7%
驻马店 ($n=173$)	一次性施肥占 69.9%,2 次(一基一追)施肥占 30.1%。施用有机肥占 2.9%	平衡肥(15-15-15)占 20.2%,纯施氮肥占 0.6%,配方肥占 79.2%。亩施肥量 50 kg 以下(20～50 kg)占 20.8%,50 kg 占 71.1%,50 kg 以上占 8.1%
周口 ($n=129$)	一次性施肥占 44.2%,2 次(一基一追)施肥占 55.8%	平衡肥(15-15-15)占 6.2%,纯施氮肥占 1.6%,配方肥占 92.2%。亩施肥量 50 kg 以下(15～50 kg)占 29.4%,50 kg 占 41.9%,50 kg 以上占 28.7%

（续）

区域范围	施肥特点	施肥结构
许昌 （$n=103$）	一次性施肥占 25.2%，2 次（一基一追）施肥占 74.8%	平衡肥（15-15-15）占 7.8%，纯施氮肥占 4.9%，配方肥占 87.3%。亩施肥量 50 kg 以下（20～50 kg）占 14.6%，50 kg 占 39.8%，50 kg 以上占 45.6%
漯河 （$n=115$）	一次性施肥占 28.7%，2 次（一基一追）施肥占 71.3%	平衡肥（15-15-15）占 6.1%，配方肥占 93.9%。亩施肥量 50 kg 以下（15～50 kg）占 23.4%，50 kg 占 60.9%，50 kg 以上占 15.7%
信阳 （$n=78$）	一次性施肥占 6.5%，2 次（一基一追）施肥占 36.4%，3 次（一基二追）施肥占 57.1%	平衡肥（15-15-15）占 97.4%，配方肥占 2.6%。亩施肥量 50 kg 以下（20～50 kg）占 18.2%，50 kg 占 79.2%，50 kg 以上占 2.6%
全区域	一次性施肥占 71.0%，2 次（一基一追）施肥占 25.9%，3 次（一基二追）施肥占 3.2%。施用有机肥占 0.6%	平衡肥（15-15-15）占 13.0%，纯施氮肥占 5.6%，配方肥占 81.4%。亩施肥量 50 kg 以下占 16.6%，50 kg 占 68.4%，50 kg 以上占 15.0%

表 1-6　豫南不同土壤类型夏玉米种植区施肥水平调查统计

土壤类型	施肥特点	施肥结构
砂姜黑土 （$n=327$）	一次性施肥占 53.8%，2 次（一基一追）施肥占 33.3%，3 次（一基二追）施肥占 12.8%。施用有机肥占 0.9%	平衡肥（15-15-15）占 31.2%，纯施氮肥占 3.1%，配方肥占 65.7%。亩施肥量 50 kg 以下（20～50 kg）占 14.1%，50 kg 占 74.0%，50 kg 以上占 11.9%
黄褐土 （$n=68$）	一次性施肥占 97.1%，2 次（一基一追）施肥占 1.5%，3 次（一基二追）施肥占 1.5%	平衡肥（15-15-15）占 5.9%，配方肥占 94.1%。亩施肥量 50 kg 以下（40～50 kg）占 13.2%，50 kg 占 75.0%，50 kg 以上占 11.8%

（续）

土壤类型	施肥特点	施肥结构
褐土 （$n=348$）	一次性施肥占90.8%，2次（一基一追）施肥占9.2%。施用有机肥占0.9%	平衡肥（15-15-15）占3.7%，纯施氮肥占4.3%，配方肥占92.0%。亩施肥量50 kg以下（13～50 kg）占4.0%，50 kg占87.6%，50 kg以上占8.3%
黄棕壤 （$n=30$）	一次性施肥占80.0%，2次（一基一追）施肥占20.0%	平衡肥（15-15-15）占33.3%，纯施氮肥占3.3%，配方肥占63.3%。亩施肥量50 kg以下（25～50 kg）占16.7%，50 kg占80.0%，50 kg以上占3.3%
潮土 （$n=419$）	一次性施肥占78.3%；2次（一基一追）施肥占21.7%	平衡肥（15-15-15）占6.7%，纯施氮肥占12.2%，配方肥占81.1%。亩施肥量50 kg以下（10～50 kg）占16.0%，50 kg占66.6%，50 kg以上占17.4%

1.3.2 豫南夏玉米施药现状

玉米种植过程中经常会遭到杂草、病、虫等有害生物的侵害，导致减产和品质下降。豫南夏玉米田常见的杂草有马唐、狗尾草、牛筋草、马齿苋、藜和反枝苋等，常见的病害有茎腐病、穗腐病、南方锈病、褐斑病、弯孢叶斑病、小斑病和粗缩病，常见的害虫有草地贪夜蛾、玉米螟、棉铃虫、二代三代黏虫、桃蛀螟、玉米蚜虫、二点委夜蛾和蓟马等。目前对玉米田有害生物的防治以中低毒性的化学农药为主，防治玉米田苗期杂草的药剂主要有乙草胺、烟嘧磺隆和莠去津等，防治玉米田病害的药剂主要有精甲·咯菌腈、克菌丹、苯醚甲环唑等种衣剂和井冈霉素A、丁香菌酯、肟菌·戊唑醇、吡唑醚菌酯、丙环·嘧菌酯等杀菌剂，防治玉米田虫害的主要有甲氨基阿维菌素苯甲酸盐、高效氯氟氰菊酯、氯虫苯甲酰胺和氯虫·噻虫嗪等。

玉米种植户最重视杂草的防除，其次是苗期病虫害的防治，但对玉米生长后期的病虫害多不进行防治，主要原因在于玉米作为高大密植植物，后期防治存在诸多困难。豫南夏玉米施药现状如下：

1.3.2.1 施药机械单一，高新技术应用较少

不同防治对象对植保机械要求不同，如对飞翔昆虫要求的雾滴直径 $10\sim50~\mu m$，基叶上昆虫 $30\sim50~\mu m$，茎叶喷洒时 $40\sim100~\mu m$，喷洒除草剂时 $250\sim500~\mu m$，使用不同喷雾机械可大量减少施药量，提高药液对植株的穿透性，同时药物可以在作物植株表面全面附着，大大提高对害虫的杀伤力，节省大量劳动力和能源。

对于不同种类的病虫害，可以采用不同的喷头和喷药方式解决问题，包括喷头控滴喷雾技术、喷头反飘喷雾技术、药液循环喷雾技术、药液低容量和超低容量技术；不同病虫草害防治的高效精准喷雾施药机械，如采用静电喷头的机具，具有自动对靶功能的机具，使用防飘移和循环技术的机具等；并将信息技术和现代微电子技术广泛应用于植保机械产品中，从而实现了病虫害防治作业的高效率和高质量。

目前豫南大部分农户使用的施药机械是手动机具和小型机具，专业化程度较低、产品结构简单，常利用同一种机具进行多种不同的施药作业，并不考虑具体方案和喷头的雾化效果，特别是这些器械所使用的喷头数量较少，先进程度也达不到要求，喷头的技术与国外还存在较大差距，不能有效地防治作物病虫害。少量土地流转大户和合作社采用高架喷药机械和植保无人机，专门针对玉米中后期施药，但农业喷药机械严重不足，且一机多用现象较严重。

1.3.2.2 农药利用率低

农药的科学使用涉及农药制剂、喷洒机具、施药方法、生物行为、毒理学、气象学以及环境科学等高度综合性的应用工艺学。防治水平的提高依赖于施药机具和技术的发展，机械施药技术的先进

与否对农药在作物的沉积率，农药施用量和利用率，消除对操作人员的危害以及对环境污染有着重要影响。

大多数农民缺乏专业的农药基础知识，造成选择农药品种不当，如菊酯类农药或内吸型杀菌剂长期在同一地方使用，使有害生物产生了抗性，大大降低了防治效果；施药时间不当，特别是夏天使用杀虫剂应选择 8：00—10：00 或 17：00—19：00，应避免中午高温施药，施用除草剂时应选择无风天气等；施药方法不当，习惯大雾滴、高容量喷洒，人为性、随意性太大，没有按照农药用量进行，会导致喷洒农药不均匀，不能将药剂的作用发挥出来，既浪费农药，又污染环境。而手动喷雾器采取药液雾化的方式，通过高压由狭小的喷孔喷出，不利于液体分散，药液需经过一段空气阻力才能达到完全雾化；利用喷雾机械施药时，将农药加水稀释后，喷洒到作物表面，药液附着在作物表面，极易流失，造成农药浪费。

1.3.2.3　缺乏完整和系统的机械施药技术规范

当今许多发达国家对于农药的使用以及废弃的农药和使用过的农药容器的安全处理都有详细且明确规定，但国内机械施药还没有形成一套完整的技术规范。农民得不到相应规范施药方法的指导，一般根据农药包装袋上规定农田面积确定药液的数量或根据经验进行喷施，这与现代施药技术所要求的根据作物不同的发育阶段和病虫害种群密度，来选择施药机械种类、农药剂型和喷雾方法相差甚远。由此带来了农药利用率低、防治功效低、病虫害防治效果差、作物发生药害、操作者中毒和污染环境等一系列问题。

参考文献

高学振，张丛志，张佳宝 . 2016. 生物炭、秸秆和有机肥对砂姜黑土改性效果的对比研究 . 土壤，48（3）：468-474.

刘卫玲，程思贤，李娜 . 2020. 深松（耕）时期与方式对砂姜黑土耕层养分和冬小麦、夏玉米产量的影响 . 河南农业科学，49（3）：8-16.

刘兆辉.2019.中国主要粮食作物一次性施肥技术.北京：中国农业出版社.

孙海潮.2008.河南省玉米优势区域布局与发展战略研究.郑州：河南农业大学.

谭金芳，韩燕来.2012.华北小麦—玉米一体化高效施肥理论与技术.北京：中国农业大学出版社.

王乐，张淑香，马常宝.2018.潮土区29年来土壤肥力和作物产量演变特征.植物营养与肥料学报，24（6）：1435-1444.

王玥凯，郭自春，张中彬.2019.不同耕作方式对砂姜黑土物理性质和玉米生长的影响.土壤学报，56（6）：1370-1380.

魏湜，曹广才，高洁.2019.玉米生态基础.北京：中国农业出版社.

谢张军，郭盈温.2013.豫南地区玉米生产存在的问题及应对措施.现代农业科技（2）：56-57.

辛景树，任意，马常宝.2015.华北小麦玉米轮作区耕地地力.北京：中国农业出版社.

张凤荣.2002.土壤地理学.北京：中国农业出版社.

赵亚丽，李娜，穆心愿.2021.砂姜黑土耕作深度对夏玉米物质积累和养分吸收的影响.玉米科学，29（1）：97-103.

第2章 豫南夏玉米主要有害生物
发生危害现状

2.1 主要病害

豫南地区处于亚热带向暖温带过渡的区域，该区域的主要种植模式为小麦—玉米轮作，连续多年的秸秆还田造成大田病残体积累、病害压力增大，加上潮热多湿气候更易导致玉米茎腐病、叶斑病等病害易发频发，每年带来的产量损失占总产的10%以上，成为玉米生产最主要的限制因子。豫南夏玉米生产中常发的主要病害有茎腐病、南方锈病、纹枯病、小斑病、弯孢叶斑病、瘤黑粉病和穗腐病等真菌病害；玉米矮花叶病和玉米粗缩病等病毒病虽然近些年发生较少，但易防难治，也需重视。

2.1.1 玉米茎腐病

2.1.1.1 分布危害

玉米茎腐病又称玉米茎基腐病、玉米青枯病，在我国各玉米产区均有发生，是夏玉米生产中常见的重要病害。该病田间发病率一般在5%～30%，条件适宜时病害重发区发病率可达30%以上，减产可高达30%～50%，严重的甚至玉米全株枯死，导致绝收（王晓鸣等，2018）。茎腐病带来的损失可因籽粒不饱满、重量减轻或不完全成熟而直接造成，也可因茎秆破损和倒伏而间接造成（吕国忠等，1995），而且从病株收获的籽粒品质均有下降（陈鹏印，1985）。

2.1.1.2　症状

玉米茎腐病多发生在玉米生育后期，一般在玉米灌浆期开始发病，乳熟末期至蜡熟期进入显症高峰。发病初期茎基部表面颜色褪绿变褐，然后逐渐发展到茎基内部组织腐烂坏死、中空变软。病株的果穗往往下垂，籽粒松瘪，造成玉米提前枯死、倒伏、千粒重、穗粒重、穗长和行粒数降低。叶片受害的症状有青枯、黄枯和青黄枯3种。如在发病期遇到雨后高温，蒸腾作用较大，根系及茎基部受病害影响，水分吸收运输功能减弱，从而导致植株叶片迅速失绿枯死，全株呈青枯状；如发病期没有明显雨后高温，蒸腾作用缓慢，在水分供应不足的情况下，叶片由下而上缓慢失水，逐步枯死，呈黄枯症状；如病程发展速度突然由慢转快，则表现为青黄枯。

2.1.1.3　病原

茎腐病的病原主要有腐霉菌（*Pythium* spp.）和镰孢菌（*Fusarium* spp.）两大类。

腐霉菌：多种腐霉菌可引起玉米茎腐病，主要有肿囊腐霉（*Pythium inflatum* Matthews）、禾生腐霉（*Pythium graminicola* Subramaniam）、瓜果腐霉［*Pythium aphanidermatum*（Edson）Fitzpatrick］等。腐霉菌属于卵菌，菌丝发达，无分隔，无色，无性阶段产生球状、指状、棒状等形态多样的游动孢子囊，游动孢子无色，具双尾鞭。有性阶段形成同丝或异丝的藏卵器和雄器，一个藏卵器有一个或多个雄器，产生球形光滑的卵孢子。腐霉菌人工培养时菌落圆形，气生菌丝白色至灰色，生长迅速。

镰孢菌：多种镰孢菌如禾谷镰孢菌、拟轮枝镰孢菌、层出镰孢菌等均能引起玉米茎腐病，我国的主要致病种为禾谷镰孢菌（*Fusarium graminearum* Schwabe），有性态为玉蜀黍赤霉［*Gibberella zeae*（Schw.）Patch］。镰孢菌菌丝体白色至紫红色，大型分生孢子3~5个隔膜，不产生小型分生孢子和厚垣孢子，有性阶段可产生黑色球形子囊壳，内有子囊和子囊孢子。禾谷镰孢菌在培养基中可产生水溶性的紫红色色素，故菌落背面多呈现紫红色。

2.1.1.4 发生规律

玉米茎腐病属于土传病害，镰孢菌以菌丝和厚垣孢子、腐霉菌以卵孢子在病残体组织内外及土壤中存活越冬。带病种子和病残体产生子囊壳，翌年3月中旬释放的子囊孢子是主要的初侵染源，可从根部伤口侵入寄主体内。玉米乳熟期至成熟期遇上高温高湿天气是茎腐病发生流行的重要条件，尤其是雨后骤晴，土壤湿度大，气温骤升，往往导致该病暴发成灾。土壤质地黏重，地势低洼、透水性差，地下水位高的地块发病重。栽植过密及连作地块发病重。底肥不足，氮肥偏多致使植株的机械性能降低，有利于病菌的侵染及扩展。

2.1.1.5 防治要点

种植抗病品种是防治茎腐病最为经济有效的措施。不同品种对茎腐病的抗病性差异较大，生产上发现感病品种应及时淘汰，更换抗病或耐病品种。合理施肥有助于提高品种的抗病性。茎腐病发生较重的田块，应在收获后及时清除田间病残体，不推行秸秆还田，有条件的可以与大豆、马铃薯、蔬菜等非寄主作物轮作，以阻断病害循环。

2.1.1.6 危害现状及相关研究进展

随着农业现代化进程中玉米机械收获及籽粒直收的大面积推广，茎腐病已经成为玉米生产中最具威胁的病害之一。豫南地区温度、湿度均较高，具备茎腐病发生流行的气候与环境条件，对于茎腐病的防治必须给予足够的重视。

研究表明，河南省玉米茎腐病的病原以镰孢菌为主（郭成等，2019）。除优势致病种禾谷镰孢菌外，由拟轮枝镰孢菌、层出镰孢菌导致的茎腐病在河南省也较为常见，半裸镰孢菌和中间镰孢菌等引发的茎腐病也有报道（郭成等，2019）。病原菌优势菌种会随着地区间或年份间的气候、耕作制度等条件的变化而改变，优势种也可能会在镰孢菌不同种间或镰孢菌与腐霉菌间变化（吕国忠等，1995），甚至新的病原菌种也有可能出现。有资料显示，黑龙江部分地区已发现由禾生炭疽菌 [*Colletotrichum graminicola*（Ces.）Wilson，有性态为禾生小丛壳（*Glomerella graminicola* Politis）] 侵染玉米引起的茎腐病（王晓鸣等，2018），豫东及豫北地区牟县、洛阳、新乡等多地也报道了细菌性茎腐病的发生危害（任艳芬等，2019；邢晓丽等，2018；刘清瑞等，2012）。不同病原菌种群引起的茎腐病，所需的玉米抗病品种、病害防治药剂都不尽相同，因此防治茎腐病的同时应注意监测田间病菌群体的结构组成及动态变化，以便根据病菌优势种的变化及时更新抗病品种、选择防治药剂，避免因品种抗性丧失或药剂防治不对症而效果差导致病害发生流行，带来不可挽回的损失。

茎腐病是玉米生长后期发生的病害，具有突发性强、药剂防治难的特点，利用抗病品种是控制茎腐病危害的理想方法。近年来，国家玉米抗病性鉴定体系将茎腐病纳入一票否决病害——高感即淘汰，从国家玉米品种审定试验参试组合中鉴定出了一批高抗茎腐病的玉米品种，为国家粮食战略安全和玉米产业可持续发展提供了技术支撑和保障。优质的茎腐病抗性种质资源并不缺乏，目前已有数百份高抗腐霉茎腐病和数十份抗禾谷镰孢茎腐病的种质资源陆续被鉴定出来，但大部分材料尚未得到有效利用，尚需进一步开发高效育种的相关策略（郭成等，2019）。

在茎腐病抗病机制研究方面，目前已经取得了许多重要进展。已经明确茎腐病的抗性由少数主基因和多数微效基因控制，抗性QTL定位及抗病相关基因克隆也取得了许多可喜进展，如腐霉茎腐病抗性基因 *Rpi1*、*RpiQI319-1* 和 *RpiX178-1*（Yang et al.，2005；Song et al.，2015；Duan et al.，2019），禾谷镰孢茎腐病抗病主效 QTL *qRfg1*、微效 QTL *qRfg2* 和隐性 QTL *qRfg3* 均已被定位（Yang et al.，2010；Zhang et al.，2012；Ma et al.，2017），禾谷镰孢茎腐病抗病相关基因 *ZmZho* 已经被克隆（张东峰等，2012）。玉米抗茎腐病相关的生理生化机制也在逐渐被了解，目前已明确，抗病品种在接种后通过提高茎秆组织内含糖量、防御酶系酶活性以及诱导新的同工酶、木质素和酚类物质的合成来提高对茎腐病的抗性；一些在玉米抗茎腐病过程中起重要作用的因子，如生长调节素蛋白 ZmAuxRP1 等也陆续被发现（Ye et al.，2019；郭成等，2019）。在茎腐病绿色防治方面，除了新的抗病品种的选育以外，对茎腐病防效良好的生防制剂如哈茨木霉 T22 等也不断被开发应用（刘春来等，2017）。

2.1.2　玉米纹枯病

2.1.2.1　分布危害

玉米纹枯病是一种世界性的土传病害，为我国玉米生产中常见的重要病害之一，分布广泛，在全国各玉米产区普遍发生，南方夏玉米区尤为严重。在高温高湿条件下，病害对生产影响巨大，重病田发病率达 50% 以上。随着玉米种植面积的迅速扩大和高产栽培技术的推广，纹枯病发展蔓延迅速，已成为制约玉米持续增产的主要障碍。

2.1.2.2　症状

玉米纹枯病从苗期至成株期均可发生，主要危害叶鞘，也可危害茎秆和苞叶，严重时果穗亦可受害。发病初期，多在植株基部茎节叶鞘上产生不规则暗绿色水渍斑，病斑边缘浅褐色，后扩展融合形成大片的云纹状病斑，病斑中部灰褐色，边缘深褐色，自下而上蔓延扩展，扩展快时可致叶鞘死亡、叶片干枯。湿度高时，病部可长出白色稠密菌丝体，菌丝逐渐变褐变黑、聚集成多个菌丝团，形成大小不齐的颗粒状小菌核。果穗受害后，苞叶上也可产生云纹状病斑，籽粒表面常可见白色菌丝，湿度高时亦可形成菌核。土壤含菌量高时，幼苗期即可侵染根系，引发根系腐烂。

2.1.2.3 病原

在我国，立枯丝核菌（*Rhizoctonia solani* Kühn）是玉米纹枯病的主要病原，其有性态为 *Thanatephorus cucumeris*（Frank）Donk（瓜亡革菌）。此外，还有 2 种丝核菌也可引起纹枯病，*Rhizoctonia cerealis* Van der Hoeven 称禾谷丝核菌，有性态为 *Ceratobasidium ereal* Murray et Burpee（禾谷角担菌）；*Rhizoctonia zeae* Voorhees 称玉蜀黍丝核菌，有性态为 *Waitea circinata* Warcup et Talbot。丝核菌具 3 个或 3 个以上细胞核，菌核初为白色，后变褐色，形状不规则，表面粗糙。培养基上气生菌丝发达，菌丝初无色较细，逐渐变短粗，棕褐色，菌丝分支处与主菌丝多呈直角，分支处缢缩且有一横隔。条件适宜时，感病组织附近的健全部分表面可形成白霜状的子实层，产生粉状白色的担孢子，进入有性阶段，但该阶段在自然条件下很少见。纹枯病病菌生长温度 7~39℃，适温 26~30℃；菌核形成温度 11~37℃，适温 22℃。

2.1.2.4 发生规律

玉米纹枯病病原菌主要以菌丝体和菌核的形式遗留在土壤中或植株病残体上越冬。条件适宜时，菌核萌发产生的新菌丝或存活的越冬菌丝扩展接触到寄主与土壤相接的叶鞘表面，通过表皮、气孔和自然孔口侵染寄主，引起发病。发病后，菌丝又从病斑处伸出并向周围蔓延，形成新病斑。丝核菌不产生无性态的分生孢子，田间和植株间主要通过菌丝侵染植株，病健株间相互搭接传播，也可通过种子及带菌土壤进行传播。湿度大时，病斑上也可长出担孢子，担孢子借风力传播侵染。纹枯病一般在玉米拔节期开始发生，抽雄期发展快，吐丝灌浆期受害最重。一般生育期长的晚熟品种发病重，温湿度高、雨量大时病情发展快，玉米连作、播种过密、氮肥过多、土壤湿度大时发病重。

2.1.2.5 防治要点

玉米收获后及时清除田间病残体。秋季深翻，使土表菌核深埋土中，可减少有效菌源基数。合理密植，避免田间温湿度过大。重病田应进行合理轮作，加强田间管理，及时摘除病株下部叶片和叶鞘。纹枯病抗病品种较少，重发区可进行药剂防治。

2.1.2.6 危害现状及相关研究进展

玉米纹枯病在我国始见于1966年的吉林省，在20世纪70年代中后期逐渐成为玉米主产区的一种重要病害。近年来我国玉米种植面积扩大的同时，密植、高肥技术普遍应用，玉米主产区多年连作及秸秆还田，这些都导致了纹枯病的加速蔓延。据报道，河南省每年因纹枯病造成玉米产量损失达100万t（刘起丽等，2011）。玉米纹枯病属于成株期侵染叶鞘、叶片的病害，通过危害叶鞘造成鞘腐、叶枯，使玉米株高、穗位高和茎粗降低，绿叶数减少，生育期缩短，影响光合产物合成和积累，造成千粒重降低、产量损失，或直接危害果穗，影响籽粒灌浆，引起穗腐和籽粒霉烂。玉米受害叶鞘位置越高，产量的损失也越大，若棒三叶受害则产量损失严重（严吉明等，2008）。

了解病原真菌的种类构成和分布是对病害实施有效防治，特别是选育和推广抗病品种的基础。研究表明，我国常见的几种丝核菌中，禾谷丝核菌主要危害小麦，玉蜀黍丝核菌主要危害玉米果穗引起穗腐，立枯丝核菌则主要侵染玉米引发玉米纹枯病（唐海涛等，2004）。玉米纹枯病病菌根据菌丝融合情况不同而分为不同的融合群，包括豫南地区在内的国内多数地区的玉米纹枯病病菌优势菌群均为立枯丝核菌AG1-IA融合群，但豫南地区还存在着致病力较强的双核丝核菌AG-Ba融合群等其他菌群（夏海波等，2008），这也提示了豫南地区菌落群体的复杂性与多变性。

玉米纹枯病的致病机理目前尚不够明确。多数研究认为，纹枯病病菌侵染寄主后可以产生一系列细胞壁降解酶和毒素，这些细胞壁降解酶的活性除与菌株致病力相关外，还与寄主的抗性有关，寄主抗性越强，酶活性越低，反之亦然。酶和毒素在病菌侵染过程中起重要作用，但单一的毒素和酶在病菌侵染中不起决定性作用，两种因子的复合作用，可能还包括菌丝机械压力在内的其他因子共同作用才能决定病害的发生，且酶的作用似乎大于毒素（唐海涛等，2004）。

种植推广抗病品种是防控病害的最经济有效手段，但玉米纹枯病的抗性品种较少，目前发现的抗性资源材料也不多，抗病育种工作存在一定困难。目前已有数十个纹枯病抗性相关 QTL 被定位，期待分子育种技术能为纹枯病的抗病育种工作带来新的发展契机（程卫东等，2009；陈国品等，2009）。

2.1.3　玉米小斑病

2.1.3.1　分布危害

玉米小斑病又称玉米斑点病、玉米南方叶枯病，在国内外普遍发生，尤其是在温暖潮湿的玉米产区易多发、重发，是夏玉米区最重要的病害之一。小斑病发生时，玉米叶片上可产生大量小型病斑，发病重的植株 3/4 以上乃至全株叶片枯死，造成减产。20 世纪 70 年代，美国曾因大面积种植 T 型雄性不育细胞质玉米配制的杂交种而造成小斑病大流行，许多地区玉米减产高达 80%。

2.1.3.2　症状

玉米小斑病整个生育期均可发病，主要发生在叶片，也能侵染叶鞘、苞叶和果穗籽粒。在苗期，病菌侵染初期一般在叶面上产生小病斑，周围或两端具褐色水渍状区域，病斑较多时会相互融合在一起，叶片迅速死亡。成株期叶部病斑的类型较多，不同生理小种的病菌侵染抗病性不同的品种会形成不同类型的病斑。较常见的病斑类型有 3 种：第一种类型的病斑为椭圆形或近长方形，多在叶脉间产生，扩展受叶脉限制，病斑黄褐色，边缘有紫色或深褐色晕纹圈。第二种类型的病斑为椭圆形或纺锤形,较大,扩展不受叶脉限制,灰色至黄褐色,病斑边缘褐色或边缘不明显,有时会出现轮纹。以上两种类型的病斑在高温高湿条件下可产生灰色至灰黑色霉层,即病菌的分生孢子梗和分生孢子,病斑周围或两端亦可形成暗绿色的浸润区,病叶萎蔫死亡较快,故称为"萎蔫型病斑"。第三种类型为黄褐色的小点状或细线状坏死斑,有黄绿色晕圈,基本不扩大,也不产生暗绿色浸润区,这类病斑在有利于发病的条件下数量会增多而连成片,可使病叶变黄枯死,但不表现萎蔫状,称为"坏死型病斑"。叶鞘和苞叶染病,病斑较大,纺锤形或不规则形,黄褐色,边缘紫色或不明显,病部长有灰黑色霉层。果穗染病时,病部可产生不规则的灰黑色霉区,严重的可造成果穗腐烂或下垂掉落,籽粒发黑霉变。被侵染的玉米种子上会产生褐斑,影响籽粒的商品性。

2.1.3.3 病原

小斑病的病原菌 *Bipolaris maydis*(Nisikado et Miyake)Shoemaker 称玉蜀黍平脐蠕孢;其有性态为 *Cochliobolus heterostrophus*(Drechsler)Drechsler,称异旋孢腔菌,仅在人工培养条件下可以观察到。小斑病病原菌以无性态方式完成全部侵染循环和世代更替。病原菌分生孢子梗单生或 2~3 根束生,散生在病叶斑块两面,从病斑处表皮组织的气孔或细胞间隙中伸出,褐色,直立或呈膝状弯曲,不分支,基部细胞大,顶端细胞略细,色浅,下部色深且较粗,孢痕明显。分生孢子为长椭圆形或近梭形,多向一侧弯曲,中间最粗,向两端渐细,褐色或深褐色,1~15 个隔膜,多数 6~8 个隔膜。自然条件下,有时可见到有性阶段的子囊座。子囊座黑色,近球形,子囊顶端钝圆,基部具短柄,子囊内有 2~4 个子囊孢子。子囊孢子线形,彼此缠绕成螺旋状,有 5~9 个隔膜,萌发时每个细胞均可长出芽管。病原菌菌丝发育的最适温度为 28~30℃,分生孢子形成的最适温度为 20~30℃,萌发的最适温度为 26～32℃。分生孢子的形成和萌发都需要高温高湿，但分生孢子抗干燥的能力很强，在干的玉米种子上可存活 1 年左右。

2.1.3.4 发生规律

小斑病的病原菌主要以休眠菌丝体或分生孢子的形态在病株残体内越冬，病菌在地面病残体上能存活 1～2 年。遗留在田间的病叶、苞叶、秸秆和堆放的玉米秸秆垛等，都是翌年小斑病发生的主要初侵染源。病菌越冬后随着翌年春季气温回升、降水增多而在未腐烂的病残体中生长，产生大量分生孢子，借气流或雨水传播到田间玉米叶片上，其传播距离甚至可以达到 10 km 以外。如遇田间湿度较大或重雾，叶面上有水膜或游离水滴存在时，分生孢子 4～8 h 即可萌发产生芽管侵入叶表皮细胞，3～7 d 即可形成病斑，病斑上又可产生大量分生孢子，借气流传播进行再侵染。玉米收获后，病原又随病株残体进入越冬阶段，反复循环。小斑病的发病适宜温度为 26～29℃，高温高湿条件下病害扩展迅速。7—8 月如遇温度偏高、多雨高湿条件，则病害发生重。玉米孕穗、抽穗期降水多、湿度高也易造成小斑病的流行。低洼地、排水不良、土壤潮湿、过于密植荫蔽地和连作田发病较重。

2.1.3.5 防治要点

种植抗病品种是控制小斑病最有效的措施。因地制宜选用抗病品种，注意品种的合理布局和轮换，避免长期种植单一品种，及时淘汰高感品种，避免病害流行造成损失。合理施肥能提高品种抗病性。有条件的地区可以实行轮作，压低病原菌基数，或与矮秆作物间作以改良玉米田通风状况，降低田间湿度，以减轻病害的发生。

2.1.3.6 危害现状及相关研究进展

玉米小斑病病菌存在生理小种的分化。通常可将玉米的雄性不育细胞质分为 T 型、C 型和 S 型 3 种类型，加上正常细胞质类型的 N 型，共有 4 种细胞质类型，而小斑病病菌也可与之一一对应而划分为 T、C、S 和 O 4 个生理小种，T、C 和 S 生理小种的小斑病病菌可分别侵染 T、C 和 S 型雄性不育细胞质类型的玉米，在叶片上产生萎蔫型感病病斑，病斑大小明显大于该小种侵染非对应细胞质玉米上所产生的病斑。T 小种还可在 T 型细胞质玉米上引起穗腐和茎腐，O 小种则只侵染叶片，可在普通细胞质的玉米上产生萎蔫型感病病斑。研究发现，小斑病病菌不同生理小种对不同雄性不育细胞质玉米的侵染专化性由病菌所产生的不同毒素对寄主细胞线粒体 DNA 的专化性识别来实现，T 小种可产生作用于 T 细胞质玉米细胞线粒体的 T 毒素，C 小种可产生作用于 C 细胞质玉米细胞膜的 C 毒素，而 O 小种不产生任何毒素，其侵染性只受寄主核基因的影响，与胞质类型无关（Sprague & Dudley，1988；李大良等，1996）。

病原菌种内群体的分化是种内群体与寄主在一定的环境条件下相互作用的结果，小斑病病菌生理小种群体的结构与分布也会随着寄主群体的变化而变化。研究显示，O 小种是我国小斑病病菌的优势小种，也是豫南地区分布最广泛的优势小种，但 T、C 和 S 小种在豫南地区也均有分布，且病菌的种群结构在不同地区、不同年度间均有变化，同时，各小种内也存在不同菌株的致病力强弱分化，强致病力菌株在豫南地区的分离频率高于弱致病力菌株（路宁海等，2015；赵聚莹等，2012）。研究表明，某一细胞质类型的玉米种质在某一地区长期使用可导致病原菌对该类型细胞质有专化性的生理小种出现频率上升（陈建国等，2001），且小斑病病菌在相同种质上连续继代后致病力会明显提高（邓福友和黄梧芳，1989），一些致病力较强的菌株甚至可以在以往抗小斑病的品种上引发感病反应，带来潜在的病害流行风险。因此，各地区应考虑针对不同生理小种选育和种植抗病品种，并进行品种合理布局。

近年来，黄淮海平原地区种植的玉米品种中对小斑病抗性为中抗以上的品种占主要地位，具有小斑病抗性的品种数量逐年上升且抗性较为稳定，可供种植户因地制宜选择种植的抗小斑病品种较多，这可能得益于黄淮海平原地区夏玉米审定标准中，高感小斑病的品种采用一票否决制，推动育种家们在育种过程中加强了对玉米品种小斑病抗性的筛选。即便如此，小斑病在豫南地区常年均有轻到中度发生，对其潜在的暴发流行风险应给予足够的重视并采取相应防治措施，监测小斑病生理小种、致病类型的变化，防患于未然。

2.1.4 玉米弯孢叶斑病

2.1.4.1 分布危害

玉米弯孢叶斑病又称拟眼斑病，于20世纪80年代在河南新乡地区种植的玉米上被发现，此后迅速发展蔓延，在许多北方玉米产区严重发生。1996年玉米弯孢叶斑病在辽宁大面积暴发流行，造成了约25万t的产量损失；2013年该病在豫东南部及安徽北部发生较重。目前，玉米弯孢叶斑病在我国东北、华北、西北及华东部分地区均有发生，发病田一般减产20%～30%，严重地块减产50%以上甚至绝收。

2.1.4.2 症状

弯孢叶斑病主要危害叶片，偶尔危害叶鞘和苞叶。在不同抗性玉米品种上，发病的症状也有明显不同。叶部病斑初为半透明点状褪绿斑，后逐渐扩大为圆形、椭圆形、梭形或长条形，直径1～5 mm，病斑中心灰白色，边缘黄褐至红褐色，外围有淡黄色晕圈，并具有黄褐相间的断续环纹。病斑较多时可相互汇合，但受叶脉限制。潮湿条件下，病斑正反两面均可产生灰黑色霉状物，即病原菌的分生孢子梗和分生孢子。发病严重时，感病品种叶片密布病斑，多个病斑聚合形成大斑，甚至整片叶枯死。抗病品种上病斑少而小，病斑边缘黄褐色环纹较细或无，外围多具有半透明或褪绿晕圈。

2.1.4.3　病原

弯孢属下多个种的真菌均可引起玉米弯孢叶斑病，其中新月弯孢［*Curvularia lunata*（Wakker）Boedijn］为我国的主要致病种，病原菌的有性态为新月旋孢腔菌（*Cochliobolus lunatus* Nelson et Haasis），在自然界中较少见。其他能导致弯孢叶斑病的弯孢属真菌还有苍白弯孢（*C. pallescens*）、不等弯孢（*C. inaeguais*）、画眉草弯孢（*C. eragrostidis*）、中隔弯孢（*C. intermedia*）和棒状弯孢（*C. clavata*）等。

新月弯孢的菌落多为墨绿色，呈放射状扩展，老熟后呈黑色，表面平伏。气生菌丝为绒絮状，灰白色。分生孢子梗从玉米叶片病斑表面伸出，褐色至深褐色，单生或簇生，直或弯曲，有时有分支，顶部呈屈膝状合轴式延伸。分生孢子花瓣状聚生在孢子梗端，呈暗褐色，弯曲或呈新月形，多为4胞，具3个隔膜，中间2个细胞膨大，其中第3个细胞最明显，两端细胞稍小，颜色也浅。病原菌分生孢子萌发的最适温度为30～32℃，最适pH为6～8，最适的湿度为超饱和湿度，相对湿度低于90%则很少萌发或不萌发。

2.1.4.4　发生规律

弯孢叶斑病病菌主要以菌丝体的形式潜伏于病残体组织中越冬，也能以分生孢子状态越冬，干燥条件下病残体中的菌丝体和分生孢子可以大量存活。翌年春季，温湿度适宜时，病菌产生新的分生孢子并通过风雨传播。此病属于成株期病害，苗期抗性较强，随植株生长抗性递减，后期极易感病。弯孢叶斑病在高温高湿条件下易于流行、暴发，种植密度过大、地势低洼、大水漫灌等会造成田间高湿小气候，使病害严重发生。

2.1.4.5　防治要点

选择种植抗病品种，提倡适当早播，合理密植，配方施肥，适时追肥。早播种，可使玉米苗期得到锻炼，根多、根深、苗壮。配方施肥，增施磷钾肥，能使玉米发育健壮、快速，增强植株抗病能力，明显提高抗性。适时追肥可防止玉米生长后期因脱肥而降低抗病性。玉米收获后及时清理病株和落叶，集中处理或深耕深埋，减少初侵染源。

2.1.4.6 危害现状及相关研究进展

玉米弯孢叶斑病是喜高温高湿的玉米成株期病害，由于豫南地区地处暖温带与亚热带过渡区，玉米生长中后期常常阴雨连绵，高温高湿，适合弯孢叶斑病病菌萌发生长，且豫南夏玉米区耕作、栽培、管理相对粗放，田间种植密度通常又比较大，通风透光差，种种因素导致近年来玉米弯孢叶斑病在豫南地区发生日趋严重（张海申等，2006；段鹏飞等，2010）。玉米弯孢叶斑病的病原菌存在遗传变异和致病性的分化，而品种抗性的丧失主要可能是因为病菌的潜在致病类型发生了演替或新突变（鄢洪海等，2005）。研究者们曾借助8个鉴别寄主将弯孢叶斑病病菌划分为6种致病类型，发现病害重发区的病原菌主要为强或中等致病类型，各类型分布也较复杂，而弱致病类型则主要分布在病害偶发区（陈捷等，2003；薛春生等，2008）。运用RAPD方法亦可将弯孢叶斑病病菌分为不同组，且分组结果与鉴别寄主法的分组结果一致性较高，说明菌株致病性分化是基因分化的结果（鄢洪海等，2009）。

玉米弯孢叶斑病在我国的主要病原菌是新月弯孢。研究者们用组织透明染色法在镜下观察了新月弯孢侵染玉米叶片的过程，将病菌接种感病玉米叶片后，2 h分生孢子即可萌动，6 h萌发率可达99%，12～24 h之间侵染丝从细胞间隙和气孔侵入表皮细胞，穿透细胞壁在细胞间迅速扩展（薛春生等，2010）。侵染丝穿透寄主细胞壁时菌丝明显变细；菌丝穿过气孔时，气孔结构明显被破坏，保卫细胞被降解。接种48 h后，菌丝在叶片表面连接成网状并有菌丝融合现象。接种72 h后，菌丝从气孔或细胞间隙伸出，形成分生孢子梗和分生孢子，叶片显症（薛春生等，2010）。多种病害人工接种的研究也表明，弯孢叶斑病潜育期短，发病重，发病后易造成较大的产量损失。新月弯孢菌还可产生对光热稳定的非寄主专化性毒素 M5HF2C。该毒素为呋喃型毒素，是病菌的主要毒力因子（Liu et al.，2009；Gao et al.，2015）。在致病过程中，毒素可破坏玉米叶片中的叶绿体、基粒及基质片层、线粒体等超微结构，引起植物细胞膜不同程度的伤害，导致细胞内电解质外渗，影响叶绿素的合成而导致叶片坏死。新月弯孢还可产生黑色素，黑色素也可破坏叶片细胞质膜系统，但致病性不如毒素明显（王新华等，2019）。

玉米对弯孢叶斑病的抗性为多基因控制的数量性状，抗性遗传受核基因控制，与细胞质无关。目前豫南地区大量种植的郑单 958 对弯孢叶斑病表现为感病，为避免病害暴发流行，应尽快选育出适合豫南地区生态条件的抗病高产优质品种并推广种植，这是病害防治最经济有效的措施之一。

2.1.5 玉米南方锈病

2.1.5.1 分布危害

玉米南方锈病在我国东北、华北、华东、华中、华南、西南等地区均有发生，通常发生于玉米生育中后期。南方锈病可导致玉米籽粒灌浆不足而造成减产，通常能引起 20%～50% 的产量损失，是玉米多种锈病中对生产影响最大的病害。1996—1998 年及 2007—2008 年间，我国曾多次发生南方锈病的大流行，目前该病已经成为我国夏播玉米区和南方玉米产区的重要病害之一。

2.1.5.2 症状

玉米南方锈病主要危害叶片，也侵染玉米苞叶、叶鞘、茎秆、雄穗等地上部组织。发病初期叶片上出现一些小而分散的褪绿斑或淡黄斑点，很快隆起突破表皮组织露出圆形的橘黄色夏孢子堆，并散发出大量橘黄色夏孢子。不同玉米品种对南方锈病的抗性水平差异较大，抗病品种叶片上无明显症状，或仅形成少量褪绿斑、褐色坏死斑或极少数孢子堆，叶片的光合作用可正常进行，而感病品种的叶片被侵染后产生大量的夏孢子堆，甚至可布满整个叶片，严重消耗叶片营养，很短时间内即可引起叶片干枯，造成玉米中上部大量叶片干枯，植株早衰，籽粒灌浆不足，产量受损。

2.1.5.3　病原

南方锈病的病原菌 *Puccinia polysora* Underw. 称多堆柄锈菌，是一种典型的专性寄生菌。多堆柄锈菌的夏孢子为淡黄至金黄色，单细胞，椭圆形至亚球形，胞壁表面有细小突起，腰部有发芽孔 4～6 个。夏孢子堆圆形或卵圆形，橘黄色。夏孢子萌发的最适温度为 23～28℃。冬孢子近椭圆形，不规则，栗褐色，双胞，中间有 1 个隔膜，分隔处稍缢缩，柄浅褐色。冬孢子堆黑褐色至黑色，多生于叶片背面、叶鞘和中脉附近，我国绝大多数地区难以见到。

2.1.5.4　发生规律

我国大多数玉米南方锈病发病地区的病原菌是由台风从热带地区的病害常发区带来后传播开的，南方锈病以夏孢子形式在我国各玉米产区辗转传播、蔓延，侵染夏玉米。夏孢子接触叶片 4 h 后即可萌发，通过气孔进入寄主组织，也可通过细胞间隙侵入，或形成附着胞直接穿透寄主表皮细胞侵入。夏孢子无法越冬，而能够越冬的冬孢子在我国极少产生。南方锈病的发生需要高温高湿的环境，适宜条件下病原菌完成一个侵染循环仅需 7～10 d，故在田间可以迅速积累菌源，快速传播病害。

2.1.5.5　防治要点

玉米南方锈病是一种气流传播的大区域发生流行病害，突发性强，且发生在玉米灌浆阶段，所以防治上应以种植抗病品种为首选措施，辅以农业防治及药剂防治。

2.1.5.6 危害现状及相关研究进展

自 1984 年我国首次报道南方锈病的发生以来（段定仁和何宏珍，1984），病害逐渐向北蔓延，目前南方锈病在黄淮海夏玉米区及辽宁、福建、江浙地区与广东和广西局部时常暴发流行，河南省常年发病面积在 66.7 万～133 万 hm^2（张青，2020）。南方锈病的病原菌多堆柄锈菌适于在较高温度下萌发、侵入和在寄主组织内扩展，而在较低温度下显症，豫南夏玉米区 7 月下旬至 8 月中旬温度较高，病菌通常在此时侵入、定殖与扩展，8 月底或 9 月初气温明显下降时病害快速显症，病原菌夏孢子堆突然布满叶片，病害呈暴发状态。2007—2008 年、2015 年、2017 年和 2020 年，南方锈病都曾在豫南地区暴发流行，造成减产 10% 以上（段鹏飞等，2010；刘启等，2016；王晓鸣等，2020）。

南方锈病病原菌多堆柄锈菌的夏孢子不具备越冬能力，病菌不能够在我国北方玉米种植区越冬而形成一个完整的侵染链，因此初侵染源一定来自其他地区。在靠近赤道的热带地区全年均可种植玉米，病菌能够以寄生和不断侵染的方式在玉米上繁殖存活，形成初始菌源地，具备通过台风完成远距离传播的条件。研究证明，病菌初侵染源主要由不定期形成的台风和西南季风所携带，我国各地域发生的玉米南方锈病具有不同的初侵染源来源，豫南地区所在的黄淮海夏玉米区与南方浙江、福建玉米区的初侵染源主要都来自我国台湾的周年玉米种植区（王晓鸣等，2020）。在有台风先登陆台湾，携带南方锈病夏孢子后再擦过豫南地区的年份，若再赶上适宜的气候条件，则玉米南方锈病有较大概率暴发流行，应格外注意防范。

玉米对南方锈病的抗性主要由显性的主效基因控制，目前已有多个抗性基因被定位，如 $Rpp1$、$Rpp9$、$RppP25$、$RppQ$ 和 $RppD$ 等，这些基因大多存在于玉米的 10 号染色体短臂上。美国利用 $Rpp9$ 选育了许多抗南方锈病的玉米品种，在生产中有效减轻了锈病流行带来的损失。玉米南方锈病的抗性资源主要来自热带种质，我国已经筛选出了一些对南方锈病抗性较好的种质资源，如自交系齐 319、丹 3130、沈 136 等，也培育出了一批抗病性较好的品种，如登海 3 号、农大 108 等（王晓鸣，2014）。但总体而言，目前我国抗南方锈病的玉米品种还比较少。另外，南方锈病病原菌与寄主的互作符合"基因对基因"模式，具有明显的生理小种分化和较高的遗传变异，容易导致抗病品种抗性丧失。为避免品种抗性丧失引发的病害流行，应尽量不要采用单一品种大面积种植的方式，同时加快选育具有不同南方锈病抗性基因的抗病品种，以便在生产中能够将携带不同抗病基因的品种进行合理布局应用，从而有效预防南方锈病的发生，减少病害损失。

2.1.6　玉米穗腐病

2.1.6.1　分布危害

玉米穗腐病是玉米生长后期的重要病害之一，又称玉米穗粒腐病，属世界性病害。一般品种发病率 5%～10%，感病品种发病率可高达 50% 左右，造成严重损失。玉米穗腐病不仅因果穗腐烂而导致直接减产，而且带菌种子的发芽率和幼苗成活率均降低，有些病原菌还可以产生对人畜有害的毒素而使籽粒品质下降，造成进一步的损失。

2.1.6.2　症状

玉米穗腐病发生在玉米生长后期，果穗及籽粒均可受害。多个种属的病原菌均能引起玉米穗腐病，发病时被害果穗由顶部或中部开始变色，并根据病原的不同而出现粉红色、蓝绿色、黑灰色或暗褐色、黄褐色等各种颜色的霉层，即病原的菌丝体、分生孢子梗和分生孢子。病粒无光泽，不饱满，质脆，内部空虚，常被交织的菌丝充塞。重发时果穗病部苞叶常被密集的菌丝贯穿，黏结在一起贴于果穗上不易剥离，穗轴甚至解体腐烂。仓储玉米受害后，粮堆内外则长出疏密不等、各种颜色的菌丝和分生孢子，并散出发霉的气味。

2.1.6.3 病原

多种病原真菌可引起玉米穗腐病。*Fusarium verticillioides* (Sacc.) Nirenberg 称拟轮枝镰孢，*Fusarium graminearum* Clade 称禾谷镰孢复合种，*Trichoderma viride* Pers. ex Fries 称绿色木霉，*Trichoderma harzianum* Rifai 称哈茨木霉，*Aspergillus flavus* Link：Fr. 称黄曲霉，*Aspergillus niger* Tiegh 称黑曲霉，*Nigrospora oryzae* (Berkeley et Broome) Petch 称稻黑孢，*Cladosporium cladosporioides* (Freson.) de Vries 称枝状枝孢，*Bipolaris zeicola* (Stout) Shoemaker 称玉米生平脐蠕孢，*Cladosporium herbarum* (Pers.) Link 称多主枝孢，*Penicillium oxalicum* Currie et Thom 称草酸青霉，*Trichothecium roseum* (Bull.) Link 称粉红聚端孢，均可引起玉米穗腐病。

2.1.6.4 发生规律

病菌多以菌丝体在种子、病残体上或土壤中越冬，翌年温湿度适宜时生长产孢，分生孢子借风雨、气流传播，为初侵染源。病原主要通过玉米花丝或雌穗上的伤口侵入穗部，引发穗腐病。高温多雨以及玉米虫害发生偏重的年份病害发生也较重。玉米粒没有晒干，入库时含水量偏高，以及贮藏期仓库密封不严，库内湿度升高，也利于各种霉菌腐生蔓延，引发穗腐病，造成玉米粒腐烂或发霉。

2.1.6.5 防治要点

穗腐病主要发生在玉米生长后期，难以进行药剂防治，可因地制宜采用合适的农艺措施防治。如适当调节播期，尽可能使玉米孕穗至抽穗期不要与雨季相遇；合理密植、加强通风、开沟排水，防止湿气滞留；生长期注意防治玉米螟、棉铃虫和其他害虫及鸟害，减少穗部伤口；清洁田园，处理田间病株残体；秋季深翻，减少病菌来源；与高粱、谷子、大豆、甘薯、旱稻等作物实行3年以上轮作，等等。

2.1.6.6 危害现状及相关研究进展

穗腐病是豫南地区玉米上的重要病害之一。能够引起玉米穗腐病的病原菌种类众多，研究表明，豫南地区玉米穗腐病的优势病原菌为镰孢菌，其中以拟轮枝镰孢菌的分离频率最高，层出镰孢菌次之，禾谷镰孢菌位居第三（席靖豪等，2018）。不同病原菌侵染玉米雌穗的途径不尽相同，但多数病原菌主要是通过花丝通道或伤口侵入，而拟轮枝镰孢菌在上述两种途径之外还可通过根部系统侵染玉米后，沿维管束进入雌穗（焦铸锦和黄思良，2015）。由于玉米穗部的伤口多来源于穗部害虫，多数研究认为玉米穗部害虫与穗腐病的发生密切相关，防治玉米害虫如玉米螟、棉铃虫等是减轻玉米穗腐病发生的重要措施（魏铁松等，2013；陈万斌等，2019）。玉米穗腐病除了可以导致籽粒败育或腐烂、直接造成产量损失外，多个种属的病原真菌还能产生多达十余种真菌毒素，其中对人畜危害严重的有呕吐毒素、伏马毒素、玉米赤霉烯酮、黄曲霉毒素等等。毒素不仅导致玉米品质的降低，也给食品与饲料的安全性带来了重大隐患（段灿星等，2015）。

玉米对穗腐病的抗性可分为物理抗性和生化抗性：物理抗性体现在植物组织结构上，包括果穗形态、苞叶松紧度、花丝通道特点以及籽粒硬度、果皮和糊粉层厚度、籽粒灌浆速度等，这些是构成寄主持久抗性的重要因素；生化抗性则是指寄主通过基因调控的代谢途径主动抵御病原菌的生化反应，多表现为病原菌入侵后籽粒细胞壁加厚并促进网状结构的形成，从而阻碍病原菌的进一步入侵，或合成降解病原菌细胞壁多糖成分的物质，抑制病原菌繁殖与扩展等（段灿星等，2015）。抗性遗传研究表明，玉米对穗腐病的抗性主要由数量性状基因控制，既有加性效应也有显性效应，对黄曲霉及黄曲霉毒素、禾谷镰孢穗腐、拟轮枝镰孢穗腐抗病性的加性效应大于显性效应（Gendloff，1986；Chungu et al.，1996；Campbell et al.，1997）。目前已有数十个玉米抗性相关 QTL 被定位，也有一些玉米抗性基因被鉴定，如存在于抗病材料中的 *ZmGC1*、*qRfg1*、*qRfg2* 及 *ZmTrxh* 基因或 QTL（Yuan et al.，2008；Zhang et al.，2012；Liu et al.，2017）均参与了禾谷镰孢菌引起的玉米抗病调控过程（李辉等，2018）。

在生产中，穗腐病发生在玉米生长中后期，田间防治难度较大，故通常不进行专门针对穗腐病的防治。另外，穗腐病的致病菌类型复杂，侵染途径多样，病害发生受气候影响大，多种因素的存在使得即使喷药防治，一般也难以达到理想的防治效果。因此，筛选、培育和利用抗病品种成为控制玉米穗腐病最为经济有效的措施。优异的抗性种质是抗病育种工作的基础，近年来，已有一些针对黄曲霉菌、镰孢菌等穗腐病主要病原菌抗性水平较高且稳定的优良种质资源被发掘和研制出来，但由于玉米穗腐病受病原菌种类、种植环境和玉米基因型等因素的影响较大，导致玉米穗腐病症状复杂，目前抗性种质的应用还存在较大困难，有关育成的抗穗腐病品种的报道尚不多见，生产上抗穗腐病且高产优质的玉米品种仍较缺乏（段灿星等，2015）。不过，随着我国对玉米穗腐病抗性育种的日益重视，2014 年和 2017 年国家农作物品种审定委员会颁布的《主要农作物品种审定标准（国家级）》中已经把对于玉米穗腐病的抗性水平要求定为玉米品种审定中的重要指标之一，以引导全国育种工作者高度重视抗玉米穗腐病品种的选育。未来应注意筛选具有抗多种病原引起的玉米穗腐病的材料，同时加强玉米抗毒素种质的筛选和鉴定，把对病原菌的抗性和对真菌毒素的抗性相结合，才能做到真正有效防控玉米穗腐病（段灿星等，2015；李辉等，2018）。

2.1.7 玉米瘤黑粉病

2.1.7.1 分布危害

玉米瘤黑粉病分布广泛，在我国南北各地玉米产区均有发生。该病从苗期至成株期均可发生，发生越早对产量影响越大，鲜食玉米受害尤其严重。一般生产田因瘤黑粉病可引起 1%～10%的产量损失，病害暴发年份能造成 50%以上的减产，甚至绝收。玉米制种基地甘肃武威曾因瘤黑粉病重发而造成年度种子减产 2 万 t。

2.1.7.2 症状

瘤黑粉病是局部侵染病害，从幼苗到成株期，植株所有具有分生能力的地上幼嫩组织器官都能够被侵染，如气生根、叶片、茎秆、雄穗和雌穗，有时甚至根系也可被侵染。病菌可从微伤口侵入，侵染后刺激植株长出膨大而表面光滑的瘤体，颜色从白色至淡黄、粉红不等，随病程发展而膨大，渐变为灰白色不规则状瘤，逐渐开裂，中间可见黑色物；瘤体成熟后变软，表面仅留一层灰白色薄膜，内部部分液化，干燥后瘤体干瘪，黑色物即病菌冬孢子。苗期发生此病，常在幼苗茎基部生瘤，病苗茎叶扭曲畸形矮化，严重者死亡。成株期发病，可在叶和叶鞘上形成黄、红、紫、灰杂色疮痂病斑，成串密生或呈粗糙皱褶状，一般形成冬孢子前就干枯。雌穗受害，瘤体部分或全部替代籽粒或穗轴，病瘤一般较大，常突破苞叶外露。雄穗受害多发生在单个小花或穗柄组织上，长出囊状或角状小瘤，聚集成堆，一个雄穗可长出几个至十几个病瘤。不同玉米品种对瘤黑粉病的抗性差异明显。

2.1.7.3 病原

瘤黑粉病的病原菌 *Mycosarcoma maydis*（DC.）Brefeld 称玉蜀黍瘿黑粉菌［异名 *Ustilago maydis*（DC.）Corda 玉蜀黍黑粉菌］。病组织（瘤体）成熟并干燥后病原菌以黑褐色粉末的形式自然释放，粉末即病菌冬孢子（厚垣孢子）。冬孢子球形或椭球形，表面具细刺，黄褐至深褐色，外壁较厚。发育成熟的冬孢子不需休眠就可萌发，萌发后形成担子，担子顶端和分隔处侧生 4 个无色、单孢、梭形或略弯的单倍体担孢子，担孢子侵染玉米植株后，萌发形成侵入丝或以芽殖方式生出次生担孢子，次生担孢子也能萌发成侵入丝侵入寄主。担子、担孢子、侵入丝均为单倍体。担孢子的抗逆性很强，干燥情况下经 30～35 d 才死亡，但在玉米生长期，只要有数小时的雨、露或雾，即可萌发侵入。

2.1.7.4 发生规律

病原菌以冬孢子或孢子团在土壤、牲畜粪便中或病残体上越冬。春季气温上升以后，一旦湿度合适，在土表、浅土层、秸秆上等处越冬的冬孢子便萌发产生担孢子和次生担孢子，通过风雨传播，从植株伤口处侵入，陆续引起苗期和成株期发病形成瘤体，瘤体成熟破裂后释放出冬孢子进行再侵染，蔓延发病。玉米植株因虫害、生长过快、干旱等形成的各种伤口是病菌侵染的基础。该病在玉米抽穗开花期发病最快，至玉米老熟后停止侵害。高温高湿利于孢子萌发，微雨或多雾、多露条件下发病重。玉米受旱抗病力弱，前期干旱、后期多雨或干湿交替易发病。连作地或高肥密植地发病重。

2.1.7.5 防治要点

玉米瘤黑粉病田间侵染时间长，防治上应首选抗病性强、发病率低的品种。结合田间管理，及时防治棉铃虫、玉米螟等害虫，减少耕作损伤，加强水肥管理，避免玉米受旱。田间发现病株应及时拔除或在病瘤成熟破裂前切除，带出田外妥善处理。病害重发区尽量避免秸秆还田，以减少病菌在土壤中的积累，有条件的可实行 2～3 年的轮作。病害常发区和制种基地可结合药剂防治来控制病害的发生。

2.1.7.6 危害现状及相关研究进展

玉蜀黍瘿黑粉菌侵染玉米组织导致瘤黑粉病发病后，一般无法采取有效的挽救措施。近年来，由于推广应用的玉米品种大多不抗瘤黑粉病，加上耕作制度、种植结构的改变和气候条件的影响，致使黄淮海地区玉米瘤黑粉病的发生呈逐年上升趋势。

玉米瘤黑粉病的病原菌玉蜀黍瘿黑粉菌属于担子菌亚门，为异宗配合、活体营养的病原真菌。玉蜀黍瘿黑粉菌的生命周期分为单倍体的担孢子和二倍体的双核菌丝体两个阶段（肖淑芹等，2011），其担孢子在 PDA 培养基上的培养形态呈短棒状，与酵母细胞相似，不同菌株间形态学差异较小，因而对菌株的遗传多样性研究多采用分子生物学技术（张家齐等，2019）。玉蜀黍瘿黑粉菌只有以双核菌丝的形态才能够侵染危害（李超等，2018）。病菌担孢子以出芽方式无性繁殖，2 种不同交配型的担孢子在玉米组织中相遇后融合形成双核菌丝，双核菌丝侵入寄主玉米的幼嫩组织并在植株体内迅速生长发育，刺激寄主组织出现瘤变，组织逐渐扩大形成肿瘤，而瘤变部位的病原菌菌丝则由营养生长逐渐转向生殖生长，经细胞融合产生双倍体的冬孢子（肖淑芹等，2011），待瘤体成熟破裂后释放出冬孢子，冬孢子萌发形成担子，再产生单倍体的担孢子，完成侵染循环。玉蜀黍瘿黑粉菌只有在交配后形成双核菌丝体方能侵染玉米，其致病性及有性生殖过程均由 a、b 两个基因位点共同调节控制：a 位点由 a1、a2 两个等位基因组成，共同控制单倍体细胞的融合，b 位点则由 33 个复等位基因组成，决定有性生殖过程和双核菌丝的致病性（Banuett，1995）。这两个位点对玉蜀黍黑粉菌的遗传多样性十分重要（Zambino et al.，1997），玉蜀黍黑粉菌形成双核菌丝体必须保证 a 位点不同，双核菌丝体产生致病性并稳定遗传则需要 b 位点不同（Banuett et al.，1994）。

对病原菌群体多样性的研究是病害研究中的一个重要环节，因为病原菌群体遗传结构的改变通常会导致品种抗病性的丧失，而品种抗病性的丧失往往潜藏着病害流行暴发的危险。瘤黑粉病病原菌种群结构的研究结果表明，来自包括豫南地区在内的低纬度地区的玉蜀黍瘿黑粉菌存在大量的遗传变异，其种群遗传多样性较来自豫北、河北等中高纬度地区的菌群更为丰富。导致病原菌遗传多样性的主要原因是地理环境的多变和寄主玉米品种的多样化，豫南地区位于黄淮海玉米种植区，地形以平原为主，地理环境差异不大，但推广种植的品种较多，寄主选择压力较小，品种多样化可能是豫南地区病原菌群体多样性丰富的主要因素（张家齐等，2019）。

积极培育和种植抗病、耐病品种是防治瘤黑粉病最经济有效的途径，但对瘤黑粉病表现抗病的优良玉米种质资源相对较少，目前瘤黑粉病抗病育种主要采取的还是自交或回交等常规育种方式，进展比较缓慢。一般来说，玉米籽粒为马齿型的品种、果穗苞叶较紧密的品种、早熟的品种对瘤黑粉病的抗病性较好。以分子生物学技术辅助育种通常可以加快育种进程，但首先需要对玉米的抗病性位点或基因精细定位，并找出育种上有价值的分子标记。玉米对瘤黑粉病的抗病性属于多基因控制的数量遗传性状，主要受加性效应和上位效应影响。玉米瘤黑粉病抗性 QTL 定位方面的研究目前还不多，虽然已有数十个抗性 QTL 被检测或定位，在玉米的 10 条染色体上都有抗性 QTL 的分布，但目前尚未找到玉米抗瘤黑粉病的抗病基因或与抗性 QTL 紧密连锁的分子标记。希望在不久的将来，研究者们在这方面能够获得更多的突破，推动玉米瘤黑粉病抗病育种工作的开展。

2.1.8 玉米矮花叶病

2.1.8.1 分布危害

玉米矮花叶病是一种在我国各玉米产区普遍发生的病毒病，曾有多次局部暴发流行。因该病的发生，1968 年在河南辉县造成减产 2.5 万 t，1975 年在山东泰安造成减产 1 万 t，1998 年在山西造成减产 5 万 t。

2.1.8.2 症状

矮花叶病在玉米整个生育期均可发病，以苗期受害最重，抽穗后发病较轻。幼苗发病，最初在心叶基部细脉间出现许多椭圆形褪绿小点，呈虚线状排列，之后发展成实线。病部继续呈不规则状扩大，在粗脉间形成许多不受叶脉限制的黄色条纹，与健部相间形成花叶症状，失绿严重的叶片逐渐枯死。重病株的苞叶、叶鞘、雄花穗有时出现褪绿斑，顶部叶片花叶症状尤其明显。植株矮小，其高度有时只为健株的 $1/2 \sim 1/3$，不能抽穗或抽穗迟而不结实。病株茎细，根部不发达或萎缩。

2.1.8.3 病原

多种病毒均可引起玉米矮花叶病，包括甘蔗花叶病毒（Sugarcane mosaic virus）、白草花叶病毒（Penniserum mosaic virus）和玉米矮花叶病毒（Maize dwarf mosaic virus）。甘蔗花叶病毒为单链 RNA 病毒，是我国的主要病原，病毒粒体无包膜、线状，钝化温度 $53 \sim 57℃$，稀释限点 $10^{-5} \sim 10^{-3}$，$27℃$ 下体外存活期 $17 \sim 24$ h。白草花叶病毒亦为无包膜的单链 RNA 病毒，病毒粒体线状略弯曲，钝化温度 $53℃$，稀释限点 10^{-2}，体外存活期 48 h。玉米矮花叶病毒也是单链 RNA 病毒，病毒粒体线状，钝化温度 $55 \sim 60℃$，稀释限点 $1 \times 10^{-3} \sim 2 \times 10^{-3}$，体外存活期 24 h。

2.1.8.4 发生规律

甘蔗花叶病毒可广泛寄生禾本科多种植物，能够在不同的多年生禾本科植物上越冬，成为翌年重要的初侵染源。携带病毒的玉米种子发芽出苗后也可成为田间发病中心。病毒传播主要靠多种蚜虫的扩散。玉米幼苗阶段是蚜虫活动的第一个高峰期，当天气凉爽、降雨不多，气候条件有利于蚜虫活动时，在大面积种植感病玉米品种的田块，蚜虫会迁飞到玉米上吸食传毒，大量繁殖后辗转危害，使病毒在幼苗间迅速扩散，造成该病流行。秋季，蚜虫将病毒传至其他禾本科植物上，使病毒得以越冬。蚜虫发生危害高峰期正好与春玉米易感病的苗期相吻合，故春玉米上该病发生较重。此外，气候冬暖春旱时有利于蚜虫越冬和繁殖，发病一般偏重。田间管理粗放、杂草多的田块也较易发病。

2.1.8.5 防治要点

因地制宜选择抗病品种。尽量选用无病区的种子。加强苗期管理，合理施肥，及时防治蚜虫，避免病毒传播扩散。发现病株尽早拔除，及时中耕锄草，可减少传播寄主。冬前或春季及时清除地头、田边以及田间的杂草，尤其多年生杂草，压低蚜虫虫口基数。

2.1.8.6　危害现状及相关研究进展

玉米矮花叶病具有暴发性、迁移性和间歇性三大特征（王海光等，2003），对玉米生长造成严重威胁。该病害于 1968 年在河南新乡、辉县等地大暴发，80 年代由于推广了抗病品种和改进了农艺栽培措施，病害得到有效防治，然而 90 年代以后，矮花叶病易感品种（系）的大量种植又使得病害回升蔓延并逐年加重，目前已逐步扩展至各玉米产区（李新海等，2000）。

玉米矮花叶病由一至多种病毒系统性侵染引起，国际上已经报道的矮花叶病毒有 6 种，均为马铃薯 Y 病毒属成员，分别为玉米矮花叶病毒（MDMV）、甘蔗花叶病毒（SCMV）、白草花叶病毒（PenMV）、玉米属花叶病毒（Zea mosaic virus，ZeMV）、高粱花叶病毒（Sorghum mosaic virus，SrMV）和约翰逊草花叶病毒（Johnsongrass mosaic virus，JGMV）（燕照玲等，2018）。我国玉米矮花叶病的主要病原为 SCMV（曾被命名为 MD-B 或 SC-MDB）和 PenMV（曾被命名为 MD-G）（蒋军喜等，2003；Fan et al.，2003）。受玉米矮花叶病毒侵染的叶片，对玉米小斑病菌 O 小种的敏感性也会增加，可使病菌生长加快、繁殖增多（王海光等，2003）。矮花叶病在田间主要通过蚜虫作为昆虫介体，以非持久性方式传播，病害在田间扩展主要靠有翅蚜，尤其以过路蚜虫为主，一般在蚜虫迁飞高峰期过后 15～20 d 即可出现矮花叶病发病高峰。已报道可以传毒的蚜虫至少有 23 种，在我国，主要的传毒蚜虫有玉米叶蚜、禾缢管蚜、桃蚜、豚草蚜、棉蚜、麦二叉蚜和狗尾草蚜等（张爱红等，2010）。蚜虫获毒的饲育期很短，最适 5～10 min，获毒后便可传毒（王海光等，2003），持毒时间为 30～240 min，少数蚜虫的持毒时间可超过 19 h，有可能长距离传播病毒（蒋军喜等，2002；张爱红等，2010）。玉米矮花叶病毒还可通过种子进行远距离传播，已明确带毒种子的种表、种皮组织和胚乳均可携带病毒，胚不携带病毒，种表携带的病毒无侵染活性，种皮组织携带的病毒侵染活性低，胚乳携带的病毒侵染活性高，病毒传播主要通过胚乳完成（周伦理，2010）。

抗病种质资源是抗病育种的基础，但我国主要的玉米种质资源中抗矮花叶病的不多，目前只有塘四平头和获白系统抗或高抗玉米矮花叶病（李新海等，2000）。在玉米种质对矮花叶病的抗性遗传方面，大部分学者认为玉米对矮花叶病毒的抗性呈部分显性至显性遗传，但也有研究者认为玉米矮花叶病的抗性受数量遗传控制。从已有报道来看，不能简单地把对矮花叶病的抗性界定为质量性状或数量性状，而应把这种抗性考虑为同时受少数主效基因和较多微效基因共同作用的遗传现象（周伦理，2010）。目前已经在玉米上定位到一些主效抗病基因，如抗甘蔗花叶病毒基因 $scmv1$ 位于玉米第 6 染色体的 6.01 区段，$scmv2$ 位于第 3 染色体的 3.04 区段（Melchinger et al.，1998）等。但尚无抗病基因被克隆到。

培育、推广抗病毒病的玉米品种并辅以合理的栽培管理措施是目前公认防治病毒病的最佳途径，但抗病品种的抗性会逐年丧失，这可能是因为 MDMV 病毒基数在急剧增加，使得原来的抗病品种变成了感病品种，原来的无病区或病害偶发区也就变成了病害常发、重发区（佟文悦等，1998）；同时，由于玉米种质资源对病毒病抗性的遗传基础较复杂，也给通过传统杂交利用玉米抗性基因培育抗病品种带来一定难度（燕照玲等，2018）。目前，借助组织培养和基因工程技术将抗性基因或部分抗性片段定向导入植物，从而获得转基因抗病毒病植株的技术已经应用在玉米抗病毒病育种中，并取得了重大进展，已有研究者将矮花叶病毒的外壳蛋白基因或病毒复制酶基因导入玉米，获得了具有一定抗性的转基因玉米植株（Murry et al.，1993；周小梅等，2006；雷海英等，2008）。虽然转基因抗病植株现在离生产应用的距离还较远，但潜力较大，未来可期。

2.1.9 玉米粗缩病

2.1.9.1 分布危害

玉米粗缩病在我国分布广泛，各玉米产区均有发生。该病具有毁灭性，曾多次在我国暴发成灾，是我国玉米上最重要的病毒性病害。1996 年全国粗缩病发病面积达 233 万 hm^2；2004—2008 年玉米粗缩病在夏玉米区持续流行，严重威胁玉米生产；2008 年，仅山东省的粗缩病发病面积就达到 73.3 万 hm^2，5.9 万 hm^2 玉米田被迫改种，1.7 万 hm^2 田块绝产，严重影响了玉米的产量和质量。

2.1.9.2 症状

玉米整个生育期都可被侵染，以幼苗阶段感病性最强，且发病后对玉米植株的影响最大。幼苗感病后，最早于 3 叶期开始显症，5～6 叶期进入显症高峰期。侵染初期，幼苗心叶基部中脉出现透明褪绿条点，后期逐渐在成熟叶片的叶脉上转化为长短不等的粗糙白色蜡状突起，这种突起在叶鞘、果穗苞叶上也能形成。病株茎节不伸长，短小的茎节与叶鞘聚缩在一起，叶色深绿，宽短质硬，叶片叠加对生，顶叶簇生，株高仅为健株的 $1/2 \sim 1/3$，重病株株高不足 50 cm。病株分蘖多，根系发育不良，形态短粗，根茎交界处纵裂，植株易拔出。多数病株不抽雄，不分化果穗，即使抽雄，雄穗也多败育或发育不良，果穗畸形，结实性差。重病株多在苗期或乳熟期前全株枯死。

2.1.9.3 病原

多种病毒可引起玉米粗缩病，在我国主要为水稻黑条矮缩病毒（Rice black-streaked dwarf virus）和南方水稻矮缩病毒（Southern rice black-streaked dwarf virus）。水稻黑条矮缩病毒的粒体主要存在于玉米病叶隆起的细胞和带毒昆虫的脂肪体、唾液腺、消化道、肌肉、气管等细胞内，病毒钝化温度 50～60℃，体外存活期5～6 d。南方水稻矮缩病毒粒体与水稻黑条矮缩病毒粒体相似，均为等轴二十面体，球形。

2.1.9.4 发生规律

玉米粗缩病病毒主要在小麦及杂草上越冬，也可在传毒昆虫体内越冬，主要靠灰飞虱传毒。灰飞虱成虫和若虫在田埂地边杂草丛中越冬，翌春迁入玉米田。玉米 5 叶期前易感病，10 叶期抗性增强。套种田、早播田及杂草多的玉米田发病重。玉米苗期是玉米粗缩病的敏感期。

2.1.9.5 防治要点

选用抗病品种。在病害重发地区，调整播期，使玉米对病害最为敏感的生育时期避开灰飞虱成虫盛发期，降低发病率。清除田间、地边杂草，减少毒源，提倡化学除草。合理施肥、灌水，加强田间管理，缩短玉米苗期时间。玉米 3～5 叶期是防治的关键时期，可抓住防治适期采用合适的药剂防治灰飞虱。

2.1.9.6 危害现状及相关研究进展

玉米粗缩病于 20 世纪五六十年代在我国被发现，近年来，粗缩病多次在黄淮海玉米产区的局部地区出现暴发流行现象，2010—2011 年、2013—2015 年都曾在豫东开封地区暴发，值得引起重视。引起粗缩病的病原有 4 种：玉米粗缩病毒（Maize rough dwarf virus，MRDV）、里奥夸克托病毒（Mal de Río Cuarto virus，MRCV），水稻黑条矮缩病毒（RBSDV）和南方水稻矮缩病毒（SRBSDV）（李荣改等，2017）。这 4 种病毒均为双链 RNA 病毒，具有系统侵染特性，都属于植物呼肠孤病毒科斐济病毒属，且在病毒粒子形态、寄主范围、传播介体、基因组序列等方面都很相似。MRDV、MRCV 主要分布在欧洲、美洲等地（Milne et al.，1973；Distéfano et al.，2003），在我国粗缩病主要由 RBSDV 引起（Fang et al.，2001；Zhang et al.，2001），SRBSDV 则是近年来

64

在长江流域和山东济宁地区新发现的病毒，这两种病毒同时也是水稻黑条矮缩病的病原（Yin et al.，2011；Cheng et al.，2013）。RBSDV 主要由灰飞虱传毒，SRBSDV 的传毒介体则主要是白背飞虱（阮义理等，1984；Zhou et al.，2008）。

介体传毒是玉米粗缩病唯一的传播途径，病毒一旦通过介体昆虫刺吸造成的微伤口侵入玉米，就会脱壳释放核酸，利用细胞内核糖体、复制酶系及其他物质进行复制、转录和表达，并利用胞间连丝扩散到其他细胞。病毒打开胞间连丝孔口的能力是病毒移动的主要限制因素（胡帆等，2013）。病毒进入植株体内后复制和扩散，会引起防御系统中重要基因及合成结构蛋白相关基因表达量的显著变化，对玉米生理生化及发育造成不同程度的伤害（李秀坤等，2015）。玉米在 6 叶龄前对粗缩病最为敏感，之后敏感性逐渐降低，至拔节期后则较少会被侵染（陈声祥等，2005）。在病害常发区若能通过改变播期使玉米的感病期避开传毒介体灰飞虱成虫的迁飞高峰期，则可大幅降低病害发生的严重程度。灰飞虱靠吸汁获毒，一经染毒，终身可传毒，但不会经卵传毒（张超等，2017）。灰飞虱的寄主范围广泛，可寄生于小麦、水稻、玉米等粮食作物及多种禾本科杂草，且各寄主可以互为毒源、相互传播。玉米是最感病的寄主，可作为 RBSDV 是否存在的指示作物，但并不是灰飞虱的适生寄主，只作为过渡寄主（陈声祥等，2005）。可见，在小麦、玉米、水稻均有种植的豫南地区，存在使 RBSDV 能够完成周年侵染循环的客观条件，但可以通过改变播期、合理规划不同作物种植区域、适期治虫等方式进行防范。

在玉米抗粗缩病机理研究方面，已经明确玉米对粗缩病的抗性为典型的数量遗传性状，由多个 QTL 控制，表现为加性效应和显性效应，且加性效应大于显性效应（刘志增等，1996；王安乐等，2000；邸垫平等，2012）。迄今为止，研究者们已在不同的作物群体中定位了 60 余个玉米抗粗缩病 QTL，几乎覆盖了玉米全部的 10

条染色体,其中位于第 8 染色体 bin8.03 的 1 个 QTL 位点在多数
材料中都可以检测到,能够解释 12.0%~28.9%的表型变异,是
一个较重要的主效 QTL(Shi et al.,2012；Tao et al.,2013；
Liu et al.,2016)。目前尚未克隆到粗缩病抗病基因,但已有一些
分子标记被开发并辅助进行粗缩病的抗病育种研究(杨青等,
2019)。

玉米粗缩病是一种可"防"可"避"却不可"治"的病害,一
旦发生便无有效的化学药剂可以起作用。选育推广优良的抗病品种
是防治玉米粗缩病的根本措施,而筛选挖掘优良抗病种质则是进行
抗病育种的基础和前提。目前尚未发现对玉米粗缩病免疫的种质材
料,但研究者们已经挖掘和研制了一批对粗缩病抗性水平较高的品
种(品系),如 PB 亚群和四平头亚群均表现出较好的抗病性,是
玉米抗粗缩病育种工作中的重要种质类群(郭启唐等,1995；杨兴
飞等,2010；薛林等,2011),此外从我国地方的农家种和热带玉
米种质中也发现了一批有价值的抗粗缩病种质材料,这些抗病种质
材料为抗病育种及抗性机理研究奠定了基础(陶永富等,2013)。
在育种家们的努力下,一些抗粗缩病的优良玉米品种如丹玉 86、
登海 3622 等已经陆续通过审定,各种植区可结合实际选择适合当
地种植的品种,从源头上做好病害防范的准备。

2.2　主要虫害

夏玉米种植区主要在黄淮海区域,包括河北中南部、山西南
部、陕西关中、山东、河南、安徽和江苏北部,该区域属于暖温
带,一年两熟,多为小麦—玉米轮作,且主要为玉米贴茬直播,小
麦收获后,不进行土地翻耕,直接播种玉米。豫南地区常见的玉米
害虫有甜菜夜蛾、劳氏黏虫、东方黏虫、桃蛀螟、玉米螟、棉铃
虫、蚜虫以及新入侵害虫草地贪夜蛾等,给豫南夏玉米生产造成较

大影响，一般年份减产达 20％～30％。

2.2.1 甜菜夜蛾

2.2.1.1 分布与寄主

甜菜夜蛾［*Spodoptera exigua*（Hübner）］属鳞翅目夜蛾科灰翅夜蛾属，是一种世界性分布的多食性害虫，起源于东南亚地区，具有间歇性大发生危害的特点。现在发生范围已遍及我国 20 余个省份，其中江淮、黄淮流域危害较为严重。其寄主范围广泛，危害甜菜、棉花、玉米、高粱等 28 种大田作物和 32 种蔬菜（江幸福等，1999；司升云等，2012；王攀等，2019）。

2.2.1.2 形态特征

卵：圆馒头状，直径约 0.3 mm，白色。1～3 层排列，卵块外覆有雌蛾分泌的白色绒毛。

低龄幼虫：虫体浅绿色，头壳绿色，Y 形纹不明显。前胸背板绿色，中胸与后胸节背面有一排黑色极小黑斑点。背中线和亚背线白色，各腹节黑斑点极小，肉眼不易察觉。腹部第 8 节背面黑斑点成正方形，但黑色斑点极小，刚毛极短。

老熟幼虫：体长约 22 mm。体色变化大，有绿色、暗绿色、黄褐色、褐色至黑褐色。前胸背板褐色，中胸与后胸节无明显的列成一排的黑斑。腹部第 8 节背部无黑色斑点。不同身体颜色有不同的背线，有的无背线。头壳淡褐色或褐色，头部具有倒 Y 形纹，呈白色或浅黄色。腹部气门下线有明显的黄白色纵带，有的呈粉红色，纵带末端达腹末，不弯到臀足上。各节气门后上方有一个明显白点，绿色型幼虫更明显。

蛹：长约 10 mm，黄褐色。中胸气门显著外突，呈深褐色，在前胸后缘，臀棘上有 2 根刚毛，腹面基部也有 2 根短刚毛，前者长度是后者的 1.5～2.0 倍。雌蛹第 8 腹节腹面近前缘有一短纵裂缝，裂缝两侧平坦，无突起，裂缝前端是生殖孔，后端是产卵孔，裂缝

67

离肛门距离比较远；雄蛹第 9 腹节腹面有一裂缝，裂缝两侧各有一个半圆形的瘤状突起，裂缝离肛门距离比较近。

成虫：体长 8～10 mm，翅展开 19～25 mm。灰褐色，少数颜色较深，呈深灰褐色。前翅中央近前缘外边有 1 个肾形斑，内边有 1 个环形斑，外缘有一列黑色三角形斑。后翅呈银白色，略带粉红色，翅缘灰褐色。雌蛾的腹部圆锥形，有黄色毛簇，较短，生殖孔清晰可见；雄蛾腹部末端狭长，较尖，有一圈黄色较长毛簇（王攀等，2019）。

2.2.1.3 危害特征

甜菜夜蛾初孵幼虫群集在叶背啃食叶肉，留下表皮，呈透明的小孔，稍大后分散开。2 龄后开始吐丝结网，取食后叶片呈现透明小孔。3 龄以后进入暴食期，主要危害叶片、嫩茎，咬食成孔洞或缺刻，严重时呈网状，苗期受害可造成缺苗断垄。

2.2.1.4 发生规律

每年约发生 5 代，以蛹在土中越冬。越冬蛹的发育起点温度为 10℃。第 1 代成虫盛发期在 5 月上中旬，危害小麦、春玉米等；二、三代幼虫盛发期分别在 7、8 月的中上旬，危害玉米、大豆、地瓜、红芋、甜菜、高粱；第 4 代幼虫盛发期在 9 月上中旬，危害白菜、萝卜及绿豆；第 5 代幼虫盛发期在 10 月上中旬至越冬，危害秋播小麦，其中以二、三、四代发生危害较重。甜菜夜蛾是一种迁飞性害虫，成虫昼伏夜出，晚上活动取食、交配产卵，对黑光灯、糖醋浸液有较强趋性。成虫产卵前需取食花蜜补充营养，卵多产在植物幼苗的叶背、叶柄及杂草上。甜菜夜蛾单雌产卵量 100～600 粒，最多可达 1 800 多粒。幼虫具有假死习性。幼虫皮肤上有蜡质，抗药力强。老熟幼虫入土做蛹室化蛹（王晓鸣等，2018）。

2.2.1.5 防治技术

清除杂草，减少甜菜夜蛾产卵场所和转移寄主，可减少和推迟

68

产卵并消灭绝大多数虫源。冬灌、早春和秋后进行中耕，可消灭越冬虫蛹。成虫期可用黑光灯或糖醋液诱杀成虫。药剂防治：可在甜菜夜蛾幼虫盛孵期至1龄幼虫高峰期，使用1.5％甲氨基阿维菌素苯甲酸盐乳油1 500倍液，20％虫酰肼悬浮剂400倍液，25％多杀菌素悬浮剂1 000倍液，5％氟啶脲乳油1 000倍液等。为延缓抗药性，药剂要合理轮换交替使用，用药时选择晴天清晨或傍晚，阴天全天都可施药（张海珍等，2014）。

2.2.2 劳氏黏虫

2.2.2.1 分布与寄主

劳氏黏虫（*Leucania loreyi* Duponchel）属鳞翅目夜蛾科，主要分布在广东、福建、四川、江西、湖南、湖北、浙江、江苏、山东、河南等地。幼虫食性很杂，可取食多种植物，尤其喜食禾本科植物，主要危害玉米、小麦、水稻等作物（王晓鸣等，2018）。

2.2.2.2 形态特征

卵：呈馒头状，淡白色，表面有不规则网纹。卵粒外无鳞毛覆盖，卵聚集成条块状。多产在叶片正面、叶鞘或叶鞘与茎秆的夹缝中。

幼虫：一般经历6个龄期。低龄幼虫虫体呈灰褐色，有5条白色纵线。腹部无明显斑点，头壳暗褐色，前胸背板灰褐色，中胸与后胸无明显黑色斑点。腹部第8节无明显黑斑。老熟幼虫身体长度为17～27 mm，体色黄褐色至灰褐色，有5条白色纵线，气门上线与亚背线之间呈褐色，气门线和气门上线之间区域土褐色；气门椭圆形，围气门片黑色，气门筛黄褐色。头部暗褐色，有明显褐色网状细纹，黑褐色"八"字纹，唇基有一褐色斑。前胸背板浅褐色，中胸与后胸节背线明显，黑色斑点极小，不明显。

蛹：初化蛹时为乳白色，渐变为黄褐色至红褐色，腹部背面第

69

4～7节近前缘处各有一列马蹄形刻点，刻点中央凹陷。腹部末端有3对臀棘，中央1对棘稍弯向腹面，2根臀棘基部着生间距较黏虫大，伸展呈"八"字形，基部粗，向端部逐渐变细，顶端不卷曲；两侧2对棘细小弯曲。全年没有明显的越冬现象。

成虫：体长12～18 mm，前翅灰褐色，中翅下角处有1个白点，后翅灰白色。无环形纹和肾形纹，中翅基部有一暗褐色条纹。前翅顶角有一三角形暗褐色斑；缘线也为一系列黑点，缘毛灰褐色（马丽等，2016；王晓鸣等，2018）。

2.2.2.3 危害特征

在玉米苗期，刚孵化的幼虫首先取食心叶，将心叶食成孔洞，后取食其他叶片，造成叶片缺刻。在玉米穗期，幼虫取食花丝和籽粒，污染果穗，影响授粉，造成玉米减产，降低玉米品质。

2.2.2.4 发生规律

劳氏黏虫在河南一年发生3～4代，老熟幼虫常在草丛中、土块下等处化蛹。在河南第一代幼虫发生于5月下旬至6月上旬，玉米6～8叶期，春玉米种植面积小，苗龄较小，幼虫集中取食玉米叶片，对玉米危害严重。第二代幼虫发生于6月底至7月，危害夏玉米，取食叶片。第三代发生于8月，取食花丝和籽粒，是危害夏玉米最重的一代。幼虫主要危害晚播田块及补种的植株。成虫对酸甜物质的趋性很强，羽化后的成虫必须在取得补充营养和适宜的温湿度条件下，才能进行正常的交配、产卵。喜在叶鞘内面、叶面上产卵，并分泌黏液，将叶片与卵粒黏卷。雌蛾产卵量受环境条件影响很大，一般可产几十粒至几百粒，多者可产千粒左右。幼虫孵化后，白天潜藏在心叶内、未展开的叶片基部、叶鞘与茎秆间的缝隙内或苞叶内、花丝里，夜间取食。劳氏黏虫主要习性与东方黏虫非常相似，具有明显的假死性。幼虫白天潜伏在草丛中，晚上活动危害。成虫昼伏夜出，晚上活动取食、交配产卵，有强烈的趋光性（黄芊等，2018；郭松景等，2003）。

2.2.2.5 防治技术

麦收后灭茬，可减少虫卵。在黄淮海地区，5月下旬至6月上旬抓紧玉米的田间管理，及时进行中耕，可杀死第一代蛹，减少第二代发生数量。劳氏黏虫具有很强的趋光性，可设立灭虫灯诱杀成虫，从蛾数量上升时起，用糖醋酒液或其他发酵有酸甜味的食物配成诱杀剂，盛于盆、碗等容器内进行诱杀。由于玉米植株高大，采用无人车喷药或者无人机喷药效果好。药剂有：25 g/L高效氯氟氰菊酯乳油，每亩用12～20 mL；200 g/L氯虫苯甲酰胺悬浮剂，每亩用5～8 mL；100亿个/g球孢白僵菌可分散油悬浮剂，每亩用600～800 mL；37％氟啶·毒死蜱悬乳剂，每亩用20～25 mL；8 000 IU/μL苏云金杆菌悬浮剂，每亩用90～110 mL；30％乙酰甲胺磷乳油，每亩用180～240 mL；200 g/L氯虫苯甲酰胺悬浮剂，每亩用10～15 mL；25 g/L溴氰菊酯乳油，每亩用10～15 mL（胡久义等2007；王晓鸣等，2018）。

2.2.3 东方黏虫

2.2.3.1 分布与寄主

东方黏虫［*Mythimna separata*（Walker）］又称黏虫，属鳞翅目夜蛾科，是一种世界性的禾谷类迁飞害虫。我国除新疆和西藏地区发生情况不明外，其他各省份均有分布。其发生危害具有迁飞性、暴食性、群聚性和杂食性等特点。黏虫食性较杂，寄主植物涉及禾本科、豆科、十字花科、蔷薇科、藜科、菊科等16科100多种，偏食禾本科植物，在我国华南主要危害水稻和小麦，中部地区主要危害麦类作物，在华北和东北地区主要危害玉米、谷子、高粱和小麦（江幸福等，2014）。

2.2.3.2 形态特征

卵：呈半球形，直径约0.5 mm，卵粒上六角形网状纹，初产时白色，渐变黄色、褐色，将近孵化时呈现黑色。卵块由数十粒到

71

数百粒组成，多为 3～4 行排列成长条状，叶片上的卵块经常被包在筒条状的卷叶内。

幼虫：6 个龄期，体色随着龄期、密度和食物等变化。初孵时褐色，2、3 龄幼虫取食嫩叶后，身体大部分或前半部分呈现绿色或灰绿色。幼虫密度较大时，4 龄以上的幼虫为黑色或灰黑色；幼虫密度较小时，体色变浅，呈现黄褐色至黄绿色。老熟幼虫长 35～40 mm，体色黄褐色至墨绿色。头部红褐色，头盖有网纹，额扁，头部有棕黑色的八字纹，背中线白色较细，两边为黑细线，亚背线红褐色。

蛹：初化时为乳白色，渐变为黄褐色至红褐色，长 19～23 mm，最宽处约 7 mm，胸背有多条横皱纹。腹背第 5～7 节各有一横排小点刻；尾刺 3 对，中间一对粗直，侧面两对细而且弯曲。雌蛹的生殖孔存在于腹部的第 8 节腹面，腹末端尖瘦，腹面平不向外突出；雄蛹的生殖孔在腹部的第 9 节腹面，腹末腹面稍微向前突起，表型圆钝。雌蛹的生殖孔距离肛门比雄蛹远。

成虫：淡褐色或黄褐色，体长为 16～20 mm，翅展达到 36～45 mm。触角丝状，前翅中央近前缘处有两个淡黄色斑纹，翅中央有一个小白点，其两侧各生一个小黑点，前翅顶角有一个黑纹，自顶角向后缘斜身，前足胫节侧面表现光滑无刺（刘恩志等，2004；马丽等，2016）。

2.2.3.3 危害特征

东方黏虫以幼虫危害叶片，幼虫孵出后先食掉卵壳，初孵幼虫群集在心叶危害，后爬至叶面分散危害。幼虫具有畏光性，白天潜伏在玉米心叶或土壤裂缝中，一般在早晚活动，阴天和虫口密度大时，白天也能危害。具有群集迁移危害、暴食、杂食的特点。1～2 龄幼虫仅啃食叶肉成天窗或形成小孔，3 龄以后沿叶缘蚕食成缺刻，或食光心叶，形成无心苗。5～6 龄进入暴食期，能将幼苗地上部全部吃光，危害严重时食光大部分叶片，只残留很短的中脉，造成玉米的严重减产甚至绝收。也可危害果穗，将果穗上部花丝和穗尖咬掉，并取食（王晓鸣等，2018）。

2.2.3.4　发生规律

东方黏虫为迁飞性害虫，每年规律地进行南北往返远距离迁飞。1年2～8代，随地理纬度及海拔而变化，从北到南世代数为：东北、内蒙古2～3代；华北中南部3～4代；江苏淮河流域4～5代；长江流域5～6代；华南6～8代。成虫昼伏夜出，晚上活动觅食、交配产卵。成虫对糖醋液趋性强。成虫羽化后必须在取得补充营养和适宜的温湿度条件下，才能进行正常的交配、产卵，成虫产卵于叶尖或嫩叶、新叶皱缝间，常使叶片成纵卷。每个卵块一般20～40粒，成条状或重叠，多者达200～300粒，每雌产卵1 000～2 000粒。初孵幼虫有群集性，3龄后食量大增，5～6龄进入暴食阶段。3龄后的幼虫有假死性，受惊动迅速卷缩坠地，畏光，晴天白昼潜伏在麦根处土缝中，傍晚后或阴天爬到植株上危害，幼虫发生量大食料缺乏时，常成群迁移到附近地块继续危害，老熟幼虫入土化蛹（李光博等，1993）。

2.2.3.5　防治技术

玉米收获后要及时清除田间玉米秸秆，可减少虫蛹；中耕除草消灭幼虫。利用成虫的趋化性以及产卵和隐蔽的习惯，用黑光灯、糖醋液和稻草把诱杀；诱蛾、诱卵的糖醋盆、草把应集中喷药或烧毁。

药剂防治：①毒饵诱杀。每亩用90％敌百虫100 g兑适量水，拌在1.5 kg炒香的麸皮上制成毒饵，于傍晚顺着玉米行撒施，进行诱杀。②叶面喷雾。每亩用2.5％敌杀死、2.5％功夫乳油或4.5％高效氯氰菊酯20～30 mL兑水30 kg＋新高脂膜均匀喷雾；灭幼脲3号1 500倍液＋新高脂膜进行叶面喷雾。低龄幼虫期可用灭幼脲1号、灭幼脲2号和灭幼脲3号500～1 000倍液喷雾防治。③撒施毒土。每亩用40％辛硫磷乳油75～100 g适量加水，拌沙土

40～50 kg扬撒于玉米心叶内，既可保护天敌，又可兼防玉米螟。

2.2.4 桃蛀螟

2.2.4.1 分布与寄主

桃蛀螟 [*Conogethes punctiferalis* (Guenée)] 属鳞翅目螟蛾科，也称桃蛀野螟、豹纹斑螟，俗称蛀心虫。在我国分布较广，分布于华北、华东、中南和西南地区。除以幼虫蛀食桃、梨、苹果、石榴、核桃、板栗、柑橘等果树外，还危害玉米、高粱、向日葵、大豆、棉花、扁豆、蓖麻等农作物及松、杉、桧柏和臭椿等林木，是一种食性极杂的害虫（鹿金秋等，2010）。

2.2.4.2 形态特征

卵：呈椭圆形，底部平，长径0.6～0.7 mm、短径0.3～0.5 mm，多为散产1粒或2～5粒相连成块，表面粗糙布有细微圆点，初产时乳白或米黄色，后渐变为红褐色，卵孵化前紫红色，具有细密而不规则的网状纹。

幼虫：有5个龄期，末龄幼虫体长18～25 mm。体色白色至米黄色，体背呈粉红色、暗红色，腹面淡绿色，头暗褐色，前胸盾片褐色，背板、臀板黄褐至黑褐色，身体各节有明显的黑褐色毛疣。背面的毛片较大，第1～8腹节气门以上各具6个，呈2横列，前4后2。气门椭圆形，围气门片黑褐色突起。腹足趾钩为不规则的3序环形。

蛹：长11～14 mm，初时浅黄绿色，渐变黄褐、深褐色。头、胸和腹部1～8节背面密布细小突起，第6～7腹节背面前后缘各有深褐色的突起，上有小齿1列，腹部末端有6条臀刺。桃蛀螟主要以老熟幼虫在树翘皮裂缝、干僵果内、玉米和高粱秸秆等处结茧越冬。

成虫：体长10 mm左右，翅展20～26 mm，全体黄色至橙黄色，个别偏灰黄色，体背、前翅、后翅散生大小不一的黑色斑点，似豹纹。触角丝状，长达前翅的一半。复眼发达，黑色，近圆球形。腹部第 1 节和第 3～6 节背面有 3 个黑点，第 7 节有的只有一个黑点，第 2、8 节无黑点。雄蛾腹部末端有黑色毛丛，雌蛾腹部末端圆锥形（韩学俭等，2002）。

2.2.4.3　危害特征

桃蛀螟初孵幼虫大都集中在玉米叶腋、叶鞘内侧取食叶舌、叶鞘及散落的玉米花粉。当玉米雌穗花丝顶端开始干枯时，大部分幼虫则转移取食花丝。当花丝基部开始干枯时，则向下危害玉米的幼嫩籽粒及穗轴。幼虫发育 3 龄以上时才有部分蛀入茎秆危害，大部分幼虫继续危害玉米雌穗。4～5 龄幼虫食量最大，造成玉米籽粒减少。虫量多时，雌穗顶部的被害长度可达 10 cm 左右。直到 5 龄末期化蛹前，才转移到玉米叶腋处、花丝顶端及粪便中结薄茧化蛹（吴立民，1992）。桃蛀螟聚集在果穗上取食危害，致使果穗生长发育和籽粒灌浆过程受阻，果穗变小，籽粒不饱满，严重时整个果穗被蛀食，不仅造成直接的产量损失，而且籽粒间混杂其颗粒状排泄物，加重了穗腐病的发生，导致玉米产量和品质明显降低（王振营，2006），造成极大的经济损失。有的也蛀茎，遇风常倒折。

2.2.4.4　发生规律

桃蛀螟 1 年发生 2～6 代，在辽宁 1 年发生 1～2 代，在河南发生 3～4 代。豫南地区越冬代成虫一般于 4 月下旬开始羽化，在玉米抽雄后才进入玉米田产卵，卵多单粒散产在玉米穗上部叶片，花丝及周围苞叶上。成虫白天及阴雨天静息于叶背及枝叶稠密处，傍晚以后飞出活动、交配、产卵，取食花蜜、露水，也吸食成熟桃、葡萄等果实汁液。待玉米收获后，幼虫在遗留于田间的雌穗柄、茎秆中越冬（韩学俭，2002）。

2.2.4.5　防治技术

1. 农业防治

（1）及时清除田间病残体，秸秆粉碎还田，减少桃蛀螟虫源基数。

（2）诱集植物利用。玉米田周围可种植小面积向日葵等寄主植物诱集成虫产卵，然后集中消灭。

（3）种植抗虫品种。玉米品种间对桃蛀螟的抗性存在差异，选种抗或耐桃蛀螟危害的玉米品种，可减轻危害。

2. 物理防治

（1）利用桃蛀螟成虫的趋光性和趋化性，采用黑光灯或频振式杀虫剂进行诱杀，也可用糖醋液诱杀成虫。

（2）采用性信息素诱捕器和食诱剂诱杀。

3. 生物防治　在桃蛀螟产卵期释放螟黄赤眼蜂，或用 100 亿个/g 苏云金杆菌和白僵菌可湿性粉剂 50～200 倍液。

4. 化学防治　在花丝期桃蛀螟产卵盛期，选择喷洒 20%杀灭菊酯 2 000～2 500 倍液或 50%杀螟松 1 000 倍液，20%氯虫苯甲酰胺悬浮剂 3 000～5 000 倍液。

2.2.5　亚洲玉米螟

2.2.5.1　分布与寄主

亚洲玉米螟［*Ostrinia furnacalis*（Guenée）］属鳞翅目螟蛾科，俗称玉米钻心虫，是我国玉米上最重要的害虫，其主要特点表现为发生范围广、面积大、危害严重等。亚洲玉米螟是杂食性害虫，寄主范围广，在我国玉米螟寄主有 60 余种，但主要危害玉米、高粱、谷子、大麻、马铃薯等作物和其他野生植物。一般发生年份可使玉米减产 10%左右，大发生年份造成的产量损失在 30%以上，严重时甚至绝收（周大荣等，1996；王雪艳等，2017）。

2.2.5.2　形态特征

卵粒多呈扁椭圆形，不规则鱼鳞状卵块，每个卵块有 20～60 粒，卵粒在初期为乳白色，略有光泽，随着时间推移逐渐变黄，卵孵化之后其中心会呈现 1 个黑点，这就是幼虫头部，卵如果被寄生则在一段时间内将全部变黑。

幼虫头部为黑色，有黑色点和3条纵线，初孵时表现为乳白色，半透明，幼虫体长通常在20~30 mm，身体正面为灰白色，背部则为淡灰色或者是淡红褐色，背部有3条纵线，中线比较明显，呈现为暗褐色，胸部2~3节，背面有4个圆形毛瘤，腹部1~8节背面各有2列横排毛瘤，第9腹节有3个毛瘤，胸足黄色，腹足趾钩为三序缺环型。

蛹外观多为纺锤形，颜色为黄褐或者红褐色，其体长多在15~18 mm，羽化前呈黑褐色。雌蛹腹部通常比较肥大，雄蛹腹部则比较尖细。

成虫体长10~15 mm，翅展20~40 mm，身体颜色为黄褐色。触角丝状，灰褐色，复眼浅黄色。雄性前翅黄褐色，有两条褐色的横线，两线间有2个暗斑，近外缘有一褐色横带。雌性前翅淡黄褐色，后翅线纹模糊或消失。相比而言，雄性的整体颜色较深，腹部偏瘦（吴兴文，2019）。

2.2.5.3 危害特征

在玉米心叶期，初孵幼虫潜入心叶丛，蛀食心叶，造成针孔或花叶。3龄以上玉米螟幼虫蛀食，玉米心叶展开后，会出现很多不规则排列的半透明薄膜状排孔。在玉米孕穗期，玉米螟幼虫首先在玉米雄穗上部进行啃食，并逐渐进入玉米穗内部，啃食玉米穗髓部组织，从而影响玉米生长发育过程中对水分和营养的吸收，严重影响玉米雄穗的发育，造成玉米雄穗无法长大。在玉米抽丝灌浆期，玉米螟幼虫会在雌穗内部啃食花丝，造成花丝断裂，导致玉米无法进行授粉灌浆，3龄以后部分蛀入穗轴、雌穗柄或茎秆，影响灌浆，穗折而脱落。玉米螟蛀食籽粒造成伤口，常诱发玉米穗腐病。

2.2.5.4 发生规律

玉米螟在河南玉米区1年发生3代，老熟幼虫在玉米、高粱、谷子等作物的茎秆、穗轴或者根部越冬，其中在玉米茎秆中越冬的玉米螟高达 80％。成功越冬的幼虫往往会在翌年 5 月中下旬转化为蛹，6 月上旬则会转化为成虫，6 月中下旬往往是成虫盛发期，也就是产卵期。玉米螟的卵期通常在 5～6 d，6 月下旬至 7 月上中旬出现一代玉米螟害虫，玉米螟的幼虫期通常为 20～30 d，蛹期为 7 d 左右。进入 7 月下旬至 8 月中旬，则过渡到二代螟卵高发期，进入 8 月中下旬时，秋收之后，老熟幼虫则会进入循环越冬。玉米螟的成虫多是昼伏夜出，成虫的飞行能力比较强，具有趋光的特性。雌蛾多将卵产在玉米叶背的中脉附近，为块状（暴庆刚，2019）。

2.2.5.5　防治技术

1. 农业防治　玉米秸秆粉碎还田，可杀死秸秆内越冬幼虫，降低越冬虫源基数。

2. 物理防治　利用性诱剂或灯光诱杀越冬代成虫。

3. 生物防治

（1）在玉米螟卵期，释放赤眼蜂 2～3 次，每亩释放 1 万～2 万头。

（2）将苏云金杆菌、白僵菌等生物制剂撒施于心叶内部或喷雾，白僵菌每亩 20 g 拌沙 2.5 kg，撒施于心叶内。

4. 化学防治

（1）颗粒剂。用 14％毒死蜱颗粒剂、3％丁硫克百威颗粒剂每株 1～2 g，或 3％辛硫磷颗粒剂每株 2 g，或 50％辛硫磷乳油按 1∶100 配成毒土混匀撒入心叶中，每株撒 2 g。

（2）喷雾。采用无人机喷施 20％氯虫苯甲酰胺 5 000 倍液或 3％甲氨基阿维菌素苯甲酸盐微乳剂 2 500 倍液。

2.2.6　棉铃虫

2.2.6.1　分布与寄主

棉铃虫（*Helicoverpa armigera*）属鳞翅目夜蛾科，又名玉米穗虫、钻心虫、棉挑虫、青虫、棉铃实夜蛾等，分布广泛，我国各省份均有分布，以黄淮海夏玉米区和西北内陆玉米区危害重。棉铃虫食性杂、寄主种类多，危害绝大多数绿色植物，寄主植物有20多科200余种，尤其喜食棉花和玉米的生殖器官。黄淮海地区由于棉花种植面积降低，导致玉米田棉铃虫发生面积呈逐年上升趋势，严重影响玉米的产量和品质（王振营，2001）。

2.2.6.2 形态特征

卵：近半球形，高0.51~0.55 mm，直径0.44~0.48 mm。初产时乳白色或淡绿色，后变黄色，孵化前紫褐色。卵表面可见纵隆纹，深达卵孔的纵隆纹有11~13条，纵棱有2岔和3岔达到底部，通常26~29条。

幼虫：可分为5~6龄，但多数为6龄期。老熟幼虫体长40~50 mm。初孵幼虫青灰色，体表密生长而尖的小刺。幼虫体色多变，分为8种类型，黑色型、绿色型、绿色褐斑型、绿色黄斑型、黄色红斑型、灰褐色型、红色型和黄色型。

蛹：纺锤形，红褐色至黑褐色，长13.0~23.8 mm，宽4.2~6.5 mm。腹部第5~7节背面与腹面前缘有7~8排稀而大的半圆形刻点，气孔较大。

成虫：体长15~20 mm，翅展31~40 mm。复眼较大，球形，绿色。雌蛾头胸部及前翅红褐色或黄褐色，翅反面常有红褐色或砖红色斑。雄蛾头胸部及前翅常为青灰色或灰绿色，内横线、中横线、外横线波浪状不明显。前翅翅尖突伸，外缘较直，斑纹模糊不清，中横线由肾形斑下斜至翅后缘（王晓鸣等，2018）。

2.2.6.3 危害特征

幼虫主要危害玉米苗期和穗期。玉米心叶期幼虫取食叶片时，自叶缘向内取食，造成缺刻状或孔洞，孔洞粗大，边缘不整齐，常见粒状粪便。穗期，棉铃卵大部分落在雌穗花丝上，少部分产在雌穗位的叶片叶鞘上，且多分散（郭松景，2004）。幼虫孵化后，集中在花丝上取食危害，咬断花丝且常被吃光，导致雌穗部分籽粒因授粉不良而不育，形成空壳，造成戴帽现象。幼虫3龄后蛀食玉米果穗内部籽粒，造成籽粒缺损，而幼虫排出的粪便沿虫孔排至穗轴顶部，则会使部分籽粒发霉腐烂，玉米品质下降。棉铃虫有互相残杀的习性，2、3龄以上的个体会互相排斥，阻止其他个体的侵入，因此一穗一虫的现象比较普遍。

2.2.6.4 发生规律

棉铃虫在黄淮夏玉米区1年发生4代，长江流域4~5代，云南地区7代。以蛹在土茧中越冬。在河南地区，棉铃虫4月中下旬开始羽化，5月上中旬为羽化盛期。一代卵发生于4月下旬至5月末，一代成虫在6月初至7月初，盛期为6月中旬。二代卵盛期在6月中旬，7月为二代幼虫危害盛期，7月下旬为二代成虫羽化和产卵盛期。四代卵集中在8月中旬至下旬，该世代棉铃虫对玉米危害严重。干旱少雨天气有利于棉铃虫的发生，尤其是6—8月热量多、气温高，特别利于棉铃虫的孵化与发育，促使棉铃虫的繁殖力和生存力都提高。近年来，黄淮海地区棉花种植面积大幅减少，导致玉米田棉铃虫发生面积呈逐年上升趋势，加之该区域小麦收获后免耕直播玉米，麦田中一代棉铃虫在土壤中化蛹后种群数量增大，成虫羽化后正值夏玉米心叶初期，直接在玉米心叶中产卵，造成二代棉铃虫对玉米幼叶的危害加重；随后，三代和四代棉铃虫继续在玉米田危害，特别是四代棉铃虫的幼虫在夏玉米果穗上取食花丝、穗尖幼嫩组织和籽粒，加重了玉米穗腐病的发生。

2.2.6.5 防治技术

1. 农业防治

（1）秋耕深翻。玉米收获后，及时深翻耙地，集中铲除田边、地头杂草，破坏棉铃虫的越冬环境、减少繁殖场所，可大量消灭越冬蛹，提高棉铃虫越冬死亡率，压低越冬虫口基数。

（2）轮作倒茬也是降低虫源的一个有效措施。

2. 物理防治

（1）杨树枝把诱杀。利用棉铃虫成虫对半枯萎的杨树枝把有很强的趋化性，在成虫发蛾期，插杨树枝把诱蛾，可消灭大量成虫，此方法可将孵化率降低至20％左右，对减少当地虫源作用较大，是行之有效的综防措施之一。

（2）黑光灯、高压汞灯诱集成虫。利用棉铃虫的趋光性，在棉铃虫成虫发生期，在田间设置黑光灯或高压汞灯诱杀棉铃虫成虫，灯距以200 m为好，对天敌杀伤小，杀棉铃虫数量大。相比于黑光灯，高压汞灯诱杀棉铃虫效果特别显著，防治效果达50％～60％。距高压汞灯越近，棉铃虫落卵量越低，高压汞灯宜在棉铃虫羽化高峰期使用。

3. 生物防治

（1）释放天敌。释放赤眼蜂，发挥天敌的自然控制作用。将赤眼蜂卡装入开口纸袋内，然后挂在植株中下部，棉铃虫产卵盛期放蜂2次，每亩放蜂2万头。

（2）喷施抗病毒液。棉铃虫卵盛期喷施棉铃虫核多角体病毒（NPV）1 000倍液，或喷施每毫升含100亿个以上孢子的Bt乳剂100倍液。

4. 化学防治 棉铃虫卵孵盛期至2龄幼虫时期进行喷药防治，用1.8％阿维菌素乳油500～750倍液，或5％高效氯氰菊酯乳油1 500倍液，或50％甲胺磷1 000倍液，或2.5％氯氟氰菊酯乳油2 000倍液均匀喷洒叶面，共喷2～3次，每隔7～10 d喷1次，以卵孵盛期喷药效果最佳，注意合理交替混合用药，以免单一用药增强棉铃虫的抗药性。防治棉铃虫也可于6月下旬在玉米心叶中撒施杀虫颗粒剂防治，按每株用3％辛硫磷颗粒剂2 g；每株0.1％或0.15％氟氯氰颗粒剂1.5 g；或每株3％丁硫克百威颗粒剂，14％毒死蜱颗粒剂1～2 g。

2.2.7 蚜虫

2.2.7.1 分布与寄主

蚜虫不仅是世界性的害虫，还是我国各地禾谷类作物植株上的重要刺吸类害虫。目前，危害玉米的蚜虫主要有玉米蚜［*Rhopalosiphum maidis*（Fitch）］、禾谷缢管蚜（*Rhopalosiphum padi*）、荻草谷网蚜（*Sitobion miscanthi*）和麦二叉蚜（*Schizaphis graminum*）4 种，以玉米蚜危害最为严重（吴兰花等，2018）。玉米蚜又称玉米叶蚜，属半翅目蚜科，俗称腻虫。

2.2.7.2 形态特征

玉米蚜分为无翅孤雌蚜和有翅孤雌蚜。无翅孤雌蚜，体长 1.8～2.0 mm，若蚜淡绿色，成蚜暗绿色，复眼红褐色。触角 6 节，第 3、4、5 节无感觉圈，腹管圆筒形，基部周围有黑色的晕纹，尾片乳突状，与腹管均为黑色。尾片圆锥状，具毛 4～5 根。有翅孤雌蚜，体长 1.6～2.0 mm，翅展 5.5 mm，体色为深绿色，头、胸部黑色，复眼暗红褐色，腹部颜色接近黑绿色。触角 6 节且比身体短，触角、喙、足、腹节间、腹管及尾片黑色。尾片圆锥形，根腹部 2～4 节各具 1 对大型缘斑，卵椭圆形。腹管圆筒形，端部呈瓶口胃状，暗绿色且较短，尾片两侧各着生刚毛 2 根（陈爱然，2019）。

2.2.7.3 危害特征

玉米蚜危害玉米整个生育期，主要以成、若蚜刺吸玉米汁液为主。在玉米雄穗抽出前，玉米蚜一直聚集在玉米叶片背面、心叶内危害，并在叶片上分泌蜜露，产生黑色霉状物阻碍光合作用，使玉米叶片卷曲枯萎，影响玉米的正常发育，从而导致被害玉米枝叶发黄或者发红，严重时可以导致玉米枯死，造成产量损失。玉米抽雄后，玉米蚜的危害部位逐渐由心叶向雄穗和雌穗扩散，在雄穗和雌穗苞叶上继续繁殖发育，孕穗期主要在剑叶正反两面和叶鞘上密集危害。玉米扬花期植株生长旺盛，是玉米蚜繁殖危害的最佳时期，此时玉米蚜繁殖数量剧增，对玉米的危害最严重（陈爱然，2019）。此外，蚜虫还能传播玉米矮花叶病毒和红叶病毒，造成更大产量损失。

2.2.7.4　发生规律

玉米田最适宜玉米蚜生长繁育的温度为 $25\sim27℃$，完成一代所需时间为 $5\sim7$ d（陈爱然，2019）。玉米蚜主要以孤雌生殖繁殖，平均气温 $7℃$ 以上即可繁殖危害。我国从北到南一年发生 $10\sim20$ 余代。以成、若蚜在玉米、高粱、小麦等粮食作物及狗尾草、芦苇等禾本科杂草的心叶、叶鞘或根处越冬，第 2 年 3、4 月随着气温上升，玉米蚜在越冬寄主植物上生存繁殖，4 月末、5 月初就会向粮食作物如大麦、小麦、玉米等迁移，玉米蚜中的有翅蚜在 7 月中、下旬会从杂草飞到玉米的茎秆和叶背上繁殖危害。7 月底至 8 月上旬玉米抽雄扬花期是玉米蚜生长发育最旺盛的时期，在展开的叶面可见到一层密布的灰白色脱皮壳。植株衰老后，有翅蚜飞至越冬寄主上繁殖越冬（赵秀梅等，2014）。

2.2.7.5　防治技术

1. 农业防治

（1）合理施肥，加强田间管理，促进植株健壮生长，增强抗虫能力。

（2）加强中耕，合理密植，调整耕期，在发生蚜虫初期，发现病苗及时摘掉雄穗或拔除整株，及时深埋或通过其他有效措施进行消灭。

（3）清除田边、沟边、塘边、水沟等处的禾本科杂草，清除蚜虫滋生地，减少虫源。玉米与其他作物间混套种，轮作倒茬，都能减轻玉米蚜的危害。

（4）玉米蚜在不同玉米品种上的取食行为具有一定差异性，种植优良的抗病耐虫玉米品种是最经济有效的防治措施。

2. 物理防治

（1）利用玉米蚜的趋光性采用紫光灯法进行捕杀。

（2）银灰膜避蚜法是采用覆膜法减少有翅蚜迁入。

（3）黄板诱蚜法也是常用的防治害虫方法之一，利用有翅蚜降落时对黄色趋性的原理，通过制作黄板来防治蚜虫。

3. 化学防治

（1）种子包衣或拌种。用10％吡虫啉可湿性粉剂拌种，药种比1：1 000，或用70％噻虫嗪可分散剂包衣，使用剂量为每100 kg种子用药200 g，对苗期蚜虫防治效果较好。

（2）颗粒剂。玉米心叶期，在蚜虫盛发前，每亩用30％辛硫磷颗粒剂1.5～2.0 kg撒于心叶内，或每亩用15％毒死蜱颗粒剂300～500 g，按1：（30～40）的比例均匀拌细土后撒于心叶内，可兼治玉米螟。

（3）喷雾防治。在玉米抽雄初期，用10％吡虫啉可湿性粉剂、200 g/L丁硫克百威乳油、30％乙酰甲胺磷乳油等喷雾。

4. 生物防治 天敌昆虫的保护与利用。玉米田蚜虫的天敌种类众多，主要包括瓢虫、草蛉、食蚜蝇、蜘蛛及蚜霉菌等，其中瓢虫、草蛉、蜘蛛等数量大，对蚜虫具有较好的控制作用。

2.3 主要杂草

2.3.1 豫南夏玉米田杂草的发生危害状况

玉米在我国分布很广，但是在各地区的种植面积并不均衡，其中东北、华北和西南地区的种植面积最大。我国玉米种植区可划分为6个生态区，分别为北方春玉米区、黄淮海平原春夏播玉米区、西南山地丘陵玉米区、南方丘陵玉米区、西北内陆玉米区和青藏高原玉米区。其中，北方春玉米区和黄淮海平原春夏播玉米区的玉米播种面积最大，占全国玉米种植面积的 71.9%。春玉米区主要包括黑龙江、吉林、辽宁、内蒙古和宁夏的全部，山西的大部分，陕西、河北和甘肃的部分地区。夏玉米区主要包括河南和山东的全部，河北和山西的中南部，陕西的中部，江苏、安徽北部及西南地区的一部分。

我国玉米田杂草发生普遍，种类多，据统计玉米田杂草主要有 22 科、38 属。玉米田主要杂草有牛筋草、马唐、野燕麦、千金子、狗尾草、稗、画眉草、马齿苋、反枝苋、蓼、藜、猪毛菜、长裂苦苣菜、刺儿菜、铁苋菜、苘麻、田旋花、龙葵、香附子、胜红蓟等（王晓文，2009）。对这些杂草的防除程度将直接影响玉米的产量。杂草是玉米田重要的有害生物之一，导致我国玉米减产达 10% 以上（彭学岗，2012）。据报道，我国玉米田杂草发生面积每年都在 3.5 亿亩以上，玉米产量损失约 95 亿 kg（夏文等，2016）。

玉米种植的地理分布极为广泛，杂草种类的危害也十分复杂。根据不同的生态环境及栽培方式，我国玉米田草害区域主要分为 6 个：北方春播玉米田草害区、黄淮海夏播玉米田草害区、长江流域玉米田草害区、华南玉米田草害区、云贵川玉米田草害区和西北玉米田草害区。该草害划分区域与我国玉米种植区域基本一致。

黄淮海夏播玉米田草害区主要包括山东和河南全部，河北南部，江苏、安徽北部地区，是我国第一大玉米种植区。该区域属于暖温带，气候属于半湿润季风气候，栽培模式一般是玉米和小麦复种轮作，或玉米和大豆间作。一年两熟或两年三熟。该区域杂草以晚春性杂草为主，主要有马唐、牛筋草、稗、马齿苋、反枝苋、铁苋菜、苘麻、香附子、田旋花等。

2.3.2　豫南夏玉米田杂草的发生规律

夏玉米播期一般在 6 月上中旬，温度较高，玉米与杂草生长较快，在墒情较好时杂草发生集中，一般在播后 10 d 即达出苗高峰，播后 15 d 出苗杂草数可达杂草总数的 90%，播后 30 d 杂草出苗率达 97%左右。

夏玉米田主要杂草有马唐、牛筋草、稗、马齿苋、反枝苋、田旋花、藜、画眉草、绿狗尾、香附子等。田间杂草以晚春性杂草为主，如马唐、反枝苋等，它们一般在日平均气温 15℃左右开始出土，至日平均气温 25℃以上达到出苗高峰，以后随着气温升高及降水量加大，杂草出苗数增加，日平均气温 30℃达最高峰。为充分利用光热及土地资源，延长下茬玉米的生长期，增加玉米产量，小麦收获后，保留田间麦茬直接播种玉米，因此大部分农田小麦收获前已经有一部分杂草出土，这部分杂草在麦收后不整地的情况下"转嫁"到玉米田，而夏玉米播种前后正值高温多雨季节，由于杂草在出苗上的时间优势及与玉米竞争的空间优势，这部分杂草及玉米播种后与玉米同时出土的杂草形成庞大的杂草群落，在玉米出苗前就对其生长构成了威胁。

玉米苗期受杂草的危害最重，中后期形成高大密闭的群体，杂草的发生与生长受到抑制，对产量影响不大。所以，玉米田杂草的化学防治应抓好播后苗前和苗后早期两个关键时期，及时进行化学除草。

2.4　新发重大虫害——草地贪夜蛾

2.4.1　分布与寄主

草地贪夜蛾 *Spodoptera frugiperda*（J. E. Smith），又称秋黏虫，属鳞翅目夜蛾科，是原产于美洲热带和亚热带地区的一种多食性害虫（Spark，1979；Todd et al.，1980），是联合国粮食及农业组织（FAO）全球预警的重大跨境迁飞性害虫。在美国佛罗里达州和经济条件落后的洪都拉斯地区，其危害造成玉米减产分别达到 20％和 40％（Early et al.，2018；Wyckhuys et al.，2006），在南美地区，草地贪夜蛾危害程度严重，造成阿根廷地区产量损失 72％（Murúa et al.，2006），巴西地区产量损失 34％（Lima et al.，2009）。草地贪夜蛾依靠自身远距离迁飞习性和国际贸易活动传入其他地区（Chapman et al.，2017；Cock et al.，2017）。2016 年 1 月，草地贪夜蛾首次出现在非洲西部的尼日利亚和加纳地区，随后在非洲大陆迅速蔓延成灾。2018 年 1 月，草地贪夜蛾扩散至撒哈拉沙漠以南的 44 个非洲国家（Goergen et al.，2016），其危害使非洲国家玉米减产 25％～67％（Megersa，2016）。2018 年 7 月，草地贪夜蛾传入亚洲印度，仅半年时间扩散至印度近 1/2 的地区（Parthasarathi，2019）。2019 年 1 月，草地贪夜蛾入侵我国（姜玉英等，2019）。目前，草地贪夜蛾已遍布全球 100 多个国家，对全球农业生产和粮食安全造成严重威胁。

草地贪夜蛾寄主范围广，其幼虫可危害玉米、水稻、小麦和大豆等 76 科 353 种植物（Montezano et al.，2018）。草地贪夜蛾自 2019 年 1 月入侵我国以来陆续发现其危害玉米、花生、马铃薯、小麦、大麦等作物，严重威胁我国农业及粮食生产安全（姜玉英等，2019）。2020 年 1—8 月，我国共有 27 个省份发现草地贪夜蛾危害，其中云南、江西、福建、湖南、山东等 22 个省份的幼虫发生面积高达 24.53 万 hm^2（全国农业技术推广服务中心，2020）。农业农村部对草地贪夜蛾高度重视，2020 年 9 月将其收录于《一类农作物病虫害名录》（农业农村部，2020）。

2.4.2 形态特征

卵呈圆顶形，直径 0.4 mm，高为 0.3 mm，顶部中央有明显的圆形点，底部扁平，通常由 100～300 粒卵单层或多层堆积成块状，上覆盖有鳞毛。卵初产时为浅绿或白色，孵化前逐渐变为棕色，在玉米喇叭口期，常产于玉米叶片正面，而在抽雄吐丝期，常产于玉米叶片背面。卵孵化后，初孵幼虫四处爬行扩散并开始取食。

幼虫共6龄。低龄虫体（1～3龄）淡黄色或浅绿色，背线、亚背线与气门线明显，均为白色。头壳褐色或黑色，前胸背板黑色，快蜕皮时头壳和黑色前胸背板分离，Y形纹不明显，中胸与后胸节背面黑色斑点列成一排。各腹节背板均有4个长有刚毛的黑色或黑褐色斑点。高龄幼虫（4～6龄）体色棕褐色或黑色，背线、亚背线和气门线为淡黄色。头壳褐色或黑色，头部白色或浅黄色倒Y形纹明显。前胸背板黑色，中胸与后胸节背面黑色斑点列成一排。各腹节背面均有4个长有刚毛的黑色或黑褐色斑点，腹部第8节背部4个黑色斑点形成正方形，且第8、9腹节背面的斑点显著大于其他各节斑点。幼虫具假死性，受惊动后蜷缩成C形。

蛹为长椭圆形，蛹长14～18 mm，胸径宽4.5 mm，初化蛹时为白色，逐渐变为棕色、红棕色。蛹腹部末端有一对短而粗壮的臀棘，两根棘的基部分开；棘基部稍粗，向端部逐渐变细。气门黑褐色，椭圆形并显著外凸。蛹腹部背面第5～7节各节上端有一圈圆形刻点，刻点中央凹陷。老熟幼虫多在2～8 cm的土壤中化蛹，也有少数在果穗或叶腋处化蛹。

成虫体色多变，从暗灰色、深灰色到淡黄褐色均有。翅展32～40 mm，前翅深棕色，后翅灰白色，边缘有窄褐色带。前翅中部各一黄色不规则环状纹，其后为肾状纹。雄蛾体长16～18 mm，前翅灰棕色，翅顶角向内各具一大白斑，环状纹黄褐色，后侧各一浅色带自翅外缘至中室，肾状纹内侧各具一白色楔形纹。雌蛾个体稍大，体长18～20 mm，前翅呈灰褐色或灰色棕色杂色，环形纹和肾形纹灰褐色，轮廓线黄褐色。

2.4.3 危害特征

草地贪夜蛾在玉米整个生长期均可危害。低龄幼虫通常聚集、隐藏在叶、叶鞘等部位取食玉米叶片，形成半透明薄膜"窗孔"，高龄幼虫常分散取食叶片形成不规则的长形孔洞，以6龄幼虫危害取食量大，严重时造成玉米生长点死亡。幼虫也会蛀食玉米雄穗和果穗。幼虫对玉米茎基部或根部的取食也会造成玉米枯心苗甚至缺苗断垄。草地贪夜蛾分为玉米型（corn strain）和水稻型（rice strain）两种生物型。不同生物型的取食偏好性不同，玉米型主要危害玉米、高粱和棉花等作物，水稻型更爱取食水稻和牧草。另外，玉米型草地贪夜蛾是入侵我国的主要生物型（张磊等，2019）。

2.4.4　发生规律

草地贪夜蛾无滞育现象，老熟幼虫常在浅层土壤中化蛹，蛹期7～37 d。适宜发育温度范围广，为11～30℃，在28℃条件下30 d左右即可完成1个世代．而在低温条件下需要60～90 d才能完成1个世代（Sparks，1971）。在气候、寄主条件适合的中美洲、南美洲、新入侵的非洲大部以及南亚、东南亚和我国的云南、广东、广西、海南等地，可周年繁殖，一年可繁殖9～12代。一头雌蛾可产10个卵块，平均产卵量达1 500粒。在合适的温度下，卵2～3 d可孵化。成虫可在几百米的高空中借助风力进行远距离定向迁飞，每晚可飞行100 km。成虫通常产卵前可迁飞500 km。如果风向风速适宜，迁飞距离会更长（陈辉等，2020）。草地贪夜蛾于5月底迁入豫南地区，6月幼虫开始对春玉米造成危害，随后本地种群开始繁殖，对夏玉米苗期和穗期均可造成危害。

2.4.5　防治技术

2.4.5.1　理化诱控

在成虫发生高峰期，采取高空诱虫灯、性诱捕器以及食物诱杀等理化诱控措施，诱杀成虫、干扰交配，减少田间落卵量，压低发生基数，减轻危害损失。

2.4.5.2 生物防治

可用甘蓝夜蛾核型多角体病毒、苏云金杆菌、金龟子绿僵菌、球孢白僵菌、短稳杆菌和草地贪夜蛾性引诱剂。充分保护利用夜蛾黑卵蜂、螟黄赤眼蜂、蠋蝽、黄带犀猎蝽等天敌。

2.4.5.3 化学农药

目前无针对草地贪夜蛾的化学药剂，农业农村部推荐药剂包括 8 种单剂（甲氨基阿维菌素苯甲酸盐、茚虫威、四氯虫酰胺、氯虫苯甲酰胺、虱螨脲、虫螨腈、乙基多杀菌素和氟苯虫酰胺）和 14 种复配制剂（甲氨基阿维菌素苯甲酸盐·茚虫威、甲氨基阿维菌素苯甲酸盐·氟铃脲、甲氨基阿维菌素苯甲酸盐·高效氯氟氰菊酯、甲氨基阿维菌素苯甲酸盐·虫螨腈、甲氨基阿维菌素苯甲酸盐·虱螨脲、甲氨基阿维菌素苯甲酸盐·虫酰肼、氯虫苯甲酰胺·高效氯氟氰菊酯、除虫脲·高效氯氟氰菊酯、氟铃脲·茚虫威、甲氨基阿维菌素苯甲酸盐·甲氧虫酰肼、氯虫苯甲酰胺·阿维菌素、甲氨基阿维菌素苯甲酸盐·杀铃脲、氟苯虫酰胺·甲氨基阿维菌素苯甲酸盐和甲氧虫酰肼·茚虫威）。最佳防治时期：3 龄幼虫前。施药时间：应选择清晨或傍晚，将药液喷洒在玉米心叶、雄穗和雌穗等草地贪夜蛾危害的关键部位。

参考文献

暴庆刚 . 2017. 玉米螟虫危害特点及其防治方法 . 农业与技术，37（14）：22.

陈爱然 . 2019. 不同玉米品种对蚜虫抗性鉴定及杀虫剂筛选 . 延边：延边大学.

陈国品，谭华，郑德波，等 . 2009. 玉米抗纹枯病 QTL 定位 . 西南农业学报，22（4）：950-955.

陈辉，武明飞，刘杰，等 . 2020. 我国草地贪夜蛾迁飞路径及其发生区划 . 植物保护学报，47（4）：747-757.

陈建国，秦泰辰，邓德祥，等．2001.玉米对小斑病T小种抗性的遗传模型分析．玉米科学（4）：70-72.

陈捷，鄢洪海，高增贵，等．2003.玉米弯孢叶斑病菌生理分化及鉴定技术．植物病理学报（2）：121-125.

陈鹏印．1985.玉米青枯病危害性的研究．西北农林科技大学学报（自然科学版）（3）：91-98.

陈声祥，张巧艳．2005.我国水稻黑条矮缩病和玉米粗缩病研究进展．植物保护学报（1）：97-103.

陈万斌，李荣荣，何康来，等．2019.杀虫剂和杀菌剂联合施用对玉米穗腐病田间防效和玉米产量的影响．植物保护学报，46（5）：1161-1162.

程伟东，谭贤杰，覃兰秋，等．2009.玉米纹枯病抗性的主基因＋多基因混合遗传分析．玉米科学，17（2）：1-6.

邓福友，黄梧芳．1989.玉米小斑病菌对不同细胞质玉米致病力变异的研究．河北农业大学学报（4）：11-16.

邸垫平，易晓云，苗洪芹，等．2012.玉米粗缩病抗性遗传研究．植物病理学报，42（4）：404-410.

豆粉婷，王雪莲，轩粉利．2018.不同玉米除草剂防除夏玉米田杂草药效试验．陕西农业科学，64（5）：62-64.

段灿星，王晓鸣，宋凤景，等．2015.玉米抗穗腐病研究进展．中国农业科学，48（11）：2152-2164.

段定仁，何宏珍．1984.海南岛玉米上的多堆柄锈菌．真菌学报（2）：125-126.

段鹏飞，刘天学，李潮海．2010.河南省玉米病害的发生特点和主推品种的田间抗性鉴定．玉米科学，18（2）：117-120，124.

范洁群，刘福光，陈军平，等．2018.砜嘧磺隆防除玉米田杂草效果及残留研究．上海农业学报，34（3）：117-122.

甘林，卢学松，兰成忠，等．2020.九种除草剂对玉米田杂草的防除效果及其安全性评价．农药学学报，22（3）：468-476.

高立强，杨家荣，张彦龙，等．2020.几种除草剂减量施用防除玉米田杂草的效果.杂草学报,38(4):31-38.

宫庆涛,朱腾飞,武海斌,等.2018.桃蛀螟的生物学特性及防控方法.落叶果树(4):41-44.

郭成,王宝宝,杨洋,等.2019.玉米茎腐病研究进展.植物遗传资源学报,20(5):1118-1128.

郭钊敏,李钊敏,董哲生.1995.玉米粗缩病及自交系抗病性观察与分析.植物保护(1):21-23.

郭松景,李世民,马林平,等.2001.劳氏黏虫幼虫在玉米田的空间分布及抽样技术研究.河南农业大学学报(3):245-248.

郭松景,李世民,马林平,等.2003.劳氏黏虫的生物学特性及危害规律研究.河南农业科学(9):37-39.

郭松景,李世民,卓喜牛,等.2004.玉米田棉铃虫的发生危害特点及分布型研究.河南农业科学(11):45-47.

郭晓君,封云涛,李光玉,等.2019.3%甲酰氨基嘧磺隆OD对夏玉米田杂草的防效及安全性.山西农业科学,47(2):259-261.

韩学俭.2002.危害石榴的桃蛀螟及其防治.特种经济动植物,5(8):41.

郝宝强,任立瑞,程鸿燕,等.2021.20%烟嘧磺隆可分散油悬浮剂对玉米田一年生杂草的防除效果研究.中国农学通报,37(7):95-99.

胡帆,雷荣,廖晓兰.2013.植物病毒在细胞间转运的机理探讨.生物学杂志,30(6):81-85.

胡久义,樊春艳,蒋兴华,等.2007.暴发性害虫玉米劳氏黏虫发生规律和综合防治.河南农业报(9):13.

黄芊,蒋显斌,凌炎,等.2018.劳氏黏虫发育起点温度和有效积温研究.应用昆虫学报(5):865-869.

贾鑫,王建军,杨俊伟,等.2020.75%烟嘧磺隆水分散粒剂防除玉米田杂草药效试验报告.农业技术与装备(1):41-42,44.

江幸福,罗礼智.1999.甜菜夜蛾暴发原因及防治对策.植物保护,25(3):32-34.

江幸福,张蕾,程云霞,等.2014.我国黏虫发生危害新特点及趋势分析.应用昆虫学报(6):1444-1449.

姜玉英，刘杰，谢茂昌，等.2019.2019 年我国草地贪夜蛾扩散危害规律观测.植物保护，45（6）：10-19.

姜玉英，刘杰，朱晓明.2019.草地贪夜蛾侵入我国的发生动态和未来趋势分析.中国植保导刊，39（2）：33-35.

蒋军喜，陈正贤，李桂新，等.2003.我国 12 省市玉米矮花叶病病原鉴定及病毒致病性测定.植物病理学报（4）：307-312.

蒋军喜，李桂新，周雪平.2002.玉米矮花叶病毒研究进展.微生物学通报（5）：77-81.

焦铸锦，黄思良.2015.*Fusarium proliferatum* 侵染玉米花丝的解剖学研究.玉米科学，23（4）：138-142.

鞠国栋，寇俊杰，边强，等.2019.25%硝磺草酮悬浮剂防除夏玉米田杂草田间试验.陕西农业科学，65（4）：30-31，37.

雷海英，孙毅，王志军，等.2008.病毒复制酶基因介导玉米抗矮花叶病的研究.华北农学报（5）：114-117.

李超，金海伦，高利，等.2018.2016 年北京地区玉蜀黍黑粉菌遗传多样性分析.植物病理学报，48（5）：632-639.

李大良，闫喜森，黄西林.1996.玉米小斑病生理小种的侵染特征与玉米雄性不育胞质的利用.河南农业科学（12）：13-16.

李光博.1993.我国黏虫研究概况及主要进展.植物保护，19（4）：2-4.

李辉，向葵，张志明，等.2019.玉米穗腐病抗性机制及抗病育种研究进展.玉米科学，27（4）：167-174.

李健荣，刘媛，杨明进，等.2020.玉米田土壤封闭除草剂减量增效试验效果初报.农业科学研究，41（4）：81-85.

李林峰，皇甫柏树，王士苗，等.2019.氯氟吡氧乙酸异辛酯对夏玉米田间阔叶类杂草的防效研究.农业科技通讯（8）：228-230.

李荣改，陆艳梅，王月影，等.2017.玉米粗缩病的分子研究新进展.植物学报，52（3）：375-387.

李新海，韩晓清，王振华，等.2000.玉米矮花叶病研究进展.玉米科学（3）：67-72.

李秀坤，刘昌林，周羽，等.2015.玉米病毒病的研究进展.作物杂志（3）：

13-16.

刘春来.2017.中国玉米茎腐病研究进展.中国农学通报,33(30):130-134.

刘恩志.2004.东方黏虫的识别、预测与防治方法.安徽农学通报,10(3):34.

刘鹤天,王丽娟,董怀玉,等.2019.几种茎叶除草剂对玉米田杂草的防除效果及产量影响.辽宁农业科学(1):26-30.

刘启,柏雷,冯贺奎.2016.2015年驻马店市玉米南方锈病暴发原因及其防治对策.中国植保导刊,36(6):33-36.

刘起丽,张建新,徐瑞富,等.2011.河南主栽玉米和小麦品种对玉米纹枯病菌的抗性鉴定.种子,30(8):89-91.

刘清瑞,张好万,张延梅.2012.玉米细菌性茎腐病发生原因及综合防治.种业导刊(3):22-23.

刘志航,王春修,刘金玲.2020.27%硝磺草酮·异噁唑草酮·莠去津悬浮剂防除玉米田杂草田间药效试验.世界农药,42(7):26-30,40.

刘志增,池书敏,宋占权,等.1996.玉米自交系及杂交种抗粗缩病性鉴定与分析.玉米科学(4):68-70.

卢宗志,祝彦海,李洪鑫,等.2017.不同施药方式对玉米田杂草防除效果及玉米安全性的影响.东北农业科学,42(5):36-39.

卢宗志,祝彦海,李洪鑫,等.2017.异噁唑草酮单用及混用对玉米田杂草的防治效果.农药,56(11):840-843.

鲁传涛.2020.农作物病虫诊断与防治彩色图解.北京:中国农业科学技术出版社.

陆宁海,吴利民,郎剑锋,等.2015.河南省玉米小斑病菌生理小种鉴定及致病力分化.湖北农业科学,54(7):1603-1606.

鹿金秋,王振营,何康来,等.2010.桃蛀螟研究的历史、现状与展望.植物保护,36(2):31-38.

吕国忠,陈捷,刘伟成,等.1995.玉米茎腐病的病原菌与品种抗性.玉米科学(S1):47-51.

马丽,高丽娜,黄建荣,等.2016.黏虫和劳氏黏虫形态特征比较.植物保护,42(4)142-146.

任艳芬.2019.武陟县夏玉米细菌性茎腐病的发生原因及防治对策.河南农业
（13）：37.

阮义理，陈声祥，林瑞芬，等.1984.水稻黑条矮缩病的研究.浙江农业科学
（4）：185-187，192.

商璐，卢政茂，马宏娟，等.2020.30％苯唑草酮悬浮剂对玉米田杂草的防
效.安徽农业科学，48（12）：141-142，157.

司升云，周利琳，王少丽，等.2012.甜菜夜蛾防控技术研究与示范-公益性
行业（农业）科研专项"甜菜夜蛾防控技术研究与示范"研究进展.应用
昆虫学报，49（6）：1432-1438.

苏旺苍，郝红丹，孙兰兰，等.2020.5％环磺酮可分散油悬浮剂在玉米田应用
的除草效果及其安全性.杂草学报，38（4）：49-56.

唐海涛，荣延昭，杨俊品.2004.玉米纹枯病研究进展.玉米科学（1）：93-
96，99.

陶永富，刘庆彩，徐明良.2013.玉米粗缩病研究进展.玉米科学，21（1）：
149-152.

佟文悦，张锦芬，苑国民，等.1998.玉米矮花叶病的发展趋势及防治对策.
作物杂志（S1）：106-108.

王安乐，赵德发，陈朝辉，等.2000.玉米自交系抗粗缩病特性的遗传基础及
轮回选择效应研究.玉米科学（1）：80-82.

王海光，马占鸿.2003.玉米矮花叶病流行学研究进展.玉米科学（2）：89-
92，95.

王攀，望勇，司升云.2019.警惕甜菜夜蛾局地大发生.中国蔬菜（11）：
95-97.

王晓鸣，刘骏，郭云燕，等.2020.中国玉米南方锈病初侵染源的多源性.玉
米科学，28（3）：1-14，30.

王晓鸣，王振营.2018.中国玉米病虫草害图鉴.北京：中国农业出版社.

王晓鸣.2014.玉米南方锈病.中国农业科学院植物保护研究所，中国植物保
护学会.中国农作物病虫害.3版.北京：中国农业出版社：600-604.

王雪艳，刘晓玲.2017.玉米螟发生规律及综合防治措施的应用.农技服务，
34（12）：62-63.

王言文，郭满平 . 2021. 5 种除草剂对全膜双垄沟播玉米田膜下杂草的防除效果 . 现代农业科技（2）：85-86，88.

王振营，何康来，石洁，等 . 2006. 桃蛀螟在玉米上危害加重原因与控制对策 . 植物保护（2）：67-69.

王振营，何康来，文丽萍，等 . 2001. 第四代棉铃虫卵在华北夏玉米田的时空分布 . 中国农业科学（2）：153-156.

王振营，王晓鸣 . 2019. 我国玉米病虫害发生现状、趋势与防控对策 . 植物保护（1）：1-11.

魏铁松，朱维芳，庞民好，等 . 2013. 棉铃虫和玉米螟危害对玉米穗腐病的影响 . 玉米科学，21（4）：116-118，123.

吴兰花，郑丽霞 . 2018. 玉米害虫的研究进展 . 贵州农业科学，46（3）：53-58.

吴立民，陆化森 . 1992. 桃蛀螟危害玉米部位的观察 . 昆虫知识（1）：15.

吴兴文 . 2019. 玉米螟发生规律及防治措施 . 农业与技术，39（12）：108-109.

席靖豪，赵清爽，林焕洁，等 . 2018. 河南省及周边地区玉米穗腐病病原菌的分离及鉴定 . 河南科学，36（5）：688-692.

夏海波，伍恩宇，于金凤 . 2008. 黄淮海地区夏玉米纹枯病菌的融合群鉴定 . 菌物学报（3）：360-367.

肖淑芹，姜晓颖，黄伟东，等 . 2011. 玉米瘤黑粉病菌生物学特性研究 . 玉米科学，19（3）：135-137.

邢晓丽，王磊 . 2018. 玉米细菌性茎腐病的发生与防控对策研究 . 种业导刊（11）：17-18.

薛春生，肖淑芹，翟羽红，等 . 2008. 玉米弯孢叶斑病菌致病类型分化研究 . 植物病理学报（1）：6-12.

薛春生，赵志伟，肖淑芹，等 . 2010. 玉米弯孢菌侵染过程的组织学观察 . 玉米科学，18（4）：139-141.

薛林，张丹，徐亮，等 . 2011. 玉米抗粗缩病自交系种质的发掘和遗传多样性及其在育种中的应用 . 作物学报，37（12）：2123-2129.

鄢洪海，陈捷，宋希云 . 2009. 玉米弯孢叶斑病菌生理分化与遗传多态性研究 . 玉米科学，17（1）：139-142.

严吉明，郑健，叶华智，等．2008．玉米纹枯病危害与产量损失的关系．玉米科学（5）：123-125．

燕照玲，段俊枝，冯丽丽，等．2017．玉米抗病毒基因工程研究进展．南方农业学报，48（12）：2136-2144．

杨青，郝俊杰，王新涛．2020．玉米粗缩病抗病基因定位和抗病育种研究进展．分子植物育种，18（12）：4021-4028．

杨兴飞，温广波，杨轶．2010．玉米不同种质对粗缩病的抗性鉴定和分析．玉米科学，18（3）：144-146．

张爱红，陈丹，田兰芝，等．2010．我国玉米病毒病的种类和病毒鉴定技术．玉米科学，18（6）：127-132．

张超，战斌慧，周雪平．2017．我国玉米病毒病分布及危害．植物保护，43（1）：1-8．

张东峰，刘永杰，郭延玲，等．2012．玉米抗茎腐病微效 QTL-qRfg2 的克隆和功能研究．中国作物学会玉米专业委员会、农业部玉米生物学与遗传育种重点实验室．2012 年全国玉米遗传育种学术研讨会暨新品种展示观摩会论文及摘要集．中国作物学会：98．

张海申，王友华，王成业，等．2006．玉米弯孢菌叶斑病在豫南发生危害．植物保护（2）：107-108．

张海珍，郑霞娟．2014．济源市甜菜夜蛾的发生规律及综合防治．河南农业，19：30-31．

张家齐，马红霞，郭宁，等．2019．黄淮海地区玉蜀黍黑粉菌群体遗传结构分析．菌物学报，38（2）：210-221．

张磊，靳明辉，张丹丹，等．2019．入侵云南草地贪夜蛾的分子鉴定．植物保护，45（2）：19-24．

张志强，赵梅勤，朱建义，等．2021．20％异噁唑草酮悬浮剂防除夏播玉米田杂草的效果试验研究．四川农业科技（2）：42-45．

赵聚莹，蒋晓丽，贾海民，等．2012．黄淮海地区玉米小斑病菌生理小种鉴定与评价．河北农业科学，16（9）：47-49．

赵秀梅，张树权，李青超，等．2014．黑龙江省玉米穗期主要害虫发生概况及防治对策．中国植保导刊，34（11）：37-39．

周超，张勇，张田田，等 . 2020. 不同剂型唑嘧磺草胺对玉米田杂草的防除效果及安全性评价 . 杂草学报，38（4）：57-62.

周大荣 . 1996. 我国玉米螟的发生、防治与研究进展 . 植保技术与推广（2）：38-40.

周伦理 . 2010. 玉米矮花叶病研究进展 . 基因组学与应用生物学，29（2）：396-401.

周小梅，贾炜珑，赵云云 . 2006. 转 MDMV CP 基因玉米植株的再生 . 植物研究（4）：461-464.

朱文达，余锦平，齐文全，等 . 2020. 960 g/L 精异丙甲草胺乳油对玉米田禾本科杂草的防除效果 . 中国农学通报，36（15）：136-141.

Banuett F，Herskowitz I. 1994. Morphological transitions in the life cycle of *Ustilago maydis* and their genetic control by the a and b loci. Experimental Mycology，18（3）：247 - 266.

Banuett F. 1995. Genetics of *Ustilago maydis*，a fungal pathogen that induces tumors in maize. Annual Review of Genetics，29（1）：179.

Campbell K W，Hamblin A M，White D G. 1997. Inheritance of resistance to aflatoxin production in the cross between corn inbreds B73 and LB31. Phytopathology，87（11）：1144.

Chapman D，Purse B V，Roy H E，et al. 2017. Global trade networks determine the distribution of invasive non-native species. Global Ecology and Biogeography，8（26）：907-917.

Cheng Z，Li S，Gao R，et al. 2013. Distribution and genetic diversity of Southern rice black-streaked dwarf virus in China. Virology Journal，10（1）：1-7.

Chungu C，Mather D E，Reid L M，et al. 1996. Inheritance of kernel resistance to *Fusarium graminearum* in maize. Journal of Heredity，87（5）：382-385.

Cock M J W，Beseh P K，Buddie A G，et al. 2017. Molecular methods to detect *Spodoptera frugiperda* in Ghana，and implications for monitoring the spread of invasive species in developing countries. Scientific Reports，7（1）：4103.

Distéfano A J，Conci L R，Hidalgo M M，et al. 2003. Sequence and phylogenetic analysis of genome segments S1, S2, S3 and S6 of Mal de Río Cuarto virus, a newly accepted Fijivirus species. Virus Research, 92 (1): 113-121.

Duan C X, Song F J, Sun S L, et al. 2019. Characterization and molecular mapping of two novel genes resistance to PythiumStalk rot in maize. Phytopathology, 109 (5): 804-809.

Early R, Gonzalez-Moreno P, Murphy S T, et al. 2018. Forecasting the global extent of invasion of the cereal pest *Spodoptera frugiperda*, the fall armyworm. NeoBiota, 40 (40): 25-50.

Fan Z, Chen H, Cai S, et al. 2003. Molecular characterization of a distinct potyvirus from whitegrass in China. Archives of virology, 148 (6): 1219-1224.

Fang S, Yu J, Feng J, et al. 2001. Identification of rice black-streaked dwarf fijivirus in maize with rough dwarf disease in China. Archives of Virology, 146 (1): 167-170.

Gao J X, Liu T, Chen J. 2015. Identification of proteins associated with the production of methyl 5- (hydroxymethyl) furan-2-carboxylate toxin in *Curvularia lunata*. Tropical Plant Pathology, 40 (2): 1-8.

Gendloff E H. 1986. Components of resistance to fusarium far rot in field corn. Phytopathology, 76 (7): 684-688.

Goergen G, Kumar P L, Sankung S B, et al. 2016. First report of outbreaks of the fall armyworm *Spodoptera frugiperda* (J E Smith) (Lepidoptera, Noctuidae), a new alien invasive pest in west and central Africa. PLoS ONE, 11 (10).

Lima M S, Silva P, Oliveira O F, et al. 2009. Corn yield response to weed and fall armyworm controls. Planta Daninha, 28 (1): 103-111.

Liu C, Hua J, Liu C, et al. 2016. Fine mapping of a quantitative trait locus conferring resistance to maize rough dwarf disease. Theoretical and Applied Genetics, 129 (12): 2333-2342.

Liu Q, Liu H, Gong Y, et al. 2017. An atypical thioredoxin imparts early resistance to Sugarcane Mosaic Virus in maize. Molecular Plant, 10 (3):

483-497.

Liu T, Liu L, Jiang X, et al. 2009. A new furanoid toxin produced by *Curvularia lunata*, the causal agent of maize Curvularia leaf spot. Canadian Journal of Plant Pathology, 31 (1): 22-27.

Ma C Y, Ma X N, Yao L S, et al. 2017. qRfg3, a novel quantitative resistance locus against Gibberella stalk rot in maize. Theoretical and Applied Genetics, 130: 1723-1734.

Melchinger A E, Kuntze L, Gumber R K, et al. 1998. Genetic basis of resistance to sugarcane mosaic virus in European maize germplasm. Theoretical & Applied Genetics, 96 (8): 1151-1161.

Milne R G, Conti M, Lisa V. 1973. Partial purification, structure and infectivity of complete maize rough dwarf virus particles. Virology, 53 (1): 130-141.

Montezano D G, Specht A, Sosa-Gomez D R, et al. 2018. Host Plants of *Spodoptera frugiperda* (Lepidoptera: Noctuidae) in the Americas. African Entomology, 26 (2): 286-300.

Murry L E, Elliott L G, Capitant S A, et al. 1993. Transgenic corn plants expressing MDMV strain B coat protein are resistant to mixed infections of maize dwarf mosaic virus and maize chlorotic mottle virus. Nature Biotechnology, 11 (13): 1559-1564.

Murúa G, Coviella M O. 2006. Population dynamics of the fall armyworm, *Spodoptera frugiperda* (Lepidoptera: Noctuidae) and its parasitoids in northwestern Argentina. Florida Entomologist, 89 (2): 175-182.

Shi L Y, Hao Z F, Weng J F, et al. 2011. Identification of a major quantitative trait locus for resistance to maize rough dwarf virus in a Chinese maize inbred line X178 using a linkage map based on 514 gene-derived single nucleotide polymorphisms. Molecular Breeding, 30 (2): 615-625.

Song F J, Xiao M G, Duan C X, et al. 2015. Two genes conferring resistance to Pythium stalk rot in maize inbred line Qi319. Molecular Genetics & Genomics, 290 (4): 1543-1549.

Sparks A N. 1979. Fall armyworm symposium: a review of the biology of the fall armyworm. Florida Entomologist, 62 (2): 82.

Tao Y, Liu Q, Wang H, et al. 2013. Identification and fine-mapping of a QTL, *qMrdd*1, that confers recessive resistance to maize rough dwarf disease. Bmc Plant Biology, 13 (1): 145.

Todd E L, Poole R W. 1980. Keys and illustrations for the armyworm moths of the noctuid genus *Spodoptera* Guenée from the western hemisphere. Annals of the Entomological Society of America (6): 722-738.

Wyckhuys K, Neil R O. 2006. Population dynamics of *Spodoptera frugiperda* Smith (Lepidoptera: Noctuidae) and associated arthropod natural enemies in Honduran subsistence maize. Crop Protection, 25 (11): 1180-1190.

Yang D E, Jin D M, Wang B, et al. 2005. Characterization and mapping of *Rpi*1, a gene that confers dominant resistance to stalk rot in maize. Molecular Genetics and Genomics, 274 (3): 229-234.

Yang Q, Yin G M, Guo Y L, et al. 2010. A major QTL for resistance to Gibberella stalk rot in maize. Theoretical and Applied Genetics, 121 (4): 673-687.

Ye J R, Zhong T, Zhang D F, et al. 2019. The auxin-regulated protein ZmAuxRP1 coordinates the balance between root growth and stalk rot disease resistance in maize. Molecular Plant, 12 (3): 360-373.

Yin X, Xu F F, Zheng F Q, et al. 2011. Molecular characterization of segments S7 to S10 of a southern rice black-streaked dwarf Virus isolate from maize in Northern China. Virologica Sinica, 26 (01): 47-53.

Yuan J, Ali M L, Taylor J, et al. 2008. A guanylyl cyclase-like gene is associated with Gibberella ear rot resistance in maize (*Zea mays* L.) . Theoretical and Applied Genetics, 116 (4): 465-479.

Zambino P, Groth J V, Lukens L, et al. 1997. Variation at the b Mating Type Locus of *Ustilago maydis*. . Phytopathology, 87 (12): 1233-1239.

Zhang D, Liu Y, Guo Y, et al. 2012. Fine-mapping of qRfg2, a QTL for resistance to Gibberella stalk rot in maize. Theoretical and Applied Genetics, 124 (3): 585-596.

Zhang H M, Chen J P, Adams M J. 2001. Molecular characterisation of segments 1 to 6 of Rice black-streaked dwarf virus from China provides the complete genome. Archives of Virology, 146 (12): 2331-2339.

Zhou G H, Wen J J, Cai D J, et al. 2008. Southern rice black-streaked dwarf virus: A new proposed Fijivirus species in the family Reoviridae. 中国科学通报: 英文版, 53 (23): 3677-3685.

第3章 豫南夏玉米品种抗性
鉴定与评价

3.1 玉米品种抗性鉴定与评价方法

3.1.1 抗病性鉴定与评价方法

3.1.1.1 玉米南方锈病抗性鉴定与评价方法

玉米南方锈病是由多堆柄锈菌（*Puccinia polysora* Underw.）侵染引起的病害，可在植株叶片、叶鞘、茎秆和苞叶等地上部位产生铁锈状病斑，进而导致叶片提前干枯，植株活性衰退，造成严重减产（郭云燕等，2013）。近年来，随着全球气候变暖以及台风等极端气候发生频率的增多，玉米南方锈病在豫南玉米种植区的发生频率和暴发强度呈现出加速增长趋势。

1. 玉米南方锈病抗性鉴定方法

（1）多堆柄锈菌接种体制备。

接种体初繁：为了保证豫南当地田间鉴定的时效性，可在继代有玉米南方锈病植株的温室或者南方沿海地区提前采集具有玉米南方锈病孢子堆的新鲜发病叶片，收集发病叶片病斑上的孢子。将收集到的新鲜孢子加入清水中（加入0.01%吐温-20），利用涂抹法或者喷雾法接种到6～7叶期的感病植株叶片（提前用湿纱布擦拭叶片表面）上，置于25℃左右的温室内黑暗保湿16～24 h，接种过的玉米植株在20～28℃温度范围内正常管理，12～15 d后接种植株发病并产生孢子堆，用刷子或刀片把叶片上的新鲜夏孢子收集到试管中备用。

接种体扩繁：将初繁收集到的孢子加入清水中（加入 0.01％吐温-20），利用喷雾法接种到大量种植的 9～12 叶期的感病植株叶片上，保湿 16～24 h，前 3 d 注意喷水保湿，12～15 d 后接种植株发病产孢，收集孢子堆新鲜和密集的叶片直接保存备用或者将发病叶片上的孢子收集至试管中备用。

（2）玉米材料种植要求。

鉴定材料种植要求：鉴定材料随机排列种植，每 50 份鉴定材料设 1 组已知的高抗、高感对照材料。每份鉴定材料种植 1～2 行，行长 5～8 m，行距 0.6 m，株距根据鉴定材料推荐种植密度而定。

保护行设定：鉴定材料周围应种植 4～6 行的抗病材料保护行，防止接种时病原孢子向周围田块传播扩散。

（3）多堆柄锈菌田间接种。

接种悬浮液制备：用清水将发病叶片上的孢子洗脱下来，或者将收集到的孢子直接配制成接种悬浮液，浓度为 1×10^5 个/mL，加入 0.01％吐温-20，搅拌均匀。

接种时期：应选择大喇叭口期进行田间接种。具体接种时间应选择在傍晚或雨后进行，避免在中午高温或雨前接种。

接种方法：可选用喷雾器将配制好的接种悬浮液均匀喷洒到玉米植株叶片上，接种量控制在每株 10 mL 左右。接种前如果田间干旱应先进行浇灌，接种后要及时对叶面喷水 2～3 次增加湿度，以利于多堆柄锈菌侵染繁殖。接种玉米在整个生育期内避免使用杀菌剂，接种后耕作管理与大田生产相同。

2. 玉米南方锈病病情调查和分级标准

（1）病情调查时间。

病情发展过程：田间发病程度和快慢情况与当地的气候因素密切相关，一般于接种后 12～15 d 开始显症，病害从下部叶片开始迅速向上部蔓延直至全株染病。

病情调查时间：在玉米进入乳熟期进行调查，此时发病株已全株染病，症状最为显著。

（2）病情调查方法。根据玉米南方锈病病情分级症状描述，调查每份鉴定玉米材料发病情况，对每份材料记录病情级别。

（3）病情分级标准。玉米南方锈病病情分为 5 个级别，田间病情分级及其相对应的症状描述见表 3-1（陈文娟等，2018）。

表 3-1　玉米南方锈病病情级别及症状描述

病情级别	症状描述
1	叶片上无病斑或仅有孢子堆的过敏性反应，孢子堆占叶面积 5% 以下
3	叶片上有少量孢子堆，孢子堆占整株叶面积 5%～25%
5	叶片上有中量孢子堆，孢子堆占整株叶面积 26%～50%
7	叶片上有大量孢子堆，孢子堆占整株叶面积 51%～75%
9	叶片上有极大量孢子堆，孢子堆占整株叶面积 76%～100%，叶片枯死

（4）玉米对南方锈病抗性评价方法。依据鉴定材料发病程度（病情指数）确定其抗性水平（陈文娟等，2018），样品有重复的以调查的最高病情级别为准，划分标准见表 3-2。

表 3-2　玉米对南方锈病的抗性评价分级

病情级别	抗性评价
1	高抗（HR）
3	抗病（R）
5	中抗（MR）
7	感病（S）
9	高感（HS）

3.1.1.2　玉米小斑病抗性鉴定与评价方法

玉米小斑病是夏玉米区生产上的重要病害之一，在黄淮海地区特别是豫南的温暖潮湿地区发生普遍且严重。玉米小斑病的病原菌为玉蜀黍平脐蠕孢（*Bipolaris maydis*），温暖潮湿的条件下，病菌可通过气流快速传播，从玉米苗期到成熟期都可以进行侵染，主要危害玉米的叶片、叶鞘、苞叶和果穗，病害发展时会导致植株提前枯死，严重影响玉米产量（常佳迎等，2020）。

1. 玉米小斑病抗性鉴定方法

（1）小斑病病菌接种体制备。

接种体初繁：采用组织分离法从新鲜发病叶片上分离小斑病病原物，单孢分离并纯化后的菌株经形态学及分子鉴定确认为玉蜀黍平脐蠕孢菌后，进行 PDA（土豆 200 g、葡萄糖 20 g、琼脂 20 g、水 1 000 mL）培养基平板培养，4℃保存备用；或者将已保存的小斑病病菌重新在 PDA 培养基上暗培养 5～7 d，培养温度 25～28℃。

接种体扩繁：利用初繁活化培养的小斑病病菌，将培养基平板培养的病菌接种于经高压灭菌的高粱粒上（高粱粒培养基制备方法：高粱粒浸泡 1～2 h，经水煮 30～40 min 后，装入牛皮纸袋中于 121℃下灭菌 1 h，冷却后备用），在 25～28℃下黑暗培养。培养 5～7 d 后，期间保持高湿度，镜检确认产生大量分生孢子后，以备下一步配制接种悬浮液。

（2）玉米材料种植要求。

鉴定材料种植要求：鉴定材料随机排列种植，每 50 份鉴定材料设 1 组已知的高抗、高感对照材料。每份鉴定材料种植 1～2 行，行长 5～8 m，行距 0.6 m，株距根据鉴定材料推荐种植密度而定。

保护行设定：鉴定材料周围应种植 4～6 行的抗病材料保护行，防止接种时病原孢子向周围田块传播扩散。

（3）小斑病病菌田间接种。

接种悬浮液制备：经扩繁后的高粱粒直接用清水淘洗其表面的分生孢子，配制接种悬浮液，悬浮液中分生孢子浓度调至 $1 \times 10^5 \sim 1 \times 10^6$ 个/mL。若暂时不接种，将产孢高粱粒逐渐阴干，在干燥条件下保存或冷藏保存。在接种前取出保存高粱粒，保湿，促使弯孢病菌产孢。悬浮液中加入 0.01％吐温-20，搅拌均匀。

接种时期：应选择玉米大喇叭口期至抽雄初期，进行田间接种。具体接种时间应选择傍晚或阴天进行，避免在中午高温或雨前接种。

接种方法：接种采用喷雾法，可选用背负式手动喷雾器或机动喷雾器将配制好的接种悬浮液均匀喷洒到玉米植株上，每株接种量控制在 5～10 mL。接种玉米在整个生育期内避免使用杀菌剂，鉴定接种前应先进行田间灌溉或在雨后进行接种，接种后若遇持续干旱，应及时进行田间灌溉。

2. 玉米小斑病病情调查和分级标准

（1）病情调查时间。

病情发展过程：接种后 3～5 d 每日喷雾进行保湿有助于发病，田间发病一般于接种后 7～10 d 开始显症。

病情调查时间：在玉米蜡熟后期调查玉米小斑病的发病情况。

（2）病情调查方法。根据玉米小斑病病情分级症状描述，调查时目测每份鉴定材料群体的发病状况，调查重点部位为玉米果穗上方和下方各 3 片叶，逐份材料调查并记载病情级别。

（3）病情分级标准。玉米小斑病病情分为 5 个级别，田间病情分级及其相对应的症状描述见表 3-3（NY/T 1248.2—2006）。

表 3-3 玉米小斑病病情级别及症状描述

病情级别	症状描述
1	叶片上没有病斑或者穗位下部叶片有零星病斑，病斑占叶面积 5％及以下
3	穗位下部叶片有少量病斑，病斑占叶面积 6％～10％，穗位上部叶片有零星病斑
5	穗位下部叶片有较多病斑，病斑占叶面积 11％～30％，穗位上部叶片有少量病斑
7	穗位下部或上部叶片有大量病斑，病斑相连，病斑占叶面积 31％～70％
9	全株叶片基本被病斑覆盖，叶片枯死

（4）玉米对小斑病抗性评价方法。依据鉴定材料发病等级确定其抗性水平，样品有重复的以调查的最高病情级别为准，划分标准见表 3-4（NY/T 1248.2—2006）。

表 3-4　玉米对小斑病的抗性评价分级

病情级别	抗性评价
1	高抗（HR）
3	抗病（R）
5	中抗（MR）
7	感病（S）
9	高感（HS）

3.1.1.3　玉米弯孢叶斑病抗性鉴定与评价方法

玉米弯孢叶斑病又称黄斑病、拟眼斑病，是我国继玉米大、小斑病之后又一严重危害玉米的叶斑病，近年来在豫南地区发生呈上升趋势。玉米弯孢叶斑病是由新月弯孢菌［*Curvularia lunata*（Wakker）Boedijn］侵染引起的一种玉米病害，主要危害叶片、叶鞘和苞叶等。该病害在玉米抽雄后迅速发展，植株布满 1～2 mm大小的圆形或椭圆形病斑，叶片提早干枯，严重影响玉米产量（常佳迎等，2019）。

1. 玉米弯孢叶斑病抗性鉴定方法

（1）弯孢菌接种体制备。

接种体初繁：采用组织分离法从新鲜发病叶片上分离弯孢叶斑病病原物，分离物经形态学鉴定确认为弯孢属真菌后，进行纯化培养和致病性测定；或者将已保存的弯孢菌重新在 PDA 培养基上暗培养 2～3 d，培养温度为 25～28℃。

接种体扩繁：利用初繁活化培养的弯孢菌，将培养基平板培养的病菌接种于经高压灭菌的高粱粒上（高粱粒培养基制备方法：高粱粒浸泡 1～2 h，经水煮 30～40 min 后，装入牛皮纸袋中于 121℃

下灭菌 1 h，冷却后备用），在 25～28℃ 下黑暗培养。培养 5～7 d 后，菌丝布满高粱粒。

（2）玉米材料种植要求。

鉴定材料种植要求：鉴定材料随机排列种植，每 50 份鉴定材料设 1 组已知的高抗、高感对照材料。每份鉴定材料种植 1～2 行，行长 5～8 m，行距 0.6 m，株距根据鉴定材料推荐种植密度而定。

保护行设定：鉴定材料周围应种植 4～6 行的抗病材料保护行，防止接种时病原孢子向周围田块传播扩散。

（3）弯孢菌田间接种。

接种悬浮液制备：扩繁的弯孢菌经镜检确认产生大量分生孢子后，直接用清水淘洗高粱粒，配制接种悬浮液，悬浮液中分生孢子浓度调至 $1×10^5$～$1×10^6$ 个/mL。若暂时不接种，将产孢高粱粒逐渐阴干，在干燥条件下保存或冷藏保存。在接种前取出保存高粱粒，保湿，促使弯孢菌产孢。悬浮液中加入 0.01% 吐温-20，搅拌均匀。

接种时期：应选择玉米大喇叭口期至抽雄初期，进行田间接种。具体接种时间应选择傍晚或阴天进行，避免在中午高温或雨前接种。

接种方法：接种采用喷雾法，可选用背负式手动喷雾器或机动喷雾器将配制好的接种悬浮液均匀喷洒到玉米植株上，每株接种量控制在 5～10 mL。接种玉米在整个生育期内避免使用杀菌剂，鉴定接种前应先进行田间灌溉或在雨后进行接种，接种后若遇持续干旱，应及时进行田间灌溉。

2. 玉米弯孢叶斑病病情调查和分级标准

（1）病情调查时间。

病情发展过程：田间发病一般于接种后 7 d 后开始显症。

病情调查时间：在玉米蜡熟期调查玉米弯孢叶斑病的发病

情况。

（2）病情调查方法。根据玉米弯孢叶斑病病情分级症状描述，调查时目测每份鉴定材料群体的发病状况，调查重点部位为玉米果穗穗位叶及其上 3 片叶，逐份材料调查并记载病情级别。

（3）病情分级标准。玉米弯孢叶斑病病情分为 5 个级别，田间病情分级及其相对应的症状描述见表 3-5（NY/T 1248.10—2016）。

表 3-5　玉米弯孢叶斑病病情级别及症状描述

病情级别	症状描述
1	穗位叶及其上 3 片叶没有或者有零星病斑，病斑占叶面积 5% 及以下
3	穗位叶及其上 3 片叶有少量病斑，病斑占叶面积 6%～10%
5	穗位叶及其上 3 片叶有较多病斑，病斑占叶面积 11%～30%
7	穗位叶及其上 3 片叶有大量病斑，病斑占叶面积 31%～70%
9	穗位叶及其上 3 片叶基本被病斑覆盖，叶片枯死

（4）玉米对弯孢叶斑病抗性评价方法。依据鉴定材料发病等级确定其抗性水平，样品有重复的以调查的最高病情级别为准，划分标准见表 3-6（NY/T 1248.10—2016）。

表 3-6　玉米对弯孢叶斑病的抗性评价分级

病情级别	抗性评价
1	高抗（HR）
3	抗病（R）
5	中抗（MR）
7	感病（S）
9	高感（HS）

3.1.1.4　玉米瘤黑粉病抗性鉴定与评价方法

玉米瘤黑粉病是由玉蜀黍瘿黑粉菌［*Mycosarco mamaydis*

（异名玉蜀黍黑粉菌 *Ustilago maydis*）〕引起的玉米生产上最主要
病害之一，它是一种由真菌侵染组织引起的局部性病害，其代谢产
物刺激可引起植株叶片、叶鞘、苞叶、茎秆、雄穗和雌穗等部位产
生大小不一、形状各异的菌瘤，后期不断膨大的黑粉瘤会消耗大量
的养分，导致植株结实降低或不结实，造成严重减产（鄂文弟等，
2006）。

1. 玉米瘤黑粉病抗性鉴定方法

（1）瘤黑粉菌接种体制备。

接种体初繁：对发病植株的菌瘤中的病菌进行形态学鉴定，确
认为黑粉菌后，采集冬孢子，置于 PDA 平板培养基暗培养 2～3 d
后进行分离，培养温度为 25～28℃，对分离物进行纯化培养和致
病性测定。

接种体孢子萌发：接种前先进行孢子萌发，在洁净培养皿中铺
双层滤纸并充分浸湿，撒施菌 0.2 g/皿，25℃下保湿 48～72 h，促
进厚垣孢子的萌发。

（2）玉米材料种植要求。

鉴定材料种植要求：鉴定材料随机排列种植，每 50 份鉴定
材料设 1 组已知的高抗、高感对照材料。每份鉴定材料种植 1～2
行，行长 5～8 m，行距 0.6 m，株距根据鉴定材料推荐种植密度
而定。

保护行设定：鉴定材料周围应种植 4～6 行的抗病材料保护行，
防止接种时病原孢子向周围田块传播扩散。

（3）瘤黑粉菌田间接种。

接种悬浮液制备：保湿完成后，用水洗下孢子，每皿加水 1 L，
配制成浓度为 $1 \times 10^5 \sim 1 \times 10^6$ 个/mL 的接种液，接种液中加葡萄
糖 0.5 g/L。悬浮液中加入 0.01%吐温-20，搅拌均匀。

接种时期：为保证发病质量，选择玉米 8～9 叶期和 10～11 叶
期进行 2 次田间接种。具体接种时间应选择在上午或阴天进行。

接种方法：接种采用注射法，可选用连动注射器将配制好的接种悬浮液从植株中部接近生长点的部位从外向内斜刺入至心叶部位接种，每株接种量控制在 2～3 mL。接种玉米在整个生育期内避免喷施农药，鉴定接种前应先进行田间灌溉或在雨后进行接种，接种后若遇干旱，应及时进行田间灌溉，以保证病菌侵染所需的湿度。

2. 玉米瘤黑粉病病情调查和分级标准

（1）病情调查时间。

病情发展过程：田间发病一般于接种后 8～10 d 开始显症。

病情调查时间：在玉米灌浆后期调查玉米瘤黑粉病的发病情况。在同一天内完成同批次接种、生育进程相近材料的病情调查。

（2）病情调查方法。根据长有菌瘤的发病植株数量，计算每份鉴定材料的病株率。病株率＝（发病株数/调查总株数）×100%。

（3）病情分级标准。玉米瘤黑粉病病情分为 5 个级别，田间病情分级及其对应的症状描述见表 3-7（NY/T 1248.12—2016）。

表 3-7　玉米瘤黑粉病病情级别及症状描述

病情级别	症状描述
1	病株率 5% 及以下
3	病株率 5.1%～10%
5	病株率 10.1%～20%
7	病株率 20.1%～40%
9	病株率 40.1～100%

（4）玉米对瘤黑粉病抗性评价方法。依据鉴定材料发病等级确定其抗性水平，样品有重复的以调查的最高病情级别为准，划分标准见表 3-8（NY/T 1248.12—2016）。

表 3-8 玉米对瘤黑粉病的抗性评价分级

病情级别	抗性评价
1	高抗（HR）
3	抗病（R）
5	中抗（MR）
7	感病（S）
9	高感（HS）

3.1.1.5 玉米茎腐病抗性鉴定与评价方法

玉米茎腐病又称玉米茎基腐病或青枯病，是世界玉米产区普遍发生的一种土传病害。研究表明，玉米茎腐病是由多种病原菌单独或复合侵染所致，我国玉米茎腐病主要致病菌为镰刀菌属（*Fusarium*）和腐霉菌属（*Pythium*）真菌。玉米茎腐病导致玉米茎部腐烂，引起玉米植株的水分与养分供应失调，结实率降低，后期倒伏折断后导致玉米收获困难，严重影响玉米产量（刘树森等，2019）。

1. 玉米茎腐病抗性鉴定方法

（1）镰刀菌接种体制备。

接种体初繁：采用组织分离法从发病植株茎秆基部节位组织中分离茎腐病致病镰刀菌病原物，分离物经形态学鉴定确认为镰刀菌后，进行纯化培养和致病性测定。或者将已保存的镰刀菌重新在PDA 培养基上暗培养 2～3 d，培养温度为 25～28℃。

接种体扩繁：将经过培养基培养的病原菌接种于经高压灭菌的玉米粒上，在 25～28℃下黑暗培养。培养 7～10 d 后，菌丝布满籽粒，即可用于接种。可采用不同地点来源的多个镰刀菌菌株分别繁殖后混合接种。

（2）玉米材料种植要求。

鉴定材料种植要求：鉴定材料随机排列种植，每50份鉴定材料设1组已知的高抗、高感对照材料。每份鉴定材料种植1～2行，行长5～8 m，行距0.6 m，株距根据鉴定材料推荐种植密度而定。在鉴定材料周围设2行保护行。

（3）镰刀菌田间接种。

接种方法：采用土壤接种法，接种时将玉米根系一侧土壤挖开（深5～10 cm），将扩繁有病原菌的玉米粒（20～30 g）接种在露出的根系处，接种后覆土，并保持土壤湿润，以使病菌能够正常侵染根系组织并沿根系向茎秆蔓延。

接种时期：应选择玉米大喇叭口期至抽雄初期，进行田间接种；早熟类型品种宜在10叶期接种。全天均可进行接种。

接种田间管理：鉴定接种前应先进行田间灌溉或在雨后进行接种，接种后若遇持续干旱，应及时进行田间灌溉。接种时土壤相对湿度应不低于25%，以利于其发病。

2. 玉米茎腐病病情调查和分级标准

（1）病情调查时间。

病情发展过程：田间发病一般于接种后30 d左右开始显症。

病情调查时间：在玉米乳熟期调查玉米茎腐病的发病情况。

（2）病情调查方法。根据玉米茎腐病病情分级症状描述，调查时目测每份鉴定材料整体的发病状况，调查重点部位为玉米果穗穗位叶及其上3片叶，逐份材料调查并记载病情级别。

按播种行以手指按捏地表上方第1～3茎节，茎秆发生空、软或者茎节明显变褐者即发病株。根据鉴定的发病植株数量，计算每份鉴定材料的病株率。病株率＝（发病株数/调查总株数）×100%。

（3）病情分级标准。玉米茎腐病病情分为5个级别，田间病情分级及其对应的症状描述见表3-9（NY/T 1248.6—2016）。

表 3-9 玉米茎腐病病情级别及症状描述

病情级别	症状描述
1	病株率 5%及以下
3	病株率 5.1%～10%
5	病株率 10.1%～30%
7	病株率 30.1%～40%
9	病株率 40.1～100%

（4）玉米对茎腐病抗性评价方法。依据鉴定材料发病等级确定其抗性水平，样品有重复的以调查的最高病情级别为准，划分标准见表 3-10（NY/T 1248.6—2016）。

表 3-10 玉米对茎腐病的抗性评价分级

病情级别	抗性评价
1	高抗（HR）
3	抗病（R）
5	中抗（MR）
7	感病（S）
9	高感（HS）

3.1.1.6 玉米穗腐病抗性鉴定与评价方法

穗腐病是玉米生产上普遍发生的主要病害之一，严重影响玉米的产量和品质。玉米穗腐病致病菌复杂多样，研究发现 20 多种病原菌（真菌和细菌）均可引起穗腐病。国内多数研究认为，禾谷镰孢（*Fusarium graminearum*）和拟轮枝镰孢（*Fusarium verticillioides*）引起的穗腐病分布最广，危害最重。玉米穗腐病发病时可导致玉米果穗腐烂，部分病原菌会产生多种毒素，被毒素污染的玉米产品进入食物链后，将对人类和牲畜的健康与生命安全造成严重威胁（王宝宝等，2020）。

1. 玉米穗腐病抗性鉴定方法

（1）禾谷镰孢菌接种体制备。

接种体初繁：采用组织分离法从穗腐病的玉米籽粒中分离致病镰孢菌病原物，分离物经形态学和分子鉴定确认为禾谷镰孢菌后，进行纯化培养和致病性测定。或者将已保存的镰孢菌重新在 PDA 培养基上活化培养 3～5 d，培养温度为 25～28℃。

接种体扩繁：将经过培养基活化的病原菌挑取 10 块左右新鲜菌丝块（0.5mm²）接种于 3‰～5‰的绿豆汤培养液中，25℃摇床上振荡培养 3 d，转速保持在 160～180 r/min。将已灭菌的玉米粒倒入灭菌的牛皮纸袋中，装至牛皮纸袋 2/3 处（约 2 kg），再将摇好的禾谷镰孢菌绿豆汤孢子悬浮液均匀淋入牛皮纸袋，30 mL/袋孢子悬浮液，充分晃匀，25℃条件下培养 5 d 左右，禾谷镰孢菌菌丝布满籽粒，即可用于接种。

（2）玉米材料种植要求。

鉴定材料种植要求：鉴定材料随机排列种植，每 50 份鉴定材料设 1 组已知的高抗、高感对照材料。每份鉴定材料种植 1～2 行，行长 5～8 m，行距 0.6 m，株距根据鉴定材料推荐种植密度而定。

（3）禾谷镰孢菌田间接种。

接种悬浮液制备：扩繁的镰孢菌经镜检确认产生大量分生孢子后，直接用清水淘洗玉米粒，配制接种悬浮液，悬浮液中分生孢子浓度调至 1×10^5～1×10^6 个/mL，加入 0.01％吐温-20，搅拌均匀。

接种时期：选择玉米雌穗吐丝后 3～5 d 进行田间接种。每份材料应保证 80％以上植株已授粉 2 d 以上，以保证发病质量。接种可全天进行。

接种方法：采用注射法，选用连续注射器将配制好的接种悬浮液经玉米花丝通道注射接种，每株接种量控制在 2～3 mL。接种田间保持适当湿度以利于发病。

2. 玉米穗腐病病情调查和分级标准

（1）病情调查时间。

病情发展过程：田间发病一般于接种后 30 d 开始显症。

病情调查时间：在玉米生理成熟时调查玉米穗腐病的发病情况。

（2）病情调查方法。根据玉米穗腐病病情分级症状描述（表 3-11），调查时去除苞叶后逐穗调查，并对雌穗籽粒被病菌侵染的面积进行分级记载，逐份材料调查并记载病情级别（NY/T 1248.8—2016）。

表 3-11　玉米穗腐病病情级别及症状描述

病情级别	症状描述
1	玉米籽粒发病面积占雌穗总面积的 0~1%
3	玉米籽粒发病面积占雌穗总面积的 2%~10%
5	玉米籽粒发病面积占雌穗总面积的 11%~25%
7	玉米籽粒发病面积占雌穗总面积的 26%~50%
9	玉米籽粒发病面积占雌穗总面积的 51%~100%

（3）玉米对穗腐病抗性评价方法。计算每份鉴定材料雌穗的平均病情级别，依据鉴定材料平均级别确定其抗性水平，样品有重复的以调查的最高病情级别为准，划分标准见表 3-12（NY/T 1248.8—2016）。

表 3-12　玉米对穗腐病的抗性评价分级

病情平均级别	抗性评价
≤1.5	高抗（HR）
1.6~3.5	抗病（R）
3.6~5.5	中抗（MR）
5.6~7.5	感病（S）
7.6~9.0	高感（HS）

3.1.2　抗虫性鉴定与评价方法

3.1.2.1　亚洲玉米螟的抗性鉴定与评价方法

随机区组设计，3 次重复，小区面积为 30 m² (5 m×6 m)，行距 60 cm、株距 25 cm，常规栽培管理，全生育期不应喷施杀虫剂。不同害虫接虫试验小区之间有 2 m 的间隔，避免害虫在不同小区之间扩散。

1. 接虫时期　分别在玉米心叶期（小喇叭口期）、玉米植株发育至展开 6~8 叶期和吐丝期接虫，各接虫 2 次。玉米心叶期进行人工接虫时，选择清晨或傍晚。

2. 接虫方法　将产在蜡纸上的玉米螟卵块依卵粒密集程度剪成每块含 30~40 粒的小片。当卵发育至黑头卵阶段，在每株玉米心叶中接载有即将孵化黑头卵的蜡纸片 2 块，约 60 粒卵。若接虫后遇中雨以上的天气，需再接虫 1 次；吐丝期接虫部位为玉米花丝丛外，其他按照玉米心叶期接虫操作。

3. 接虫前后的田间管理　接虫前进行田间灌溉，保证植株不萎蔫和田间有一定的湿度。接虫后若遇干旱，应及时进行灌溉。

4. 危害状况调查　接虫 14~21 d 后逐株调查玉米被害情况。心叶期接虫调查玉米植株中上部叶片被玉米螟取食情况；吐丝期接虫后，调查雌穗被害程度及植株被害情况。

5. 调查方法　每份鉴定材料随机选取 15~20 株/行，逐株按表 3-13 中描述记载玉米螟食叶级别。

表 3-13　玉米螟对心叶危害程度的分级标准

食叶级别	症状描述
1	仅个别叶片上有 1~2 个孔径≤1 mm 虫孔
2	仅个别叶片上有 3~6 个孔径≤1 mm 虫孔
3	少数叶片有 7 个以上孔径≤1 mm 虫孔

（续）

食叶级别	症状描述
4	个别叶片上有 1～2 个孔径≤2 mm 虫孔
5	少数叶片有 3～6 个孔径≤2 mm 虫孔
6	部分叶片上有 7 个以上孔径≤2 mm 虫孔
7	少数叶片上有 1～2 个孔径大于 2 mm 的虫孔
8	部分叶片上有 3～6 个孔径大于 2 mm 的虫孔
9	大部叶片上有 7 个以上孔径大于 2 mm 的虫孔

吐丝期接虫后调查玉米雌穗被害情况、蛀茎数量、蛀孔隧道长度（cm）以及存活幼虫龄期和存活数量。

6. 叶片危害程度分级及抗性评价 根据玉米螟幼虫取食心叶后所形成的叶片虫孔直径大小和数量划分食叶级别，见表 3-13（NY/T 1248.5—2006）。

计算玉米螟对各鉴定材料群体叶片危害程度（食叶级别）的平均值。计算方法如下：

平均食叶级别 ＝［$\sum$（食叶级别×该级别植株数）］/ 调查总株数

根据食叶级别的平均值，划分各鉴定材料的抗性水平，见表 3-14（NY/T 1248.5—2006）。

表 3-14 玉米抗玉米螟抗性鉴定虫害级别划分

心叶期食叶级别平均值	抗性
1.0～2.9	高抗（HR）
3.0～4.9	抗（R）
5.0～6.9	中抗（MR）
7.0～8.9	感（S）
9.0	高感（HS）

7. 玉米雌穗被害级别和抗性评价 根据玉米螟幼虫取食雌穗后玉米穗尖被害情况、蛀孔隧道长度（cm）以及存活幼虫龄期和存活

数量划分雌穗被害级别，见表 3-15（农业部 953 公告—10.1—2007）。

表 3-15　玉米抗玉米螟抗性鉴定虫害级别划分

雌穗被害级别	症状描述
1	雌穗没有受害
2	花丝被害<50%
3	大部分花丝被害≥50%；有幼虫存活，龄期≤2龄
4	穗尖被害≤1 cm；有幼虫存活，龄期≤3龄
5	穗尖被害≤2 cm；或有幼虫存活，龄期≤4龄；隧道长度≤2 cm
6	穗尖被害≤3 cm；或有幼虫存活，龄期>4龄；隧道长度≤4 cm
7	穗尖被害≤4 cm；隧道长度≤6 cm
8	穗尖被害≤5 cm；隧道长度≤8 cm
9	穗尖被害>5 cm；隧道长度>8 cm

计算玉米螟对各鉴定材料群体雌穗被害程度（雌穗被害级别）的平均值。计算方法如下：

雌穗被害级别平均值 = [∑（雌穗被害级别 × 该级别植株数）]/调查总株数

根据雌穗被害级别的平均值，划分各鉴定材料对玉米螟的抗性水平，见表 3-16（农业部 953 公告—10.1—2007）。

表 3-16　玉米雌穗对亚洲玉米螟的抗性评价标准

雌穗被害级别平均值	抗性类型
1~2.0	高抗（HR）
2.1~3.0	抗（R）
3.1~5.0	中抗（MR）
5.1~7.0	感（S）
≥7.1	高感（HS）

3.1.2.2　玉米黏虫的抗性鉴定与评价方法

随机区组设计，3 次重复，小区面积为 30 m²（5 m×6 m），行距 60 cm、株距 25 cm，常规栽培管理，全生育期不应喷施杀虫剂。不同害虫接虫试验小区之间有 2 m 的间隔，避免害虫在不同小区之间扩散。

1. 接虫时期 玉米植株发育至 4～6 叶期进行，每小区人工接虫不少于 40 株。

2. 接虫方法 每株接人工饲养的初孵幼虫 30～40 头，用毛笔接种到玉米心叶中。接虫 3 d 后，第二次接虫，接虫数量同第一次。

3. 调查记录 在接虫 14 d 后进行，调查玉米叶片受黏虫的危害程度和幼虫存活数，其判断标准见表 3-17（农业部 953 公告—10.1—2007）。

表 3-17　玉米黏虫抗性鉴定虫害级别划分

食叶级别	症状描述
1	叶片无被害，或仅叶片上有刺状（≤1 mm）虫孔
2	仅个别叶片上有少量弹孔大小（≤5 mm）虫孔
3	少数叶片上有弹孔大小（≤5 mm）虫孔
4	个别叶片上有缺刻（≤10 mm）
5	少数叶片上有缺刻（≤10 mm）
6	部分叶片上有缺刻（≤10 mm）
7	个别叶片部分被取吃，少数叶片上大片缺刻（≤10 mm）
8	少数叶片被取吃，部分叶片上有大片缺刻（≤10 mm）
9	大部叶片被取吃

4. 调查结果和抗性评价 根据玉米叶片受黏虫的危害程度，计算各小区黏虫对玉米叶片危害级别（食叶级别）的平均值，计算方法如下：

$$平均食叶级别 = [\sum(食叶级别 \times 该级别植株数)]/调查总株数$$

根据食叶级别的平均值，划分各鉴定材料对黏虫的抗性水平，

121

见表 3-18（农业部 953 公告—10.1—2007）。

表 3-18　玉米对黏虫的抗性评价标准

心叶期食叶级别平均值	抗性类型
1.0～2.0	高抗（HR）
2.1～4.0	抗（R）
4.1～6.0	中抗（MR）
6.1～8.0	感（S）
8.1～9.0	高感（HS）

3.1.2.3　玉米棉铃虫的抗性鉴定与评价方法

随机区组设计，3 次重复，小区面积为 30 m²（5 m×6 m），行距 60 cm、株距 25 cm，常规栽培管理，全生育期不应喷施杀虫剂。不同害虫接虫试验小区之间有 2 m 的间隔，避免害虫在不同小区之间扩散。

1. 接虫时期　在玉米吐丝期进行，每小区人工接虫不少于 40 株。

2. 接虫方法　每株接初孵幼虫 20～30 头，接于玉米花丝上。接虫 3 d 后，第二次接虫，接虫数量同第一次。

3. 调查记录　对棉铃虫的抗性调查在人工接虫后 14～21 d 进行，逐株调查雌穗被害率、每个雌穗存活幼虫数和雌穗被害长度，见表 3-19（农业部 953 公告—10.1—2007）。

表 3-19　玉米雌穗受棉铃虫危害程度的分级标准

雌穗被害级别	症状描述
0	雌穗没有被害
1	仅花丝被害
2	穗顶被害 1 cm
3+	穗顶下被害每增加 1 cm，相应的被害级别增加 1 级
⋮	
N	

4. 抗性评价 根据玉米雌穗受棉铃虫的危害程度，计算各小区棉铃虫对玉米雌穗危害级别的平均值，计算方法如下：

$$雌穗被害级别平均值 = [\sum(雌穗被害级别 \times 该级别植株数)]/调查总株数$$

根据雌穗被害级别的平均值，划分各鉴定材料对棉铃虫的抗性水平，见表3-20（农业部953公告—10.1—2007）。

表3-20 玉米雌穗对棉铃虫的抗性评价标准

雌穗被害级别平均值	抗性类型
0~1.0	高抗（HR）
1.1~3.0	抗（R）
3.1~5.0	中抗（MR）
5.1~7.0	感（S）
≥7.1	高感（HS）

3.2 豫南夏玉米主要品种抗性鉴定及利用

玉米作为我国面积最大的粮食作物和饲料作物，每年因病害遭受的损失巨大。据统计，玉米生产中常见的病害有30多种，而其中造成严重危害的有近20种。豫南地区作为夏玉米主产区，近年来随着气候、耕作制度的变化和品种更替，玉米病害的发生情况也随之产生了明显的改变。防治病害最经济且有效的途径是培育抗病品种，通过人工接种和自然诱发接种，对近年来当地种植的玉米品种田间病害抗性进行综合评价，对品种推广和农民增收意义重大。

3.2.1 玉米南方锈病抗病鉴定及利用

感病和高感品种占所鉴定品种的比率为64%，其中高感品种

123

占8%。玉米南方锈病高抗品种仅有1个，比率为4%，抗病和中抗品种比率分别为12%和20%。对南方锈病表现为高抗和抗病的品种分别为蠡玉16、登海605、德单5号和豫单9953（表3-21）。

表3-21 不同玉米品种南方锈病抗性鉴定

抗性级别	品种
高感（HS）	郑源玉432、豫单132
感病（S）	郑单958、先玉335、豫安3号、伟科702、浚单20、隆平206、联创808、中单909、隆平208、浚单29、农大372、迪卡517、新单58、大丰30
中抗（MR）	迪卡653、秋乐368、鼎优163、裕丰303、中科玉505
抗病（R）	登海605、德单5号、豫单9953
高抗（HR）	蠡玉16

3.2.2 玉米小斑病抗病鉴定及利用

感病品种占所鉴定品种的比率为40%，没有发现高感品种。玉米小斑病抗病和中抗品种比率分别为28%和32%，没有发现高抗品种。对小斑病表现为抗病的品种分别为郑单958、浚单20、隆平208、浚单29、蠡玉16、迪卡653和豫单9953（表3-22）。

表3-22 不同玉米品种小斑病抗性鉴定

抗性级别	品种
高感（HS）	—
感病（S）	先玉335、登海605、联创808、中单909、裕丰303、秋乐368、大丰30、豫单132、迪卡517、新单58
中抗（MR）	豫安3号、伟科702、隆平206、德单5号、中科玉505、农大372、鼎优163、郑源玉432
抗病（R）	郑单958、浚单20、隆平208、浚单29、蠡玉16、迪卡653、豫单9953
高抗（HR）	—

3.2.3 玉米弯孢叶斑病抗病鉴定及利用

感病和高感品种占所鉴定品种的比率为56%，其中高感品种占12%。玉米弯孢叶斑病高抗品种仅有1个，比率为4%，抗病和中抗品种比率分别为16%和24%。对弯孢叶斑病表现为高抗和抗病的品种分别为迪卡653、先玉335、豫安3号、隆平206和蠡玉16（表3-23）。

表3-23 不同玉米品种弯孢叶斑病抗性鉴定

抗性级别	品种
高感（HS）	伟科702、联创808、郑源玉432
感病（S）	郑单958、登海605、隆平208、中科玉505、秋乐368、浚单29、农大372、豫单9953、豫单132、迪卡517、新单58
中抗（MR）	浚单20、中单909、德单5号、裕丰303、大丰30、鼎优163
抗病（R）	先玉335、豫安3号、隆平206、蠡玉16
高抗（HR）	迪卡653

3.2.4 玉米瘤黑粉病抗病鉴定及利用

感病和高感品种占所鉴定品种的比率为68%，其中高感品种占32%。玉米瘤黑粉病高抗品种仅有1个，比率为4%，抗病和中抗品种比率分别为12%和16%。对瘤黑粉病表现为高抗和抗病的品种分别为郑单958、裕丰303、隆平208和鼎优163（表3-24）。

表3-24 不同玉米品种瘤黑粉病抗性鉴定

抗性级别	品种
高感（HS）	登海605、联创808、中单909、中科玉505、秋乐368、农大372、郑源玉432、迪卡517
感病（S）	浚单20、德单5号、浚单29、蠡玉16、大丰30、迪卡653、豫单9953、豫单132、新单58

（续）

抗性级别	品种
中抗（MR）	先玉 335、豫安 3 号、伟科 702、隆平 206
抗病（R）	裕丰 303、隆平 208、鼎优 163
高抗（HR）	郑单 958

3.2.5 玉米茎腐病抗病鉴定及利用

感病品种占所鉴定品种的比率为 24％，没有发现高感品种。玉米茎腐病高抗品种有 4 个，比率为 16％，抗病和中抗品种比率分别为 16％和 44％。对茎腐病表现为高抗和抗病的品种分别为郑单 958、先玉 335、登海 605、裕丰 303、豫安 3 号、隆平 206、大丰 30 和豫单 9953（表 3-25）。

表 3-25 不同玉米品种茎腐病抗性鉴定

抗性级别	品种
高感（HS）	—
感病（S）	联创 808、中单 909、德单 5 号、中科玉 505、农大 372、新单 58
中抗（MR）	伟科 702、浚单 20、隆平 208、秋乐 368、浚单 29、蠡玉 16、鼎优 163、迪卡 653、郑源玉 432、豫单 132、迪卡 517
抗病（R）	豫安 3 号、隆平 206、大丰 30、豫单 9953
高抗（HR）	郑单 958、先玉 335、登海 605、裕丰 303

3.2.6 玉米穗腐病抗病鉴定及利用

感病和高感品种占所鉴定品种的比率为 32％，其中高感品种占 12％。玉米穗腐病抗病和中抗品种比率分别为 12％和 56％，没有发现高抗品种。对穗腐病表现为抗病的品种分别为郑单 958、大丰 30 和鼎优 163（表 3-26）。

表 3-26 不同玉米品种穗腐病抗性鉴定

抗性级别	品种
高感（HS）	豫单 132、迪卡 517、新单 58
感病（S）	联创 808、隆平 208、中科玉 505、秋乐 368、农大 372
中抗（MR）	先玉 335、登海 605、豫安 3 号、伟科 702、浚单 20、隆平 206、中单 909、德单 5 号、裕丰 303、浚单 29、蠡玉 16、迪卡 653、郑源玉 432、豫单 9953
抗病（R）	郑单 958、大丰 30、鼎优 163
高抗（HR）	—

3.2.7 玉米品种综合抗性鉴定及利用

没有发现对 6 种病害均表现为抗病以上的玉米品种，鼎优 163 对 6 种病害表现中抗以上，郑单 958、先玉 335、浚单 20、蠡玉 16、豫单 9953 和大丰 30 等对 4 种病害表现中抗以上。

参考文献

常佳迎，刘树森，马红霞，等．2019．黄淮海地区夏玉米弯孢叶斑病菌遗传多样性分析．中国农业科学，52（5）：51-65.

常佳迎，刘树森，石洁，等．2020．海南三亚和黄淮海地区玉米小斑病菌致病性及遗传多样性分析．中国农业科学，53（6）：79-90.

陈文娟，李万昌，杨知还，等．2018．玉米抗南方锈病种质资源初步鉴定及遗传多样性分析．植物遗传资源学报，19（2）：225-231，242.

鄂文弟，王振华，张立国，等．2006．玉米瘤黑粉病的研究进展．玉米科学，14（1）：153-157.

郭云燕，陈茂功，孙素丽，等．2013．中国玉米南方锈病病原菌遗传多样性．中国农业科学，46（21）：4523-4523.

刘树森，马红霞，郭宁，等．2019．黄淮海夏玉米主产区茎腐病主要病原菌及优势种分析．中国农业科学，52（2）：262-272.

王宝宝，郭成，孙素丽，等．2020．玉米穗腐病致病禾谷镰孢复合种的遗传多样性、致病力与毒素化学型分析．中国农业科学，53（23）：61-74．

中华人民共和国农业部．2006.NY/T 1248.2—2006：玉米抗病虫性鉴定技术
规范第 2 部分：玉米抗小斑病鉴定技术规范．北京：中国农业出版社．

中华人民共和国农业部．2006.NY/T 1248.5—2006：玉米抗病虫性鉴定技术
规范第 5 部分：玉米抗玉米螟鉴定技术规范．北京：中国农业出版社．

中华人民共和国农业部．2007.农业部 953 号公告—10.1—2007：转基因植物及
其产品环境安全检测：抗虫玉米第 1 部分：抗虫性．北京：中国农业出版社．

中华人民共和国农业部．2016.NY/T 1248.6—2016：玉米抗病虫性鉴定技术
规范第 6 部分：腐霉茎腐病．北京：中国农业出版社．

中华人民共和国农业部．2016.NY/T 1248.8—2016：玉米抗病虫性鉴定技术
规范第 8 部分：镰孢穗腐病．北京：中国农业出版社．

中华人民共和国农业部．2016.NY/T 1248.10—2016：玉米抗病虫性鉴定技术
规范第 10 部分：弯孢叶斑病．北京：中国农业出版社．

中华人民共和国农业部．2016.NY/T 1248.12—2016：玉米抗病虫性鉴定技术
规范第 12 部分：瘤黑粉病．北京：中国农业出版社．

第4章 豫南夏玉米养分高效品种的利用

我国粮食作物生产在农业生产中占有重要地位。玉米作为一种多元化的粮食作物，随着畜牧业与加工业等产业的快速发展，已经成为国内产量第一的粮食作物。玉米被广泛应用于禽畜饲料、工业原料以及生物能源。河南省是我国主要的玉米生产区，其玉米产量对我国玉米产业发展和粮食安全有着重要意义。据统计，2019年河南省玉米种植面积为380.1万 hm^2，较2018年下降11.76万 hm^2 左右，下降幅度3.0%；总产量224.8亿 kg，较2018年减少了10.4亿 kg，下降幅度是4.4%，但玉米产量仍占河南粮食总产量的33.6%（国家统计局，2020）。目前，在耕地面积有限的情况下，满足玉米持续增长需求的唯一途径是提高单产，而改良玉米品种和优化栽培技术，是提高玉米产量的重要措施。其中，选用养分高效品种，是提高养分利用效率、节约矿质营养资源、减少环境污染的一种有效途径。

4.1 夏玉米养分利用评价方法

夏玉米不同品种对养分供应的响应程度不一致，如对氮、磷、钾及其他养分的利用存在基因型差异。夏玉米养分利用评价方法的研究，对于筛选养分高效品种有着重要的意义。

4.1.1 夏玉米氮素利用的评价方法

氮素是作物生长发育所必需的最主要营养元素，是植物生长发育和作物产量最重要的限制因素，对农产品品质改善也具有较大的影响。施用氮肥是增加作物产量和改善品质的重要农艺措施之一，在我国农业生产中发挥了举足轻重的作用（刘辉等，2006；李梁等，2012）。

不同基因型玉米对氮素的利用效率存在一定的差异。一般来说，氮效率是指介质中单位有效氮所生产的籽粒产量或生物学产量。目前比较认可的说法是 Moll 等（1982）的氮效率理论，他把氮效率分为两个方面：一方面是指作为在同等供氮条件下吸收氮素量的大小；另一方面是指作物对已经吸收到氮素的利用程度，也就是单位吸收氮素所产生干物质的多少。将前者定义为氮素吸收效率，后者定义为氮素利用效率，即氮吸收效率＝植株总吸收氮量/总供氮量；氮利用效率＝籽粒产量/植株总吸收氮量，而氮效率＝籽粒产量/总供氮量＝氮吸收效率×氮利用效率。并且他还通过研究后得出，低氮条件下，氮效率的差异主要是由于氮利用效率不同引起的；高氮条件下，氮效率的差异主要是由氮吸收效率引起的。氮吸收效率可以反映植株从土壤中获取氮素并积累的能力，氮利用效率可表示植株将吸收的氮转化为产量的能力。后人也对氮效率进行了较多的研究，由于研究的侧重点和目的不同，氮素利用指标较多，在植物营养界，除了氮吸收效率和氮利用效率外，氮肥偏生产力、氮肥农学利用率、氮肥表观利用率、土壤氮素依存率、氮肥生理效率、氮肥利用率和氮素转运效率等也可以表征氮素利用能力（余佳玲等，2014；刘鹏等，2017）。

选择压力是进行作物营养效率鉴定与评价的介质营养含量，因此最适选择压力的确定是作物营养效率鉴定与评价的关键技术。土壤有效养分含量过高或过低，都不能使不同基因型的基因潜势得到充分显现，不利于高效基因型的选择。在玉米氮高效或耐低氮筛选研究上，大多数是在大田不施氮或者低施氮和正常氮的条件下进行筛选和评价，而苗期的筛选，大多采用水培法进行。有研究认为，利用霍格兰营养液水培法苗期筛选低氮高效基因型玉米的最适选择压力氮浓度为 0.05 mmol/L（刁锐琦等，2008）。

　　同一作物的不同品种，对氮素利用的能力不同。在不同生育时期，不同品种对氮素营养的响应不一致，因此有必要明确在作物生长特定的生育时期进行筛选最为合适和准确。在筛选时期，作物氮素营养响应基本能代表整个生育期氮素特性，且指标变异系数要尽可能大，同时要求筛选时期的鉴定工作要尽量便捷高效。一般来说，产量是筛选和评价作物耐低氮性能的重要指标，所以通常情况下，作物氮高效能力的筛选时期为成熟期。通过比较成熟期低氮和正常氮下产量等指标的差异，进而分析其相对值大小，评价不同基因型对氮素胁迫的适应能力（陆瑞菊等，2011；李强等，2015；李强等，2015；徐红卫等，2015）。作物苗期的氮素营养特征与整个生育期有一定的相似性，加上苗期鉴定耗时短、操作方便和受环境影响小，因此，也有人认为氮高效或耐低氮品种的筛选应该在苗期（张楚等，2017）。总之，作物氮高效性能的鉴定时期大多选在作物成熟期或苗期进行。

　　不同作物或同一作物不同基因型对氮素的敏感性不一致，同一性状或生理指标的氮素响应也不尽相同。因此，须选用特定的指标进行耐低氮品种的筛选和评价。氮效率的评价指标相对比较集中，主要为产量指标和氮营养指标。如对于除产量外，物质的生产特性、氮素吸收量、植株氮浓度及氮素利用效率、农学利用效率、生理利用效率均可作为氮素效率的评价指标（叶全宝，2005；张亚丽，2006）。另外，生物积累量、根系参数、生育后期功能叶片和茎秆的硝酸还原酶（NR）和谷氨酰胺合成酶（GS）活性等也可以作为筛选水稻高效品种的主要指标（张耀鸿，2006；樊剑波，2008；宋智勇，2011；叶利庭等，2011；李翔宇，2016）。对于玉米苗期生长来说，木质部伤流液中氨基酸浓度、氨基酸/硝态氮可以作为前期评价指标，根系重要参数如根长、根表面积、总根长、平均根长、根/地上部氮和根系生物量及穗部指标如单株粒重、穗行数等是评价玉米氮效率的重要指标，玉米生理生化指标如叶面积、叶片衰老速率、穗位叶叶绿素含量、株高、开花吐丝时间间隔、功能叶片硝酸还原酶和谷氨酰胺合成酶活性等，也是筛选氮高效玉米品种的重要指标（王进军和黄瑞冬，2005）。

目前，对夏玉米氮高效的评价方法较为常见的是集中测定植株的各项生长生理指标，通过综合模糊评判（模糊隶属函数法）或主成分分析法，逐步回归分析法建立最优回归方程，筛选得出主要的评价指标，进而根据综合值或主要因素对不同基因型进行聚类分析（罗延宏，2012；胡标林等，2015；马建华等，2015）。

4.1.2 夏玉米磷素利用的评价方法

磷是植物生长发育不可缺少的营养元素之一，既是构成作物体内重要有机化合物的组成成分，同时又以多种方式参与作物体内的生理过程，对作物生长发育、生理代谢、产量与品质都起着重要作用。植物磷营养的高效基因型是指与标准或一般基因型相比，在磷营养供应不足时产生更多的生物量或产量的基因型。而植物磷营养的专一性高效基因型是指在缺磷时某一基因型植物在其适应缺磷胁迫的专一性机制作用下，获得高于一般基因型的平均生长量或产量的基因型。植物磷营养效率基因型差异不仅表现在植物吸收磷，而且表现在植物体内磷的利用方面。富磷土壤上磷高效与磷低效品种玉米干物质产量相近，但缺磷条件下磷高效品种干物质产量高于磷低效品种（姚启伦，2008）。玉米早熟品种通常比晚熟品种吸收积累更多的磷，但晚熟品种的磷利用效率高于早熟品种（李志刚等，2002）。

在评价夏玉米磷素利用效率方面，目前仍无统一的标准。王晓慧等（2014）利用盆栽试验，研究了40个不同熟期的玉米品种，最终依据磷素籽粒生产效率划分不同玉米品种的磷效率类型，研究还发现，较高粒重和磷素干物质生产效率是磷高效型品种的基本特征。低磷条件下，磷高效玉米品种生物量大是由于具有较大的根冠比，木质部中更大比例的磷被分配到上部新生叶，以及其具有较高的磷吸收和利用效率（袁硕，2010）。利用不同甜玉米品种不施磷和施磷处理的相对干物质重、相对含磷量和相对磷积累量 3 个指标进行综合指数分析，将甜玉米品种划分为不同的磷效率品种（贺囡囡，2010），还发现拔节期和抽穗期缺磷对磷低效甜玉米品种的影响明显高于磷高效品种。缺磷对磷低效品种含氮量、含钾量、氮积累量和钾积累量的影响明显高于磷高效品种。低磷影响甜玉米的生长，使甜玉米在不同时期的株高、茎粗、地上部干重等农艺性状均低于供磷处理。华瑞等（2009）则发现，利用苗期整株磷累积量来评价不同基因型的磷效率最为合适。根系形态、根干重和元素吸收累积分配以及叶片色素和形态在不同磷效率品种下也有显著差异（陈俊意等，2009）。除了植株生物量、吸磷量、根系形态等，生理指标如叶片丙二醛、脯氨酸、可溶性蛋白含量，SOD、POD、CAT 活性，APase 活性等也是评价磷效率的重要指标（张瑞敏，2008）。也有人以籽粒产量、苗期干物质重和吸磷量以及叶片酸性磷酸酯酶活性等指标，系统筛选磷高效品种（姚启伦，2008），另外，从代谢组学和蛋白质组学分析的角度，也可以筛选磷高效品种。总之，以产量为基础，以根系形态、植株干物质重、磷吸收和累积量以及叶片磷代谢生理指标为辅助，可以准确筛选夏玉米磷高效品种。

4.1.3 夏玉米钾素利用的评价方法

钾是玉米必需的大量营养元素之一，在植物体内集中分布在细胞液内，在植物的整个代谢过程中起着重要作用，可以活化植物体中的酶，促进新陈代谢，增强保水吸水能力，提高光合作用与光合产物的运转能力，还可以提高作物抗旱、抗病、抗寒、抗盐碱和抗倒伏能力，进而提高产量（张立新等，2007；张水清等，2014；郭艳青，2016）。

不同作物对钾素的利用效率不同，同一作物不同基因型间的钾素利用效率也不同。评价和筛选钾高效玉米基因型品种的方法有很多，其中目前最主要的方法包括水培、砂培、土培和大田试验法（徐顺莉，2013）。具体来说，水培、砂培、土培和大田试验法各有优缺点。土培是在土壤环境中进行的筛选，可以较为真实地反映植株在土壤中的表现，但土壤环境复杂，干扰因素较多，筛选效果有时不太理想，尤其是对于某一营养组分的研究，土壤中存在的其他组分往往会产生干扰作用而使问题复杂化。另外，土壤试验法也不利于观察植物的根系生长和进行生理生化特性的测定。砂培法可以将培养介质的化学状况简化集中到某一营养组分上，但其不足之处在于介质的化学缓冲能力较差。营养液水培法简单、快捷，并可以实现"等量胁迫"，便于准确测定植物对某一胁迫的形态和生理生化反应，判断其受环境影响和受遗传因素影响的相对大小，从而确定其是具有一般的适应性还是特异的适应性。大田试验法虽然与实际情况最相符，但耗时长、工作量大，不能满足快速大批量、高效筛选的要求。因此，目前多采用水培结合土培和大田试验的方法（刘举，2015）。

钾是植物必需的矿质营养元素之一，在植物生长、代谢、酶活性调节和渗透调节中发挥重要作用，参与植物体内一系列的生理生化反应。因此，产量及其构成因素是评价钾素利用效率最主要的指标，玉米产量随施钾量呈单峰变化，施钾过多会造成钾素外排，导致利用率下降和产量下降，过少则不能满足玉米生长需要，导致产量下降（温利利，2012）。在沙质潮土区，施用钾肥能显著增加百粒重和穗粒数，有明显增收效果，产量随施钾量的增加而增加（王宜伦等，2010）。棕壤地区，高产夏玉米产量、钾素农学利用率和钾素回收率随施钾量的增加先升高后逐渐降低，试验地土壤肥力条件下，施钾量达到 240 kg/hm² 水平产量最高。草甸黑土上玉米钾素试验表明，在一定范围内随施钾量的增加玉米产量显著增加，当钾肥用量超过一定水平，玉米产量则出现明显下降，适宜的施钾范围为 90～150 kg/hm²（曹玉军等，2011；赵福成等，2013）。佟玉欣等（2010）在黑钙土上研究发现，在一定范围内施用钾肥可显著提高玉米籽粒产量，随着施钾量增加，籽粒产量没有进一步提高。

一般认为，玉米对钾的吸收呈单峰变化，吸收高峰因土壤肥力和气候条件等因素不同而存在差异，高产田和常规田玉米对钾的吸收高峰均出现在大喇叭口—吐丝期，低产田峰值则提前至拔节—大喇叭口期，植株对钾素的吸收和分配是评价钾素利用最直观的指标。在拔节期以前玉米生物量小，吸钾量少，拔节期以后植株生长旺盛，需要大量的钾素来满足植株生长的需要，表现为吸钾量急剧增加，吸钾量上升趋势一直保持到成熟期（王宜伦等，2009；刘会玲等，2010；郭艳青等，2016）。钾肥用量的增加可不同程度提高钾素在玉米秸秆、籽粒以及整个植株中的含量，其中秸秆钾素受钾肥的施用影响较大，籽粒受影响较小；钾在秸秆中的含量远高于籽粒（刘英等，2005；谭德水等，2009）。施肥能明显促进玉米产量及干物质重的增加，李文娟等（2009）研究了钾素营养对玉米生育后期干物质和养分积累与转运的影响，发现随着施钾量的增加，玉米生育后期干物质积累的最大速率和平均速率提高，最大速率出现时间提前，玉米干物质在各器官中的分配比例随生长发育中心的转移而变化（杨利华等，2006；丁亨虎等，2019）。钾素利用效率指标反映钾素对作物生物量和籽粒产量的贡献，农学利用率、吸收利用率和肥料的偏生产力是表示养分利用率的常用指标，施用钾肥对玉米养分吸收利用也有着重要的影响，但施钾量和施用方式不同，作物对养分的吸收利用情况也不同。缺钾的玉米叶片净 CO_2 吸收下降与气孔阻力上升密切相关，并认为钾对光合速率的影响主要可能归咎于气孔的关闭（王宜伦等，2009）。在低钾胁迫下，玉米光合面积减少，光合速率、气孔导度和蒸腾速率均下降（张立新和李生秀，2009）。施用钾肥对玉米果穗叶片的叶绿素含量、光合强度和玉米籽粒灌浆及产量均有明显的促进作用（张立新和李生秀，2007；谢迎新等，2016）。另外，碳氮代谢关键酶活也是评价钾素利用的重要指标（张立新和李生秀，2007；郭艳青，2016）。

4.1.4　夏玉米其他元素利用的评价方法

除此以外，不同基因型夏玉米对其他元素的吸收利用能力也不一致。不同基因型对其他元素的吸收和分配规律存在明显的差异。一般来说，以该元素在夏玉米植株体内累积量为指标，来评价夏玉米对该元素利用情况（朱林波等，2013）。周希琴等（2005）研究铬胁迫不同品种玉米幼苗时，发现玉米幼苗植株吸收铬的量随Cr^{3+}胁迫浓度的增加而增加，并在高浓度胁迫下有富集现象，各品种间富集能力存在差异。有研究表明，玉米营养体吸收 Pb 的能力品种间差异较大，在 Pb 胁迫条件下，25 个品种根中 Pb 含量最高的品种比最低的品种高 4 倍多，在茎叶中则高 3 倍多。单植株营养体吸收 Pb 量最大的品种比最小的品种高 2 倍多（周艳等，2020；汪怡等，2020）。

4.2　豫南夏玉米主要品种的养分利用效率

研究发现，豫南夏玉米生长季近 30 年 6—9 月总积温为 2 809.8～3 174.4℃，平均积温为 3 054.0℃，平均降水量为 622.8 mm，玉米生长季日照总数为 428.0～725.0 h，平均日照时数为 572.0 h。与豫北区相比，豫南地区气候条件能够完全满足夏玉米生长发育的需要。气象要素时空分布与玉米生育阶段的需要偶有不相吻合时会影响其产量，洪涝、渍害和灌浆期的光照不足是玉米高产的主要限制因子。光、温和水在豫南地区玉米高产中的限制作用由大到小依次为降水、光照和温度。选择适合的品种、适宜的播期和优化的栽培管理措施等能够应对不利气候条件，尤其是采用抗病抗虫、抗逆性强、光合生产率高的新品种，提高在不利气候条件下的玉米生长和生产效率，是提高豫南地区玉米单产的可行对策（王成业等，2010；贺建峰等，2010）。

　　针对河南省土壤养分状况，易玉林等（2012）利用测土配方施肥数据，对全省 95 个县 40 多万个土壤样品分析表明，全省土壤平均有机质、全氮含量为 15.98 g/kg 和 0.96 g/kg，土壤平均有效磷、速效钾和缓效钾含量分别为 17.37 mg/kg、121.91 mg/kg 和 676.41 mg/kg，土壤平均有效铁、有效锰、有效铜、有效锌和水溶性硼含量分别为 11.23 mg/kg、16.47 mg/kg、1.49 mg/kg、1.38 mg/kg 和 0.64 mg/kg。省内各地土壤养分含量差异较大，其中豫南地区土壤平均有机质、全氮、有效磷、速效钾、有效锰、有效铜、有效锌、有效硼和有效铁含量分别为 15.20 g/kg、0.97 g/kg、17.69 mg/kg、107.70 mg/kg、23.98 mg/kg、1.80 mg/kg、1.22 mg/kg、0.66 mg/kg 和 22.58 mg/kg，各指标在河南土壤养分指标的分级标准中分别处于中、中、中、中、较高、高、较高、中和高水平。沈云亭等（2019）在河南花生种植区采集了 122 个土壤样品，分析测定各养分指标后也发现，豫南地区土壤平均有机质含量为 17.15 g/kg，全氮含量为 1.18 g/kg，有效磷和速效钾含量分别为 53.89 mg/kg 和 125.13 mg/kg，另外还发现有效硫、有效铁和有效锌含量分别为 74.33 mg/kg、178.00 mg/kg 和 0.78 mg/kg，除有效锌含量略低于全省平均水平外，其他各指标均高于全省平均值。这表明在河南省内，豫南地区土壤养分含量相对较高，作物在高地力条件下，对养分的吸收利用较高，产量存在明显的优势。

　　彭雪松等（2012）通过对 2005—2009 年布置在河南 71 个项目县（市）的 873 个"3414"田间试验数据（小麦 489 个、玉米 384 个）和 1 629 个三区示范试验数据（小麦 920 个、玉米 709 个）的分析，结合 1991—2011 年河南省统计年鉴资料，总结了河南农户施肥现状及化肥在小麦、玉米上的应用效果。结果发现，农户偏施氮肥且用量较高，其中豫南玉米氮、钾肥施用量处于全省中等水平，磷肥施用量处于全省中等偏上水平。豫南玉米区氮、磷、钾肥的增产率平均分别为 33.3％、13.7％和 9.3％，施肥效益表现为氮肥＞磷肥＞钾肥，但氮、磷、钾肥效益，农学效率和偏生产力在全省的优势不明显。而豫南玉米区氮、钾肥当季利用率最高，平均分别为 33.5％和 43.1％。针对多年的研究结果发现，豫南玉米区的氮、磷、钾肥经济最佳用量平均分别为 187 kg/hm^2、77 kg/hm^2 和 66 kg/hm^2。

　　豫南夏玉米品种较多，近些年品种更替较快，但大多为高产品种，不同基因型的养分利用效率不一致。王永华等（2017）在河南省周口市商水县典型的砂姜黑土区研究周年不同氮磷钾配施对麦玉轮作体系产量及养分利用效率的影响时发现，夏玉米郑单958 的养分利用效率较高。其中，夏玉米地上部总氮含量在 125.4～208.9 kg/hm^2，氮肥偏生产力为 31.8～46.6 kg/kg，氮素吸收效率为 0.5～0.9 kg/kg，氮素利用效率为 50.4～73.8 kg/kg，而氮素收获指数高达 0.5～0.7；地上部总磷含量在 27.3～66.8 kg/hm^2，磷肥偏生产力为 128.0～136.2 kg/kg，磷素吸收效率为 0.4～0.9 kg/kg，磷素利用效率为 141.3～291.6 kg/kg，磷素收获指数高达 0.5～0.9；地上部钾素含量在 124.5～169.2 kg/hm^2，钾肥偏生产力为 50.2～97.3 kg/kg，钾素吸收效率为 0.7～1.6 kg/kg，钾素利用效率为 58.6～74.7 kg/kg，钾素收获指数为 0.2～0.3。在河南省方城县赵河镇现代农业示范园区内，秦文等（2017）研究腐殖酸液肥与氮肥配施对夏玉米产量和氮肥利用效率时发现，农华 101 的产量最高达 9 101 kg/hm^2，氮肥农学效率在 8.12～10.70 kg/kg，氮肥回收效率在 22.5％～29.7％，氮肥生理效率在 33.9～36.2 kg/kg。在河南省南阳市方城县赵河镇袁庄村，张海红（2015）发现，先玉 335 植株中氮素积累量在 172.79～190.22 kg/hm^2，籽粒氮积累量在 120.06～159.60 kg/hm^2，氮收获指数在 0.65～0.81，氮肥偏生产力为 10.20～48.55 kg/hm^2；郑单 958 氮素积累量在 151.75～189.14 kg/hm^2，籽粒氮积累量在 104.76～155.67 kg/hm^2，氮收获指数在 0.63～0.82，氮肥偏生产力为 36.07～44.56 kg/kg；新单 512-4 植株中氮素积累量为 116.89～146.51 kg/hm^2，籽粒氮积累量在 79.98～106.40 kg/hm^2，氮收获指数在 0.62～0.79，氮肥偏生产力为 39.04～46.36 kg/kg。先玉 335 植株中磷素积累量在 52.46～67.36 kg/hm^2，磷收获指数在 0.41～0.55；郑单 958 磷素积累量在 56.42～67.85 kg/hm^2，磷收获指数在 0.39～0.51；新单 512-4 植株中磷素积累量为 51.20～68.49 kg/hm^2，磷收获指数在 0.39～0.49。先玉 335 植株中钾素积累量在 126.14～136.83 kg/hm^2，钾收获指数在 0.23～0.30；郑单 958 钾素积累量在 114.24～126.40 kg/hm^2，钾收获指数在 0.20～0.33；新单 512-4 植株中钾素积累量为 96.01～116.89 kg/hm^2，钾收获指数在 0.24～0.37。

综上，豫南夏玉米区的养分利用效率一般较高，这与养分高效品种的选用有关。养分高效品种的选用，对于豫南地区甚至河南省和黄淮海地区玉米栽培的高产、高效和优质生产有着重要意义。

参考文献

曹玉军，赵宏伟，王晓慧，等.2011.施钾对甜玉米产量、品质及蔗糖代谢的影响.植物营养与肥料学报，17（4）：881-887.

陈俊意，蔡一林，徐莉，等.2009.低磷胁迫对玉米叶片色素和形态的影响.中国生态农业学报，17（1）：125-129.

刁锐琦，钱晓刚.2008.利用水培筛选玉米氮高效种质资源的研究.种子（4）：28-30.

丁亨虎，吴家琼，伍良春，等.2019.汉江洲滩平地夏玉米氮、磷、钾吸收分

配与利用效率分析 . 湖北农业科学，58（13）：48-55.

樊剑波 . 2008. 不同氮效率基因型水稻氮素吸收和根系特征研究 . 南京：南京农业大学.

郭艳青，朱玉玲，刘凯，等 . 2016. 水钾互作对高产夏玉米茎秆结构和功能的影响 . 应用生态学报，27（1）：143-149.

郭艳青 . 2016. 水钾互作对高产夏玉米产量和钾素利用的影响 . 泰安：山东农业大学.

贺囡囡 . 2010. 磷高效甜玉米品种筛选及营养差异性研究 . 湛江：广东海洋大学.

胡标林，李霞，万勇，等 . 2015. 东乡野生稻 BILs 群体耐低氮性表型性状指标筛选及其综合评价 . 应用生态学报，26（8）：2346-2352.

华瑞，沈玉芳，李世清，等 . 2009. 小麦/玉米苗期磷累积量对介质供磷水平反应的差异 . 中国生态农业学报，17（3）：429-435.

李坤朋，许长征，李朝霞，等 . 2007. 不同低磷耐受性玉米的根系比较蛋白质组学分析揭示了植物磷效率相关的根系特征 . 广州：中国细胞生物学学会第九次会员代表大会暨青年学术大会.

李坤朋 . 2007. 不同基因型玉米对磷胁迫的反应及根系蛋白质组学研究 . 济南：山东大学.

李强，罗延宏，余东海，等 . 2015. 低氮胁迫对耐低氮玉米品种苗期光合及叶绿素荧光特性的影响 . 植物营养与肥料学报，21（5）：1132-1141.

李强，马晓君，程秋博，等 . 2015. 氮肥对不同耐低氮性玉米品种干物质及氮素积累与分配的影响 . 浙江大学学报（农业与生命科学版），41（5）：527-536.

李文娟，何萍，金继运 . 2009. 钾素营养对玉米生育后期干物质和养分积累与转运的影响 . 植物营养与肥料学报，15（4）：799-807.

李翔宇 . 2016. 水稻氮素高效利用材料的筛选 . 南京：南京农业大学.

李志刚，谢甫绨，宋书宏，等 . 2002. 作物不同基因型的磷素营养研究进展 . 内蒙古民族大学学报（自然科学版），17（4）：307-312.

刘会玲，崔江慧，许皞 . 2010. 小麦-玉米轮作周期内土壤钾素与作物吸收钾动态变化研究 . 土壤通报，41（6）：1440-1443.

刘举.2015.高产夏玉米施钾抗倒增产效应及其机理研究.郑州:河南农业大学.

刘英,王允青,孙秀伦.2005.玉米对钾、氮的吸收特性与施肥效应研究.土壤肥料(6):36-38.

陆瑞菊,陈志伟,何婷,等.2011.大麦单倍体细胞水平与植株水平耐低氮性的关系.麦类作物学报,31(2):292-296.

罗延宏.2012.玉米苗期耐低氮品种的筛选及其生理机制的初步研究.雅安:四川农业大学.

马建华,孙毅,王玉国,等.2015.不同氮浓度对高粱幼苗形态及生理特征的影响.华北农学报,30(1):233-238.

秦文,韩燕来,张毅博,等.2017.减氮增施腐殖酸液肥对夏玉米产量和氮肥利用率的影响.河南农业科学,46(4):21-25.

宋智勇.2011.水稻微核心种质资源N,P利用效率的筛选与评价.武汉:华中农业大学.

谭德水,金继运,黄绍文,等.2009.长期施钾对玉米连作土壤-作物系统钾素特征的影响.土壤通报,40(6):1376-1380.

佟玉欣,李玉影,刘双全,等.2010.钾肥不同施用量对玉米产量和效益及钾素平衡的影响.黑龙江农业科学(11):45-48.

汪怡,李莉,宋豆豆,等.2020.玉米秸秆改性生物炭对铜、铅离子的吸附特性.农业环境科学学报,39(6):1303-1313.

王进军,黄瑞冬.2005.玉米氮效率及其研究进展.玉米科学,13(1):89-92.

王晓慧,曹玉军,魏雯雯,等.2014.我国北方40个高产春玉米品种的磷素利用特性.扬州:2014年全国青年作物栽培与生理学术研讨会.

王宜伦,李祥剑,张许,等.2010.豫东平原夏玉米平衡施钾效应研究.河南农业科学(4):39-42.

王宜伦,谭金芳,韩燕来,等.2009.不同施钾量对潮土夏玉米产量、钾素积累及钾肥效率的影响.西南农业学报,22(1):110-113.

王永华,黄源,辛明华,等.2017.周年氮磷钾配施模式对砂姜黑土麦玉轮作体系籽粒产量和养分利用效率的影响.中国农业科学,50(6):1031-1046.

温利利.2012. 夏玉米水、氮、钾耦合效应的量化指标研究. 保定：河北农业大学.

谢迎新，靳海洋，李梦达，等.2016. 周年耕作方式对砂姜黑土农田土壤养分及作物产量的影响. 作物学报，42（10）：1560-1568.

徐红卫，陆瑞菊，刘成洪，等.2015. 源于大麦 F_1 小孢子氮胁迫培养自交一代的耐低氮性评价. 麦类作物学报，35（12）：1646-1652.

徐顺莉.2013. 耐低钾切花菊品种筛选及其耐性生理机理研究. 南京：南京农业大学.

杨利华，马瑞崑，张丽华，等.2006. 冬小麦、夏玉米品种搭配及氮磷钾统筹施肥技术研究. 河北农业大学学报，29（4）：1-5.

姚启伦.2008. 西南部分玉米地方种质资源的遗传多样性分析. 成都：四川农业大学.

叶利庭，吕华军，宋文静，等.2011. 不同氮效率水稻生育后期氮代谢酶活性的变化特征. 土壤学报，48（1）：132-140.

叶全宝.2005. 不同水稻基因型对氮肥反应的差异及氮素利用效率的研究. 扬州：扬州大学.

袁硕.2010. 不同基因型玉米对磷素高效吸收和利用机理研究. 保定：河北农业大学.

张楚，张永清，路之娟，等.2017. 低氮胁迫对不同苦荞品种苗期生长和根系生理特征的影响. 西北植物学报，37（7）：1331-1339.

张海红.2015. 行距配置对黄淮南部夏玉米群体资源利用效率的影响. 郑州：河南农业大学.

张立新，李生秀.2007. 氮、钾、甜菜碱对水分胁迫下夏玉米叶片膜脂过氧化和保护酶活性的影响. 作物学报，33（3）：482-490.

张立新，李生秀.2007. 水分胁迫下氮、钾对不同基因型夏玉米氮代谢的影响. 植物营养与肥料学报，13（4）：554-560.

张立新，李生秀.2009. 长期水分胁迫下氮、钾对夏玉米叶片光合特性的影响. 植物营养与肥料学报，15（1）：82-90.

张瑞敏.2008. 玉米磷营养高效利用的生理机制研究. 重庆：西南大学.

张水清，黄绍敏，聂胜委，等.2014. 长期定位施肥对夏玉米钾素吸收及土壤钾素动态变化的影响. 植物营养与肥料学报, 20 (1): 56-63.

张亚丽. 2006. 水稻氮效率基因型差异评价与氮高效机理研究. 南京: 南京农业大学.

张耀鸿. 2006. 不同水稻基因型氮效率差异的生理机制研究. 南京: 南京农业大学.

赵福成, 景立权, 闫发宝, 等. 2013. 施氮量对甜玉米产量、品质和蔗糖代谢酶活性的影响. 植物营养与肥料学报, 19 (1): 45-53.

周希琴, 吉前华. 2005. 铬胁迫对不同玉米品种种子萌发生理生态的影响. 湖北农业科学, (4): 41-45.

周希琴, 吉前华. 2005. 铬胁迫下不同品种玉米种子和幼苗的反应及其与铬积累的关系. 生态学杂志, 24 (9): 1048-1052.

周艳, 万金忠, 李群, 等. 2020. 铅锌矿区玉米中重金属污染特征及健康风险评价. 环境科学, 41 (10): 1-16.

朱林波, 李敬伟, 湛方栋, 等. 2013. 施用多效唑对玉米幼苗生长及重金属吸收的影响. 南京: 第五届全国农业环境科学学术研讨会.

Moll R H, Kamprath E J, Jackson W A. 1982. Analysis and interpretation of factors which contribute to efficiency of nitrogen utilization. Agronomy Journal, 74 (3): 562-564.

第5章 夏玉米化肥减施增效途径及应用

5.1 秸秆还田

长期以来，我国作物秸秆并没有得到充分合理的利用，且随着农业生产和农村能源事业的不断发展，秸秆资源剩余量逐渐增加，大量秸秆被丢弃、焚烧，不仅浪费资源，还污染环境、引起土壤结构恶化和温室气体排放增加等问题。近年来，我国政府大力推进秸秆资源化综合利用，其中秸秆还田利用的比重增长最快。因地制宜发挥各种利用方式下的秸秆资源养分还田潜力，能够有效替代部分化肥用量，发展循环农业，实现农业可持续发展。

5.1.1 秸秆还田对土壤结构及养分的影响

作物秸秆作为农业生产经营的副产品，产量高、分布广、品种丰富，一直是我国农村地区和农业生产的宝贵资源。我国主要作物秸秆年产量均在7亿t以上，这些秸秆约含碳3亿t、氮700万t、磷100万t、钾900万t以及微量元素和有机物质等，是重要的有机肥资源（张经廷等，2018）。还田后的秸秆在土壤微生物作用下发生腐解，释放有机质和矿质养分，增加土壤养分，提高农田养分利用效率，改善土壤质量，协调土壤水、肥、气、热，达到增加作物产量的作用；同时减少焚烧、丢弃秸秆出现的资源浪费和环境污染等问题，以及解决农业生态系统中氮肥引发的污染问题等。

5.1.1.1 秸秆还田对土壤结构的影响

土壤结构、微生态环境和理化特性显著影响土壤水分和养分的转化与循环，而不同秸秆还田模式可以改善土壤耕层结构和质量，为作物生长发育创造适宜的土壤生态环境，有利于确保作物持续高产和稳产。秸秆还田结合深翻处理较连续旋耕显著提高土壤大于0.25 mm的机械稳定性团聚体含量。团聚体几何平均直径明显提高，主要是因为秸秆还田后产生大量腐殖酸类物质，促进土壤黏粒形成微团聚体，微团聚体形成大团聚体，而团聚体的数量及大小反映了土壤供储养分、持水性、通透性等能力的高低。水稻土的研究表明，长期施用化肥和稻草可提高耕层土壤 $2\sim5$ mm 和 $0.5\sim2$ mm水稳性团聚体含量（Stewart，2007）；华北平原的研究发现，秸秆还田显著提升了棕壤土土壤水稳性团聚体的稳定性作用（Wang，2013）。

秸秆还田能降低土壤容重且降低幅度随秸秆用量的增加而提高。秸秆还田主要从三个方面改良土壤、降低土壤容重：第一，作物秸秆是一种低容重（≈23 g/L）的天然有机材料，施入土壤中能够增加土壤孔隙度，从而降低土壤容重；切碎秸秆较秸秆颗粒更易降低土壤容重，是因为切碎秸秆体积较大，易与土壤颗粒之间形成大孔隙。第二，秸秆在土壤中腐解产生的腐殖酸类有机分子与土壤中原有的有机、无机分子相螯合，形成有机无机复合体，调控了土壤团粒结构的形成，间接影响土壤三相比。第三，秸秆还田时机械耕翻搅动对土壤起到直接疏松作用，也是引起土壤紧实度降低的重要原因。

秸秆深翻埋还田主要是增加了土壤 $0\sim10$ cm 总孔隙度，尤其是土壤总孔隙度中的非毛管孔隙度。秸秆深翻埋处理一方面通过增加 $0\sim10$ cm 土壤的非毛管孔隙度，增加土壤中重力水的下渗速度；另一方面将秸秆埋藏于土壤犁底层处，能够显著改善耕层下部的土壤物理状况，减少由于土壤毛管孔隙而引起的土壤深层水分蒸发，提高了土壤下层的蓄水能力。在改善土壤气体交换条件的同时又有蓄水保墒的效果，减少由于降雨而产生的地表径流对土壤表层的冲刷作用，减少水土流失。王秋菊等（2009）研究发现，耕层还田和秸秆集条深还均可显著增加土壤总孔隙度。耕层还田通过改善 0~20 cm 土层孔隙分布提高土壤的通气性和透水性；秸秆集条深还将秸秆翻埋到深层土壤中，提高深层土壤大孔隙，降低小孔隙，在干旱时期可以降低毛管上升水到地表，抑制土壤水分蒸发，具有保墒和提高土壤抗旱能力的作用；并且秸秆连续集条深还通过连年深翻，增加了土壤有效孔隙量，能提高土壤对秋季降水或冬季融雪的储存量，提高土壤有效水分量。陈帅（2019）认为，免耕秸秆还田处理的总孔隙度小于传统耕作处理，秸秆深翻埋还田处理的总孔隙度大于传统耕作处理；相对于免耕秸秆直接还田处理，传统耕作处理的毛管孔隙度显著增加，说明传统耕作对土壤孔隙结构的影响主要是增加了土壤毛管孔隙度，即加强了土壤的蓄水能力；但由于相对应的土壤非毛管孔隙减少，相当于减弱了土壤的渗水能力，增加了水土流失的潜在威胁，而免耕秸秆覆盖还田处理由于表面有秸秆覆盖，在减弱雨滴对土壤击拍作用的同时，可阻碍地表径流形成。

5.1.1.2 秸秆还田对土壤养分的影响

土壤养分是土壤生态系统重要的组成部分和土壤基础肥力的重要物质基础，是土壤理化性状和生物学特性的综合反映，直接影响到土壤或土地生产力，也是各种作物生长所需营养元素的基本来源。作物秸秆本身所含有的营养元素会在土壤—作物—土壤的循环利用转化中，不断释放一些可以分解土壤中矿物质的小分子有机酸，增加土壤中养分的有效性，并参与到土壤生态系统的物质循环过程中，补充土壤中损失的养分，最终使得土壤养分显著增加。

土壤中的氮素是作物生长所不可缺少的重要营养元素，其含量可作为影响作物产量增加的一项重要指标。农田中连续秸秆还田可提高土壤中氮素的矿化作用和氮素的利用效率。还田秸秆主要通过腐解作用释放大量氮素，从而提高土壤微生物氮和有机质含量，使得土壤吸附和固持更多的 NH_4^+，提高土壤氮的矿化以及供氮能力。李玮等（2015）研究认为，秸秆还田可提高 0～20 cm 土层氮素积累，秸秆还田条件下增施氮肥可提高 0～40 cm 土壤氮素积累。刘单卿（2018）则发现，秸秆还田处理促进自生固氮菌的生长，表明秸秆还田不仅为自生固氮菌提供碳源，而且还可以提供良好的生长环境。

还田秸秆会激活微生物群落，对于维持并稳定土壤中磷素的循环和土壤肥力有着重要的作用。有学者认为，秸秆还田能够显著提高土壤中的全磷含量，降低有效磷含量。主要是还田秸秆向土壤中所释放的磷素多被土壤微生物固定后，转化成不易被作物吸收的形态。但也有研究认为，还田秸秆通过增强微生物活性和代谢强度，增大对磷素的固定能力，有利于土壤有效磷的释放。劳秀荣等（2003）认为，增加秸秆还田量同时增加了土壤有效磷含量；而谢林花等（2004）认为随着秸秆还田量的增多，0～20 cm 土层有效磷略微减少，而全磷含量有增加趋势；黄欣欣等（2016）认为随着秸秆还田量的增加，土壤全磷、无机磷和有效磷含量均增加，但处理之间差异不显著性。

有研究发现，秸秆还田后耕层土壤速效钾含量提高 2%～24%，秸秆腐解贡献了作物重新吸收钾素总量的 80%。Saha 等（2010）发现，经过 2 d 土壤微生物和酶的作用，作物秸秆中的钾离子有 90% 以上被释放至土壤中，并可供作物再次吸收利用，缓解土壤中钾素不断耗竭的状况。陈帅（2019）研究发现，免耕秸秆覆盖还田和秸秆深翻埋还田均可显著提高土壤全钾的含量。

土壤有机质（Soil organic matter，SOM）是土壤固相物质的重要组成部分，在土壤肥力、环境保护、农业可持续发展等方面都有重要的意义，而且土壤有机质对全球碳平衡起着重要作用，被认为是影响全球"温室效应"的关键因素。土壤有机碳（SOC）含量约占土壤有机质含量的 60%，是衡量土壤肥力的重要指标。丛萍等（2020）研究发现，黑土亚耕层施用 45 t/hm² 秸秆颗粒较施用

15 t/hm² 显著提高该耕层有机碳含量 2%～9.29%。秸秆颗粒还田后对土壤有机碳的增幅较高，一是水热条件较好的情况下，土壤颗粒很快膨散开，进而转化形成土壤有机碳；二是在有机质相对匮乏的土壤里，有机培肥的效果更显著。路文涛等（2011）研究发现，经过 3 年秸秆还田，0～20 cm 土层总有机碳含量较不还田对照提高 7%～23%，且随秸秆还田量增加土壤有机碳含量不断增加。秸秆还田对土壤溶解性有机碳（DOC）含量的增幅可达 47%～111%。

5.1.2 秸秆还田对玉米有害生物的影响

5.1.2.1 对土壤病害的影响

秸秆还田作为我国重要的增产技术，提高了土壤有机碳含量，对农业可持续发展起着重要作用。此外，秸秆还田同时为病原菌繁殖和存活创造了极为有利的生存条件。而过度秸秆还田会导致田间大量积累腐生性真菌，加重各种病害的发生。有研究者认为，玉米秸秆还田是将其所带病原菌直接还田，而且秸秆在土壤中释放营养物质，为病原菌提供了良好生活环境，更有利于土传病害的发生。吴景贵等（1998）研究发现，玉米秸秆还田后增加了土壤微生物数量，放线菌、真菌和细菌含量分别比秸秆未还田处理提高 47.8%、54.0%和 212.2%。胡迎春等（2010）发现，棉花秸秆还田会增加田间的带菌量；水稻秸秆还田后翌年田间稻瘟病、叶鞘腐病发生情况显著增加；玉米、小麦秸秆还田第 2 年玉米纹枯病、小麦纹枯病和小麦赤霉病的发生率增加。

秸秆还田对病害发生的影响与还田方式有极大关系，其中玉米秸秆覆盖还田病害发生较为严重，可能是覆盖还田使土壤透气性降低，湿度和温度增加，为病害的发生提供有利条件，翻压还田的病害发生率低于覆盖还田。翻压还田可以有效防止田间病害的交互侵染。研究发现，翻埋还田能有效防止纹枯病菌在小麦和玉米之间的交互侵染，而小麦赤霉病和水稻赤霉病之间的交互侵染也有效降低。

研究认为，秸秆腐解会向空气或土壤中挥发酚酸类物质，对周围植物或病害具有一定促进或抑制作用。齐永志等（2014）在玉米秸秆腐解液检测研究中发现含量最高的是邻羟基苯甲酸，其次是对羟基苯甲酸、4-羟基-3-甲氧基苯甲酸和 3,5-二甲氧基-4-羟基苯甲酸，而 3,5-二甲氧基-4-羟基苯甲酸能促进甜瓜枯萎病病原菌的孢子萌发和菌丝生长。刘一鸣等（2017）发现，低浓度对羟基苯甲酸能够促进蚕豆枯萎病的尖孢镰刀菌菌丝生长，且加重枯萎病的发生。赵子俊等（1995）认为，旱地玉米免耕秸秆覆盖使玉米黑粉病的危害减轻，加重了玉米丝黑穗病的危害；而胡颖慧等（2019）调查发现，秸秆还田加重了土传病害茎腐病的发生，且随还田年限增加逐年加重。也有研究认为，秸秆还田量控制在一定水平可有效降低土传病害的病情指数，主要是适量秸秆还田可使土壤中微生物种类及数量增加，扰乱土壤中病原体的生存环境，随着土壤生态环境的改善，作物对病原体的抵抗能力进一步提高，有效减少土传病害的发生（Bailey et al.，2003）；还田秸秆量过高时，由于大量秸秆不能及时腐解，为土传病菌的繁殖提供载体，同时适宜的水、温等生长环境加剧了病害的发生。不同的秸秆还田方式对土传病害的发生也具有不同影响。相较于秸秆深埋处理，秸秆还田免耕和旋耕处理使小麦根部病害的发生率和发病指数均显著升高，表明秸秆深埋处理相较于传统秸秆还田方式而言，对土传病害的发生具有更为有效的控制效果，且不受秸秆量的影响。

5.1.2.2 对土壤虫害的影响

随着免耕等保护性耕作的实施，秸秆留高茬和秸秆直接粉碎还田为一些害虫提供了适宜的越冬环境，为地下害虫提供了丰富的食物来源，导致翌年地下害虫的大暴发。研究发现，秸秆覆盖还田会使蛴螬、金针虫、地老虎等地下害虫的发生加重；而深翻可以有效降低地下害虫的发生密度，免耕地块和秸秆还田地块的蛴螬发生数量要多于翻耕地和秸秆移出地块。连续轮作和秸秆还田可以破坏虫卵、压低虫口基数。不同耕作深度和秸秆还田方式对棉铃虫和甜菜夜蛾等土中化蛹的害虫影响不同，深耕比浅耕更能有效减少一代害虫的虫源基数。秸秆还田对土壤动物群落分布有显著影响，秸秆腐烂过程中有大量的微生物参与，这为土壤中的动物提供了食物，同时秸秆还田后土壤缝隙增大利于土壤中动物的生存活动，使土壤中动物的种群密度和类群数量显著增加。梁志刚等（2017）调查发现，2年免耕秸秆覆盖田地下害虫危害率低于7%，3年升至11%左右，4年升至16%左右，而常规种植模式的危害率约4%，且随着秸秆还田年限的增加，地下害虫危害程度不断增加。胡颖慧等（2019）则发现，秸秆深翻还田第一年玉米螟危害比对照有所减轻，第二年危害加重；连作、连续秸秆还田均使玉米螟虫源基数逐年增加，危害程度逐年加重。赵子俊（1995）发现，玉米整秆覆盖还田后，金针虫、地老虎等地下害虫危害加重。

也有研究认为，秸秆还田对玉米螟有很好的防治效果，但不同秸秆还田方式对玉米螟的防治效果差异较大。不同耕作深度加秸秆还田能显著防治棉田玉米螟。秸秆粉碎还田过程中可以直接杀死秸秆中越冬的玉米螟幼虫，同时对机械收获切割线以下、在根茬中越冬的玉米螟幼虫造成一定的损伤，降低翌年虫源数量。杨宸（2019）比较了秸秆粉碎精耕、秸秆移出、留高茬、秸秆覆盖、秸秆碎混、秸秆翻埋6种秸秆还田方式处理前后的玉米螟越冬幼虫基数，发现秸秆处理后的越冬幼虫数量均显著减少，种群数量降低变幅为57.53%～93.66%，且秸秆粉碎精耕处理的亚洲玉米螟越冬幼虫极少存活。

5.1.2.3 对土壤草害的影响

秸秆还田能够明显改变作物和杂草间的生态关系，有效抑制杂草生长。陈浩等（2018）研究表明，秸秆全量还田可有效降低稻田

杂草密度、生物量和多样性。不同秸秆还田方式亦会影响田间杂草
的发生情况，相较于小麦秸秆全量深埋还田，秸秆全量覆盖还田和
浅耕还田对水稻田千金子、稗草、鸭舌草等杂草的抑制效果更佳，
可延缓杂草萌发和生长，减少其发生的数量。秸秆覆盖还田还能使
杂草在生育期内无显著的萌发高峰期，杂草数量显著低于秸秆旋耕
处理。尽管秸秆覆盖还田能达到较好的杂草控制效果，但其持续性
和稳定性较差。谢中卫（2015）调查发现，随着小麦秸秆还田力度
的加大，玉米田间麦苗的数量显著增加 46.7%，且对马齿苋、铁
苋等阔叶类杂草无抑制作用。秸秆覆盖可实现良好的控草效果，主
要是由于秸秆对杂草种子发芽的他感作用（或称异株克生作用）和
秸秆的物理屏障作用，但长期而言其效果并不稳定。也有研究认
为，秸秆还田覆盖条件下有利于多年生杂草的发生，因为在这种条
件下多年生杂草的营养繁殖根茎不会因为频繁的耕作活动而折断死
亡，种子也更易于在土壤表层积累，从而大量萌发繁殖。

5.1.3 秸秆还田对玉米生长发育的影响

5.1.3.1 秸秆还田对玉米产量和干物质积累的影响

普遍认为秸秆还田能提高玉米产量，但在产量构成因素上，呈
现出不同的差异。郑洪兵等（2014）和慕平等（2012）认为，秸秆
还田处理具有相当大的增产效果，增产幅度介于 5%～15%；秸秆
还田处理的穗粒数比秸秆不还田处理增加 4.6%，千粒重增加
9.5%；长期定位试验研究秸秆还田对玉米产量的影响发现，不同
秸秆还田方式的增产效应不同，表现趋势为秸秆粪肥还田＞秸秆覆
盖还田＞秸秆直接粉碎还田＞秸秆不还田。

不同秸秆还田方式处理条件下植株干物质积累量均有不同程度
的增加。于梅婷（2016）发现，深松＋秸秆还田处理植株干物质积
累量比对照提高 29%，说明秸秆还田有利于提高玉米干物质积累
及生物总量。隋鹏祥等（2018）认为，秸秆还田方式对其成熟期的

茎秆重以及总干物质重有显著影响，同时在干物质转运与分配上也有着一定的相关性；不同秸秆还田模式显著影响抽雄吐丝前干物质转运量、转运率及对籽粒贡献率。马迪（2018）研究认为，秸秆还田对玉米生长前期的干物质积累没有显著影响，对乳熟期干物质积累影响显著，较秸秆不还田处理增加7.4%；秸秆还田处理的花后干物质积累量和成熟期总干物质积累量显著高于秸秆不还田。

5.1.3.2 秸秆还田对玉米形态特征及叶部性状的影响

秸秆还田与耕作方式互作显著增加植株株高。孙跃龙等（2015）对秸秆还田后玉米生育期及生长状况的研究认为，秸秆还田能够增加株高，促进玉米生长发育。田文博（2019）发现，玉米各个生长发育阶段中秸秆还田处理下的株高均比对照有不同程度的提高。

叶片是作物进行光合作用的重要器官。白伟等（2017）研究指出，秸秆还田同时配施氮肥有利于增加叶面积，能在一定程度上提高光合性能。郑金玉等（2014）对深松耕作方式下秸秆还田的研究发现，秸秆粉碎全量还田结合深松，可增加土壤有机质，提高单株玉米的叶面积，增强光合能力。但刘志华等（2014）认为，秸秆还田条件下玉米株高以及叶面积的变化并没有呈现显著差异；徐文强等（2013）则认为，秸秆还田处理的玉米叶面积要小于无秸秆处理。马迪（2018）发现，秸秆还田处理对玉米开花期前的叶面积指数没有显著的影响，但秸秆还田处理显著降低了开花期至收获期叶面积指数下降速率。可能是因为玉米生长初期，秸秆腐解速度较慢，消耗了一定的土壤水分，出现秸秆分解与玉米竞争水分的现象，但随着土壤温度和秸秆的逐渐腐解，将会出现一定的补偿效应。

王喜艳等（2013）对秸秆还田下玉米生长发育的研究发现，秸秆深埋对玉米光合速率及叶绿素含量有显著影响，但不同还田量影响程度不同。田文博（2019）研究发现，不同秸秆还田方式下玉米整个生育期的叶片 SPAD 值显著提高。张向前等（2014）研究认为，间作和秸秆覆盖均提高玉米叶片氮含量和叶绿素含量，且秸秆覆盖的光合提升作用要高于间作。田文博（2019）发现，玉米拔节期初始荧光 Fo 从高到低的顺序为：玉米秸秆全量深翻还田＞玉米宽窄行秸秆覆盖免耕＞玉米浅灭茬薄覆土秸秆还田＞对照＞玉米秸秆富集深埋还田。说明秸秆还田初期，由于秸秆尚未腐解完全，对土壤养分和水分有一定的竞争关系，进而 PSⅡ系统在秸秆还田前期受到一定程度的胁迫，作物光合能力并未得到提升；到了抽雄期，秸秆还田处理在一定程度上减少 PSⅡ的可逆失活，提高了光化学效率。

5.1.3.3 秸秆还田对作物根系发育的影响

根系是作物水分吸收和养分获取，以及参与生长所需物质合成与转化的重要器官，细根（直径＜2 mm）是根系的主要组成部分。根系在增加作物抗逆能力、提高作物生产能力和农田生态系统的碳分配过程中的重要作用愈加突出。秸秆还田能够增加土壤中的腐殖质含量，土壤团聚能力增强，改善土壤环境，增加次生根数量，促进根系生长。研究认为，秸秆在土壤中腐解时吸收土壤中的水分和养分，与作物间存在养分竞争，且在作物生育前期，由于秸秆腐解不充分，未分解的秸秆会对作物根系生长形成物理阻碍，限制根系发育。秸秆还田对根系生长的影响与还田年限有关。根系具有明显的趋肥性，无论干旱季节还是雨水充分的季节，秸秆还田处理的根长密度和根尖数密度都有大幅度提升，其中土壤深层根系的根长、根表面积和根体积等增加效果显著。槐圣昌（2020）发现，秸秆还田提升了拔节期玉米根长密度、根表面积密度和根体积，各土层根尖数也有显著提高，且深松和深翻秸秆还田模式更有利于土壤下层根系生长。秸秆深松碎混和深翻还田能够使秸秆与各土层土壤充分接触，秸秆还田效果能够惠及各土层，从而深层土层的根长密度、根表面积密度以及根体积等均有大幅提升；而旋耕秸秆碎混还田和免耕秸秆覆盖还田后土壤表层水分含量有所提升，一定程度上刺激土壤表层根系生长，但土壤中下层较高的土壤紧实度限制了根系下扎，从而使得旋耕秸秆碎混还田和免耕秸秆覆盖还田后，有利于促进上层土壤玉米根系的生长，但土壤深层根系的促进作用较小。

5.1.4 秸秆还田技术的科学利用

秸秆还田的主要方式分为直接还田和间接还田。直接还田包括秸秆机械粉碎还田、整株还田及覆盖还田，间接还田主要有堆腐还田、过腹还田和转化为生物炭后还田。堆腐还田是将秸秆与泥土、人粪尿等混合堆置在不透气处，至其腐熟，制成堆肥、沤肥后再施入田间的方法。堆腐还田后肥料中的有机质较为成熟，具有生理活性，可直接与土壤颗粒结合。过腹还田是作物秸秆经家畜食用后消化吸收，以粪尿形式排出，并归还到土壤中，可以较快地提升土壤有机质并提供各种养分。生物质炭是秸秆等有机物质在部分或完全缺氧的条件下经过热解炭化而产生的一类具有高度芳香化结构的难溶性有机物，其结构稳定，含碳量一般可达 60% 以上，可以在土壤中长期固存，不易被微生物分解。由于多种有机物料均可被用来制备生物炭，因此生物质炭也成为农业废弃物资源化利用的重要手段，从而可以提高碳固存效率。然而以上还田方式大多操作不便或生物有效性低，在土壤中促进养分循环的能力较弱。

5.1.4.1 秸秆还田技术

1. 秸秆还田技术分类 秸秆机械化粉碎还田技术，是与秸秆收获同时进行的。可以直接将地上部秸秆机械化打碎，再与破茬、深翻和耙压等技术相结合，在翻埋犁等耕作机具配合下，将粉碎的秸秆直接翻埋至土壤中。其优点在于作业质量好、成本低、生产效率高，是实现用地养地相结合、建立高产稳产农田的有效途径之一。

秸秆机械化整秆还田与粉碎还田的技术作用和农艺要求相似，

然而与粉碎还田相比，整秆还田可增加土壤的有机质含量和含水率，因此该技术在旱田中具有一定优势。一是减少了农机具进地作业的次数，避免机具对土壤的压实与破坏，也节约了燃油能耗等生产成本。二是旱地环境秸秆腐解速度相对缓慢，有利于有机质的积累。

秸秆颗粒化还田技术是为解决秸秆体量大、还田难、运输不便等问题而形成的还田技术。秸秆颗粒化是指常规农田秸秆经粉碎、挤压、造粒等步骤制成长 $1\sim2$ cm、直径 $5\sim7$ mm 的短棒状秸秆颗粒，这些颗粒具有施用方便、养分释放率高、快速提高土壤有机质等优点。黄淮海地区的研究表明，秸秆颗粒与粉碎秸秆均以 6 000 kg/hm^2 施入浅耕层时，秸秆颗粒处理可使冬小麦生长季的土壤有机质水平高于粉碎秸秆 8.5%（张莉等，2017）；当秸秆颗粒以不同的用量埋至 40 cm 土层时，亦能显著提高土壤有机质含量，提升幅度随用量增加而增加。

2. 影响秸秆还田质量的因素　秸秆粉碎程度是影响还田后土壤耕性的重要因素。秸秆粉碎程度越高，土壤宜耕性越好，越有利于降低农机具耕作成本。这是因为秸秆粉碎程度可直接影响土壤物理性状，秸秆粉碎程度越高，腐解速率越快，促使更多的有机质积累与养分的释放。Cabile 等（2008）发现，短秸秆较长秸秆更易改善土壤结构，降低土壤容重，因为秸秆粉碎程度越高，与土壤接触面积越大，越有利于增加秸秆与微生物的接触面积，从而加快秸秆中木质素和纤维素等难分解物质被微生物分解利用，秸秆的粉碎程度越高越有利于土壤团聚体的形成。秸秆粉碎程度也是影响土壤培肥效率的重要因素。研究发现，秸秆颗粒化后具有较高的腐解速率，在前 60 d 快速腐解期内，秸秆颗粒的平均腐解速率比常规粉碎秸秆提高了 22%，培养 300 d 后的累积腐解率高于切碎秸秆8.7%（王婧等，2017）。黄淮海地区秸秆颗粒培肥效果的研究发现，旋耕还田下秸秆颗粒利于提高有机碳及氮磷钾养分，增产效果显著。

另外，秸秆颗粒具有体积小、密度大（446.67 g/L）等优点，更适合高量还田。黄淮海地区秸秆颗粒还田培肥研究发现，秸秆深埋至20～40 cm 土层 3 年，36 000 kg/hm² 秸秆颗粒较 12 000 kg/hm² 能显著提高 20～40 cm 与 40～60 cm 土层有机碳含量，并提高有机碳累积速率（丛萍等，2019）。

　　秸秆还田用量是影响还田后土壤宜耕性的另一个重要因素。在一定范围内，土壤有机碳积累量随着秸秆用量的增加而增加，且秸秆用量的效果在不同土壤类型上有差异性表现。不同土壤类型以及气候类型均是影响秸秆消纳量的重要因素。黄土高原地区施氮量为138 kg/hm² 时，玉米粉碎秸秆还田 9 000 kg/hm² 更能提高土壤肥力（张静等，2010）；辽宁褐土地区切碎秸秆以 18 000 kg/hm² 还田较全量还田显著提升土壤有效磷、速效钾含量（徐萌等，2012）；黄淮海地区粉碎秸秆用量由 6 000 kg/hm² 增至 12 000 kg/hm² 和18 000 kg/hm² 时，土壤有机碳含量呈上升趋势，且高量还田更能长期维持土壤肥力（丛萍，2019）；长江中下游平原地区以 3 000 kg/hm² 秸秆浅还田时土壤微生物碳氮含量以及酶活性等均处于较高水平（韩新忠等，2012）。

　　秸秆粉碎程度、还田量以及还田深度之间相互影响，粉碎程度越高，还田量增加的空间越大，还田深度不受限，若还田秸秆体积大，对土壤空间占用大，还田量就受限。为避免影响作物生根出苗，可通过增加耕作深度的方式进行还田。与半量或两倍量还田秸秆相比，长江中下游地区秸秆还田 20 cm 时，秸秆全量还田更有利于有机碳积累以及作物产量提高（Wang et al.，2015）。然而，未经处理的玉米秸秆还田时，与传统旋耕相配合只能还至 15 cm，秸秆所处的土层空间有限，增加秸秆还田量就会降低作物出苗率，作物产量不稳定（Dai et al.，2013）。因此，增加秸秆还田深度且还田深度与粉碎程度相结合是解决体积较大的玉米秸秆还田难问题的可行办法。

还田深度的实现还需要与耕作方式相配合。我国黄淮海地区长期使用小马力拖拉机进行传统耕作，农机具对土壤的压实及耕作深度浅，导致犁底层增厚，土壤容重增大，土壤结构遭到破坏，严重影响土壤耕层，根系生长发育缺乏良好环境。浅耕、浅还的措施虽然改善了表层土壤肥力，但忽视了亚耕层的培肥效果。目前，人们逐渐认识到浅耕对土壤结构以及作物生长的危害，开始采用以"翻"代"旋"的耕作方式，这为解决大量秸秆的去向问题提供了便利，同时也在一定程度上打破了犁底层障碍。

5.2 化肥有机替代

5.2.1 有机肥种类

我国有机肥资源很多，并且随着农业和畜牧业的发展，有机肥的资源越来越丰富。目前有机肥的原料主要是畜禽粪尿与植物秸秆，同时还有绿肥作物，饼粕、草木灰、污泥、生活垃圾与污水、熏土、农副产品加工下脚料等等。据调查，目前使用的有机肥种类有14类100多种（徐鹏，2013；朱宝华，2011；孙晓丽，1983）。

广义上的有机肥俗称农家肥，凡以有机物质（含有碳元素的化合物）作为肥料的均称为有机肥料。它是农村中利用各种有机物质就地取材、就地积制的各种自然肥料。一般都含有作物所需要的各种营养元素和丰富的有机质，既含有氮、磷、钾，又含有硼、钼、锌、锰、铜等微量元素及生长刺激素。

狭义上的有机肥专指以各种动物废弃物（包括动物粪便和动物加工废弃物）和植物残体（饼肥类、作物秸秆、落叶、枯枝、草炭等），采用物理、化学、生物或三者兼有的处理技术，经过一定的加工工艺（包括但不限于堆制、高温、厌氧等），消除其中的有害物质（病原菌、病虫卵害、杂草种子等）达到无害化标准而形成

157

的，符合国家相关标准（NY 525—2012）及法规的一类肥料。

1. 根据有机肥的生产原料具体可以分为以下几类：

（1）农业废弃物，如秸秆、豆粕、棉粕等。

（2）畜禽粪便，如鸡粪、牛羊马粪、兔粪等。

（3）工业废弃物，如酒糟、醋糟、木薯渣、糖渣、糠醛渣等。

（4）生活垃圾，如餐厨垃圾等。

（5）城市污泥，如河道淤泥、下水道淤泥等。

2. 根据有机肥的资源特性、性质功能和积制方法，将有机肥归纳为：

（1）粪尿肥。指人和动物的排泄物，含有丰富的有机质、氮、磷、钾、钙、镁、硫、铁等作物需要的营养元素，及有机酸、脂肪、蛋白质及其分解物，包括人粪尿、家畜粪尿、家禽粪、其他动物粪肥等。人粪尿是人粪和人尿的混合物，养分含量较高，肥效快。家畜粪尿指猪、牛、羊等的排泄物，含有丰富的有机质和植物所需的营养元素。猪粪质地较细，含纤维少，碳氮比小，养分含量高，氮、磷、钾含量高于牛粪和马粪，钙、镁含量低于其他粪肥，含有微量元素。家禽粪指鸡粪、鸭粪、鹅粪、鸽粪等家禽粪的总称。施用腐熟猪粪能提高土壤肥力，增加土壤的保水性，前劲柔、后劲长。

（2）秸秆肥。它是以秸秆、杂草、落叶、垃圾等为主要原料，混合一定数量的泥土和人畜粪尿堆制或沤制而成，作物秸秆是重要的肥料品种之一。作物秸秆含有作物所必需的营养元素 N、P、K、Ca、S 等。

我国主要作物秸秆每年总生成量平均为 4 亿多 t，按稻草还田率30%、麦草还田率45%、玉米秸秆还田率20%计算，每年可用作有机肥料秸秆就有 1.3 亿多 t，约可提供氮素 66 万 t、磷素 40 万 t、钾素 10.6 万 t（孙晓丽，2012）。

秸秆肥可分为：堆肥，主要是指以各类秸秆、落叶、青草、动植物残体、人畜粪便为原料，按比例相互混合或与少量泥土混合，在高温、多湿的条件下，经过发酵腐熟、微生物分解而制成的一种有机肥料；沤肥，所用原料与堆肥基本相同，只是在淹水条件下进行发酵，作物茎秆、绿肥、杂草等植物性物质与河、塘泥及人粪尿同置于积水坑中，经微生物嫌气发酵而成的肥料；沼气肥，即沼气肥，是指作物秸秆与人粪尿等有机物，经过嫌气发酵制取沼气后形成的肥料，原材料中的氮、磷、钾等营养元素，除氮素有一定损失外，大部分养分仍保留在发酵肥中；秸秆直接还田，作物秸秆不经腐熟直接施入农田作肥料。

（3）绿肥。利用栽培或野生的绿色植物体作肥料。如豆科的绿豆、蚕豆、草木樨、田菁、苜蓿、苕子等。非豆科绿肥有黑麦草、肥田萝卜、小葵子、满江红、凤眼蓝、喜旱莲子草等。绿肥能为土壤提供丰富的养分。各种绿肥的幼嫩茎叶，含有丰富的养分，一旦在土壤中腐解，能大量地增加土壤中的有机质和氮、磷、钾、钙、镁及各种微量元素。每吨绿肥鲜草，一般可提供氮素 6.3 kg、磷素 1.3 kg、钾素 5 kg，相当于 13.7 kg 尿素、6 kg 过磷酸钙和 10 kg 硫酸钾。

（4）土杂肥。以杂草、垃圾、灰土等为原料所沤制的肥料。其主要包括各种土肥、泥肥、糟渣肥、骨粉、草木灰等。

（5）饼肥。是以油料作物的种子经榨油后剩下的残渣为原料的有机肥。其主要包括菜籽饼、棉籽饼、豆饼、芝麻饼、蓖麻饼、茶籽饼等。饼肥的养分含量，因原料、榨油方法不同而不同。一般含水 10%～13%、有机质 75%～86%，是含氮量比较多的有机肥料。

（6）腐植酸（Humic acid，HA）。是动植物遗骸，主要是植物的遗骸，经过微生物的分解和转化，以及一系列的化学过程和积累起来的一类有机物质。它是由芳香族及其多种官能团构成的高分子有机酸，具有良好的生理活性和吸收、络合、交换等功能。它广泛存在于土壤、湖泊、河流、海洋以及泥炭（又称草炭）、褐煤和风化煤中。按自然界来源可以分为 3 类，即土壤腐植酸、水体腐植酸和煤炭腐植酸。

（7）废弃物肥料。以废弃物和生物有机残体为主的肥料。其种类有：生活垃圾、生活污水、屠宰场废弃物和海肥（沿海地区动物、植物性或矿物性物质构成的地方性肥料）。

（8）纯天然矿物质肥。包括钾矿粉、磷矿粉、氯化钙、天然硫酸钾镁肥等没有经过化学加工的天然物质。此类产品要通过有机认证，并严格按照有机标准生产才可用于有机农业。

（9）商品有机肥料。主要指通过工厂化生产的精制有机肥和有机无机复合肥。其选用的有机物料大多为风化煤、草炭、鸡粪等，该类肥料既有境外流入，亦有当地肥料公司生产。目前，我国商品有机肥料大致可分为精制有机肥料、有机无机复混肥料和生物有机肥料 3 种类型，其中以有机无机复混肥料为主。

5.2.2 有机肥对土壤结构及养分的影响

5.2.2.1 有机肥对土壤结构的影响

土壤结构体是指土壤颗粒（包括团聚体）的排列与组合形式。土壤结构是成土过程或利用过程中由物理的、化学的和生物的多种因素综合作用而形成，按形状可分为块状、片状和柱状三大类型；按其大小、发育程度和稳定性等，再分为团粒、团块、块状、棱块状、棱柱状、柱状和片状等结构。它具有不同的稳定性，以抵抗机械破坏或泡水时不致分散。耕作土壤的结构体种类也可以反映土壤的培肥熟化程度和水文条件。

农学上以直径在 0.25～10 mm 水稳性团聚体含量判别土壤结构好坏，多的好，少的差，并据此鉴别某种改良措施的效果。土壤结构性是土壤结构体的种类、数量及结构体内外的孔隙状况等产生的综合性质；而良好的土壤结构体，实质上是具有良好的孔隙性。土壤结构不仅影响植物生长所需的土壤水分和养分的储量与供应能

160

力，而且还影响土壤中气体交流、热量平衡、微生物活动及作物根系的延伸等。长期单施化肥使土壤容重增加，田间持水量降低，而且导致耕层板结，不利于透气渗水，同时破坏土壤结构稳定性，破坏农田生态环境（刁生鹏，2018）。

有机肥对土壤理化性状如团聚体大小与分布、pH、阳离子交换量、有机质的组成等均有不同程度的影响。有机肥能降低土壤紧实度，使耕层土壤更加松散，改善土壤养分状况和通气性，降低土壤容重，改良土壤物理性状（邱吟霜等，2019；Mosaddeghi et al，2009）；有机肥可以改善土壤孔隙状况，提高土壤中的水稳性团聚体数量，增加土壤蓄水保墒能力，协调作物需水与土壤供水之间的矛盾（卫婷等，2012）；有机肥可以增加土壤孔隙度，降低容重，促进土壤结构体的形成、结构系数的提高，改善三相比，有利于作物生长；有机肥还可以改变土壤有机无机复合体以及由之形成的不同粒级微团聚体组成（云玲，2010）。

5.2.2.2 有机肥对土壤养分的影响

1. 有机肥对土壤氮、磷、钾含量的影响 施用有机肥对维持或提高土壤氮、磷、钾养分含量有显著作用。就氮磷钾全量增幅而言，总体呈现高量有机肥＞低量有机肥，化肥配施有机肥＞单施肥（化肥或有机肥）＞不施肥的趋势。随着施用年限的增加，有机肥和化肥对土壤氮磷钾全量养分的影响分化逐渐增加（龚雪蛟等，2020）。王改玲等（2012）28 年定位试验表明，与试验前相比单施化肥土壤出现较大幅度的钾亏损（－6.9%），而化肥配施有机类肥料较好地维持了全钾含量的稳定，甚至出现钾盈余（6.9%～9.0%），体现了有机肥培肥地力的特点。根据刘守龙等（2007）14年的定位试验结果，施用有机肥土壤全钾含量与施化肥、不施肥并未形成显著差异；而张鹏等（2011）研究结果显示，不同用量有机肥处理土壤全钾含量增加 9.6%～17.3%；荣勤雷等（2014）研究表明，化肥与不同种类有机肥配施处理土壤全氮含量与不施肥没有显著差异。以上说明有机肥培肥土壤的效果受供试土壤特性、有机肥种类、自身氮磷钾含量、施肥年限及方式和作物种类等复杂因素的影响。

有机肥是我国农业生产中的重要肥料，富含氮、磷、钾等矿质元素，而且含有丰富的有机质、氨基酸、蛋白质等，能够增加土壤有机质含量、改良土壤和培肥地力。有机肥料分解产生的酚类物质，有抑制脲酶和反硝化微生物的作用。有机肥在分解过程中产生的有机酸对土壤中难溶性养分有螯合增溶作用，可活化土壤潜在养分，提高难溶性磷酸盐及微量元素养分的有效性（云玲，2010）。有机肥对土壤养分的释放及有效性会产生影响。施用有机肥可以保持和提高土壤有机氮和氮贮量，而且残留氮的有效性一般显著高于土壤氮，有利于保持和提高土壤氮素的有效性，很多长期田间试验的结果与此一致。有机肥对土壤磷库的贡献已有很多研究，彭琳（1983）研究表明，施用有机肥可使土壤有效磷从 33 mg/kg 提高到 48 mg/kg。姚源喜等（1989）采用 9 年定位试验，证明有机肥和无机肥配施可使土壤有效磷出现盈余。有机肥对土壤中微量元素有效性也有影响，例如，有机肥分解产生大量有机酸，使氧化锰还原，提高 P、Fe、M 和 Zn 的有效性。有机肥在土壤中分解产生的腐植酸都具有一定的活性基团，很容易与土壤溶液中金属离子络合或螯合形成金属有机化合物，而且有机肥分解产生的腐植酸量越多，对形成化合物越有利。有机肥施入土壤后土壤理化性状发生变化，从而提高土壤向作物提供养分的能力。有机肥施用不仅能提高土壤中有机碳及腐植质碳含量（卫婷等，2012），也能增加土壤各级团聚体中有机碳及腐植质碳含量（魏宇轩等，2018；关松等，2017；梁尧，2012）。目前大多数研究只是报道了施用单一有机肥对土壤团聚体中腐植质组成的影响，而比较不同种类有机肥施用效果的研究相对较少（吴光磊，2008）。

施用有机肥能够有效增加土壤有机质和大量元素以及中微量元

素含量，缓解 $NO_3^- -N$ 在土层剖面中的累积和淋失，在改善土壤结构、活化土壤养分库容、促进水肥协调方面具有化肥不可替代的优势（武凤霞等，2019；谢娟娜等，2018）。单施有机肥或化肥有机肥配施可以有效改善土壤氮、磷、钾等养分的平衡状况，增加土壤有机质含量和养分的有效性，降低化肥损失率，提高土壤肥力。与常规施肥相比，有机肥施用更加环保，能更好地提高土壤质量（赵营等，2006）。氮素淋失取决于土壤中硝态氮浓度的大小，土壤硝态氮浓度升高会引起其在土壤中大量积累，从而增加氮素淋失的潜在风险（吉艳芝等，2014），而有机肥配施可以有效降低土壤硝态氮的积累（蒋仁成等，1990）。

2. 有机肥对土壤有机质总量的影响　土壤有机质指存在于土壤中的所有含碳化合物，是影响土壤肥力的主要因子之一。龚雪蛟等（2020）研究发现，氮肥配施有机肥较等量氮肥单施的土壤有机质含量提高 166.9%～334.7%。梁路等（2019）比较了不同氮肥用量与腐熟牛粪配施对土壤有机质含量的影响，结果表明，腐熟牛粪配施氮肥比单施氮肥的土壤有机质含量平均增加 18.2%，比单施牛粪增加 4.6%～6.0%，而氮肥配施量增加并未引起土壤有机质含量的显著增加。一方面，说明无机氮肥的微生物效应可促进有机养分在土壤中的分解；另一方面，有机养分的投入对土壤有机质的提升效应强于微生物效应。有机肥对土壤有机质的影响与有机肥自身的有机质含量、活性有机质组分比重和分解速率有关。姜灿烂等（2010）比较了厩肥、稻草、绿肥和秸秆还田对土壤有机质的改善作用，发现 4 种有机肥均能显著提高土壤有机质含量，表现为厩肥＞绿肥＞稻草＞秸秆还田＞化肥，与徐明岗等（2006a）、许仁良等（2010）的研究结果一致。宇万太等（2009）研究认为，土壤有机质含量与有机肥的施用年限、施用量密切相关，但有机肥用量的不断增加必然引起肥料利用效率的降低，增加农田氮磷的地表径流流失，加速地表水的富营养化，造成农业面源污染。

Fan 等（2013）研究表明，连续 20 年单施有机肥和有机无机肥配施均显著提高潮土有机质含量，增幅达 135% 和 88.6%。从全国情况看（张淑香等，2015），长期施用有机类肥料使我国土壤肥力得到明显改善，30 年间，西北和华北土壤有机质平均上升 51% 和 68%；南方旱地和长江流域水田平均上升 24%；而东北黑土单施化肥地区土壤有机质每 10 年下降 1 g/kg 左右。

土壤酶是土壤中活跃的有机成分之一，在养分循环过程中起着重要作用（侯小畔等，2018）。土壤脲酶是决定土壤中氮转化的关键酶，蔗糖酶是表征土壤碳素循环和土壤生物化学活性的重要酶类（宋以玲等，2019）。减量化肥增施有机肥可显著提高土壤脲酶、磷酸酶和蔗糖酶活性，促进土壤碳、氮的转化，为地上部生长提供营养；而有机肥对土壤过氧化氢酶和脱氢酶活性的影响较小。这一方面可能是有机肥本身含有大量的酶类物质，因此对土壤酶活性有增加作用；另一方面有机肥含有大量的有益微生物和营养物质，为产酶微生物提供丰富的营养源，促进产酶微生物的生长和繁殖（槐圣昌等，2020）。

3. 有机肥对土壤活性有机质（碳）含量的影响 活性有机质指土壤中有效性较高、易被土壤微生物分解矿化、对植物养分供应有直接作用的有机质，是土壤微生物活性的能量来源和土壤养分的驱动力。徐明岗等（2006b）通过 10 年试验，研究了我国重点农区的 6 种典型土壤（红壤、灰漠土、垆土、潮土、褐土和黑土）在长期不同施肥方式下土壤活性有机质变化，发现不施肥和施化肥处理 6 种土壤活性有机质含量均下降；而有机肥配施化肥增加 9% ～ 77%。卫婷等（2012）通过 4 年定位试验证明，与仅施化肥相比，腐熟鸡粪和小麦秸秆还田均可显著提高 0～60 cm 土壤活性碳含量。张鹏鹏等（2016）比较了不同施肥处理对土壤活性有机碳含量的提升作用，结果表明，鸡粪配施氮磷钾肥效果最好，仅施鸡粪次之，仅施氮磷钾肥处理或无肥处理最差；鸡粪配施氮磷钾肥各活性碳组分占有机碳总量的比例最高，仅施氮磷钾肥最低。

有机肥对土壤活性有机质组分的影响受到广泛关注。倪进治等（2001）以生物活性有机质为指标，研究了加入稻草秸秆和猪粪的土壤活性有机质组分的动态变化，结果显示两者均能使微生物生物量碳、水溶性有机碳和溶解性酚等生物活性有机质组分含量显著增加。胡乃娟等（2015）研究表明，秸秆还田处理短期内可显著提升微生物生物量碳、水溶性有机碳和活性有机碳含量。宋震震等（2014）以活性有机氮组分为指标，通过长期试验比较了施氮总量相同条件下单施有机肥、单施化肥和两者配施 3 种方式对土壤活性有机氮组分的影响，结果表明，施用有机肥处理中，土壤活性有机氮含量随着有机肥施入量的增加而增加，其增长幅度显著高于等氮量化肥，26 年间高量有机肥比等氮量化肥处理土壤（0～20 cm）颗粒有机氮含量提高 186.5%，轻组有机氮提高 126.5%，可溶性有机氮提高 160.8%，微生物生物量氮提高 79.3%。任金凤等（2017）发现，25 年间施用有机肥的土壤氨基酸态氮增加，而不施肥或仅施化肥的土壤氨基酸态氮持续下降。龚伟等（2008）在黄褐土上的研究表明，18 年间有机肥处理土壤（0～20 cm）颗粒有机氮和颗粒有机碳含量分别提高 189.3%和 245.5%，有机肥与化肥各一半配施处理分别提高 126.2%和 156.4%，而化肥处理分别提高 67.9%和 90.1%。Yan 等（2014）、戚瑞敏等（2019）的研究也得出相似的结果。陈洁等（2019）的研究结果表明，长期施用有机肥不仅可以提高颗粒有机碳含量，还可提高活性有机碳比重。谢钧宇等（2019）研究认为，家禽粪便类有机肥主要增加粗颗粒有机碳含量（174%～338%），配施化肥可进一步增加细颗粒有机碳含量（482.1%）。

井大炜等（2013）认为，有机肥大幅度提高微生物生物量氮的原因在于土壤活性有机碳增加为微生物提供了充足的碳源，从而促进了微生物生长和氮素固定，同时减少氮素损失。Drinkwater 等

（1998）认为，有机肥中的大量微生物加速了土壤中植物残体等高氮有机物质的分解，导致颗粒有机氮和轻组有机氮的增加。

4. 有机肥对碳库管理指数（CMI）的影响　徐明岗等（2016b）对长期耕作施肥后的 CMI 变化研究发现，不施肥 10 年后 CMI 下降 11.1～63.6，施用化肥降低 3.7～25.0，施用有机肥或有机肥配施化肥增加 4.6～91.4。何翠翠等（2015）通过 23 年定位试验比较了长期耕作下不施肥、单施化肥、化肥配施有机肥等 11 种养分管理措施与撂荒处理对东北黑土 CMI 的影响，发现有机肥配施化肥的 CMI 提高 24.4～101.2，其管理措施均不及撂荒处理；与不施肥相比，有机肥配施化肥 CMI 提高 46.58～162.74，秸秆还田配施化肥和氮磷钾肥配施分别提高 7.96 和 3.86，而氮肥单施或氮磷钾两两配施处理均表现为下降。张鹏等（2011）在宁南旱区的定位试验表明，化肥配施粪肥处理 4 年间 0～20 cm 土层 CMI 提高了98.2～304.7，其提高幅度随有机肥用量的增加而增加；而单施化肥仅提高 8.8，在 20～60 cm 土层甚至出现大幅度下降。张鹏鹏等（2016）认为，鸡粪配施无机肥、仅施鸡粪和仅施无机肥分别较不施肥上升 91.8%、62.4% 和 26.5%。胡乃娟等（2015）的研究也证明了秸秆还田对提高土壤碳库管理指数的短期效应。通过不同养分管理方式下 CMI 的变化可以看出，有机肥培肥土壤、促进土壤良性发展的效果明显。

5.2.3　有机肥对玉米有害生物的影响

玉米含糖量高，营养丰富，易受多种有害生物危害，对玉米品质和质量构成严重威胁，有害生物是制约玉米规模化和产业化发展的重要因素。玉米生育期的有害生物主要包括：病害，如大斑病、小斑病、褐斑病、弯孢霉叶斑病、玉米茎腐病、丝黑穗病和瘤黑粉病、玉米病毒病；害虫，包括地下害虫，如蛴螬、蝼蛄、金针虫、小地老虎、二点委夜蛾等，还包括玉米蓟马、玉米蚜、玉米螟以及黏虫、甜菜夜蛾、棉铃虫等杂食性害虫（徐英等，2017）。

杂草也是玉米生育期的有害生物，玉米生育期常见杂草有 30 余种：有禾本科的稗、千金子、马唐、狗尾草、牛筋草、狗牙根、芦苇等；莎草科的碎米莎草，以及苍耳、苘麻、马齿苋、龙葵、藜、铁苋菜、鹅肠菜、反枝苋、凹头苋、小蓬草、滇南冠唇花、蓟、刺儿菜、苦苣菜、鳢肠、打碗花、地锦、鸭跖草、野西瓜苗、平车前、紫花苜蓿、野大豆等。其中，以马唐、稗、牛筋草和鸭跖草出现的频率最高，危害最严重（徐英等，2017；苏红，2015）。

土壤微生物对土壤健康和病害防控极其关键。宋以玲（2019）研究发现，生物有机肥对土壤根际微生物影响效果从大到小依次为细菌数＞放线菌数＞真菌数，减量化肥增施生物有机肥后显著提高了根际土壤细菌数和放线菌数，而降低了土壤真菌数。张云伟等（2013）发现，在化肥减量 20％情况下，配施生物有机肥可有效提高烟草根际土壤细菌和放线菌数，降低根际真菌数，进而减轻土传病害的发病率。而未腐熟的有机肥（生粪）中含有大肠菌、线虫等病菌和害虫，直接使用会导致病虫害的传播，使作物发病，对消费者身体健康也会产生影响。因此，未腐熟的有机物质在土壤中发酵时，容易滋生病菌与虫害，导致植物病虫害的暴发（水生，2021）。吴秀宁等（2018）研究发现，有机无机配施可以降低玉米大斑病发病率。

科研人员针对豫南夏玉米主要害虫发生频率、发生次数以及所造成的损失程度，对部分代表性害虫进行了调查（表 5-1），发现氮肥梯度、有机无机配施比例两个试验田的虫孔数量变幅在 10％～50％之间，玉米螟平均为 2 头/株，黏虫发生率为 1 头/株，棉铃虫为 1 头/株；百亩示范田的单株虫孔数在 67％左右，玉米螟平均为 3 头/株，黏虫发生率为 1 头/株，棉铃虫为 1 头/株；农户田的单株虫孔数在 80％左右，玉米螟的平均发生率为 4 头/株，黏虫为 1 头/株，棉铃虫为 1 头/株。可见，玉米螟是豫南夏玉米生育期主要害虫，不同的管理方式下玉米田的害虫发生率不同，管理规范的试验田害虫发生率相对较低。

表 5-1　2019 年豫南夏玉米生育期试验田、示范田和农田主要害虫调研

处理	品种	虫株率（%）	玉米螟（个）	劳氏黏虫（个）	棉铃虫（个）
CK	郑单 1002	43	3	1	1
N180	郑单 1002	50	2	0	1
N270	郑单 1002	56	3	1	1
N360	郑单 1002	43	1	1	2
有机无机 1∶1	郑单 1002	30	2	0	0
有机无机 1∶2	郑单 1002	10	1	0	0
示范田	郑单 1002	67	3	1	1
农户田	郑单 958	83	4	1	1

　　针对豫南夏玉米主要病害发生频率、发生次数以及所造成的损失程度进行调查（表 5-2），发现氮肥梯度、有机无机配施比例两个试验田的病害发生程度均相对较轻，其中弯胞霉叶斑病的发病率为 1 级，抗性评价为 1 级，锈病和穗腐病的发生也相对较轻，发病率均为 1 级，抗性评价为 1 级。百亩示范田的弯胞霉叶斑病相对试验田有所加重，发病率均为 3 级，抗性评价为 3 级；锈病和穗腐病的发生也相对较轻，发病率均为 1 级，抗性评价为 1 级。农户田的弯胞霉叶斑病相对较重，发病率达到 5 级，抗性评价为 5 级；穗腐病的发病率达到 3 级，抗性评价为 3 级。

表 5-2　2019 年夏玉米生育期试验田、示范田和农田主要病害调研

处理	品种	弯胞叶斑病		锈病		穗腐病	
		病级	抗性评价	病级	抗性评价	病级	抗性评价
CK	郑单 1002	3	抗（R）	1	高抗（HR）	1	高抗（HR）
N180	郑单 1002	1	高抗（HR）	1	高抗（HR）	1	高抗（HR）

（续）

处理	品种	弯孢叶斑病		锈病		穗腐病	
		病级	抗性评价	病级	抗性评价	病级	抗性评价
N270	郑单1002	1	高抗（HR）	1	高抗（HR）	1	高抗（HR）
N360	郑单1002	1	高抗（HR）	1	高抗（HR）	1	高抗（HR）
有机无机1∶1	郑单1002	1	高抗（HR）	1	高抗（HR）	1	高抗（HR）
有机无机1∶2	郑单1002	1	高抗（HR）	1	高抗（HR）	1	高抗（HR）
示范田	郑单1002	3	抗（R）	1	高抗（HR）	1	高抗（HR）
农户田	郑单958	5	中抗（MR）	1	高抗（HR）	3	抗（R）

5.2.4 有机肥对玉米生长发育的影响

有机肥中含有维生素、激素酶、生长素、泛酸和叶酸，它们能促进作物生长。有机肥料在分解过程中形成的腐植质是一种弱有机酸，在土体中与无机胶体结合形成有机-无机胶体复合体，可熟化土层，调节土体中水、肥、气和热。腐植质对种子萌发、根的生长均有刺激作用。

5.2.4.1 有机肥对玉米根系生长发育的影响

增施有机肥可显著增加玉米各土层根系干重、根表面积、平均根长密度、根尖数密度、根平均直径（宋以玲等，2019）。Zhou 等（2012）研究发现，肥料对生产力的影响主要是改善根系生长，尤其是根系表面积和根系干重，而根系表面积和干重与土壤团聚体的大小密切相关。根干重、根长和根表面积与养分的吸收和籽粒重量相关，氮磷钾累积增加与根表面积和根干重密切相关。

5.2.4.2 有机肥对玉米地上部生长发育的影响

1. 有机肥对玉米生物量的影响　合理的施肥模式可以保证玉米生育后期相对稳定的绿叶面积，从而改善叶片光合性能，增加玉米干物质的积累，进而达到高产（王帅，2014）。与不施氮肥相比，有机肥替代化学氮肥对玉米叶面积指数的提高效果显著；用50%

有机肥替代化学氮肥有助于延缓花后叶片衰老，延长叶片功能期，有利于增加干物质积累量。有机肥养分的缓效性维持了玉米生育后期养分的持续供应。侯小畔等（2018）研究发现，玉米抽雄期—成熟期，50％有机肥替代化学氮肥地上部干物质占整个生育期积累干物质总量的65.7％，成熟期50％有机肥氮替代化学氮肥的玉米干物质量较单施化肥增加187.9 g/株，说明有机无机肥配施更有利于玉米高产。刁生鹏等（2018）也研究发现，施用有机肥22 500 kg/hm² 可以显著提高玉米干物质积累量。

2. 有机肥对玉米株高和茎粗的影响 有机肥替代部分化肥可以增加玉米株高，其中苗期无显著差异，而在株高增长最快的拔节期至喇叭口期差异最明显，说明在这个阶段玉米吸收养分和水分最多，必须保证养分和水分的充足供应，施用有机肥有利于株高的增长。吴秀宁等（2018）发现，生物有机肥与化肥配施较对照玉米株高增加8.97％～15.46％，茎直径增加34.78％～48.22％，空秆率降低89.35％～90.38％，倒伏率降低13.51％～17.57％。刁生鹏等（2018）发现，施用有机肥22 500 kg/hm² 对植株株高影响不明显。刘旭等（2010）研究发现，施用EM生物有机肥可以促进甜玉米生长，其中处理后21 d玉米平均株高和茎粗均有所增加。宋以玲等（2019）研究发现，减量化肥增施生物有机肥可促进玉米的生长，其株高和茎粗均高于仅施化肥处理，其结果表明化肥的减少量与生物有机肥的增施量应保持一定的配比。当化肥减量15％，生物有机肥每亩用量为20 kg或40 kg时对玉米生长指标（株高、茎粗）的影响效果不显著；而当化肥减量30％，生物有机肥每亩用量为20 kg或40 kg时对玉米生长指标的影响效果较无机肥减量15％明显。

3. 有机肥对玉米叶面积的影响 单株叶片数是反映植物营养生长状况的重要指标，营养生长旺盛的植株，单株叶片数较多。施用有机肥的玉米较施用化肥的玉米叶片数更多，说明有机肥能促进玉米的营养生长。刁生鹏等（2018）研究发现，有机肥施用量增加到一定量后植株叶面积不再增加，反而趋于减小，但总体表现为施用有机肥对植株叶面积具有促进作用。施用有机肥 22 500 kg/hm² 具有较好的培肥效果，可以显著提高玉米叶面积指数，与不施用有机肥比叶面积指数可提高 8.3%。刘旭等（2010）研究发现，施用 EM 生物有机肥可以明显提高甜玉米叶片生长速度，有利于增加植株叶面积。宋以玲等（2019）发现，减量化肥增施生物有机肥促进玉米叶面积和 SPAD 值增加，可能是减量化肥增施生物有机肥促进了叶片的伸展和光合色素的形成，从而促进玉米光合作用。

5.2.4.3 有机肥对玉米产量的影响

有机肥特别是生物有机肥因其肥效持久稳定，对改善土壤肥力、提高微生物群落活性、促进土壤可持续生产效果显著。研究表明，有机肥替代部分化肥不仅在玉米生育前期及时提供生长所需的养分，同时在玉米生育后期能有效协调营养生长和生殖生长对养分吸收的关系，提高玉米产量。刁生鹏等（2018）研究发现，有机肥用量超过 22 500 kg/hm² 时，玉米产量较对照提高，但与 22 500 kg/hm² 相比却降低，说明不合理的有机肥与化肥配比反而不利于玉米的生长发育。宋以玲等（2019）研究发现，与常规施肥（100%化肥）相比，化肥减量 15% 和 30% 条件下，增施生物有机肥后促进孕穗期玉米生长，且当生物有机肥每亩增施量为 40 kg 时，玉米产量分别提高 12.19% 和 8.64%；当有机肥每亩增施量为 20 kg 时出现减产效应。在施肥量和氮磷钾比例相同的情况下，有机肥与无机肥配合比单纯施用无机肥具有提高作物产量的优势。

有机肥部分替代化肥通过改善玉米穗部性状和产量构成因子，提高产量。相较于化肥，施用有机肥对玉米产量性状如穗长、秃尖长、穗围、穗粒数、单穗重、百粒重等指标具有促进作用。根据土壤养分含量确定适宜的氮磷钾配比后配施有机肥的优势更大，这是因为适宜的氮磷钾配比可以使养分更有效地被利用，有机肥的配合使这个优势得到更好的发挥，由于有机肥养分的缓慢释放作用和对化肥养分的保持作用，可保证后期不脱肥，对壮籽、增产具有重要作用。宋以玲等（2019）研究发现，当化肥减量 15％同时生物有机肥每亩用量为 40 kg 时，玉米穗粒数、百粒重、单株产量以及亩产量均显著提高；当化肥减量 30％，生物有机肥每亩用量为 40 kg 时，其穗粒数和百粒重与对照持平；而生物有机肥每亩用量为 20 kg 时，其穗粒数、单株产量和亩产量都有所降低。

5.2.5 有机肥的科学施用

目前，传统有机肥正朝着标准化、规模化方向发展。在现有的标准中，我国有机肥质量标准主要由农业农村部发布，且停留在行业标准水平。2012 年，农业农村部制定了有机肥料行业标准（NY 525—2012）（中华人民共和国农业部，2012a），对商品有机肥外观、有机质质量分数、总养分含量、含水量、pH、5 项重金属限量指标、蛔虫卵死亡率等方面提出了质量要求及检测方法和规则。2019 年，农业农村部制定畜禽粪便堆肥技术规范（NY/T 3442—2019）（中华人民共和国农业农村部，2019），规定了有机肥料规模化生产的场地、堆肥工艺、设施设备、质量检测等方面的要求。制定了畜禽粪便无害化处理技术规范（GB/T 36195—2018）（中华人民共和国农业农村部，2018）、生物有机肥标准（NY 884—2012）（中华人民共和国农业部，2012b）、无机-有机复混肥料标准（GB/T 18877—2009）（中国石油和化学工业联合会，2009a）以及多项重金属（GB/T 23349—2009）（中国石油和化学工业联合会，2009b）和病原体（GB/T 19524.1—2004、GB/T 19524.2—2004）（中华人民共和国农业部种植业管理司，2004a；2004b）的检测标准。

我国现有的有机肥质量标准，无论是在具体项目还是在指标要求方面，大都优于国外（谢文凤等，2020）。在有机质和养分、重金属、病原体等相关指标上，我国都有严格的质量管控标准。但由于畜禽养殖企业不合理使用添加剂和抗生素，有机肥生产企业的相关技术有所欠缺，农户施用时缺乏科学专业的指导，相关部门和机构执法力度不严格等多方面因素，我国在有机肥施用过程中仍存在较大风险隐患。未来应对我国有机肥质量做大量的实际调查，分析有机肥资源状况，找到生产施用中存在的具体问题，对风险进行合理评估，从而明确改进方向，更好地服务于有机肥生产与安全使用。针对目前存在的风险，也急需采取一系列相关举措，从源头入手，完善有机肥标准体系，加大监控管理力度，让改善农田污染成为可能。

5.2.5.1　有机肥的施用方式

1. 秸秆类肥料的施用方式主要有 4 种

（1）直接还田。直接还田是农民在秸秆利用中广泛采用的简单、经济、有效的还田方式。

（2）过腹还田。小麦、玉米等作物秸秆作为猪、牛、羊饲料，通过其消化排泄粪便还田。

（3）堆腐还田。小麦、玉米等作物秸秆通过堆腐，高温发酵后使用，也称厩肥。

（4）燃烧后以草木灰还田。

2. 绿肥的施用方式主要有 2 种

（1）直接还田。

（2）过腹还田。将苜蓿、青玉米等绿肥制成猪、牛、羊的青贮饲料，通过猪、牛、羊消化，排出的粪便是优质肥料。这种利用方式既可促进畜牧业发展，又能提高绿肥自身经济效益，是提高绿肥综合效益的有效途径。

3. 粪尿类肥料的施用方式主要有 3 种

（1）堆沤。人粪尿采用建厕所、粪池等方式贮存，畜禽粪便除采用秸秆垫圈吸收外，还可采用纯粪入池堆沤等方式贮存。

（2）沼肥。人、畜粪尿等有机肥料通过沼气池发酵，既可作燃料，又可提供优质沼液、沼渣肥，同时还可减少环境污染，综合利用效果明显，发展前景良好。

（3）工厂化生产。随着大型养殖场和饲养专业户的涌现，畜粪的工厂化生产主要是将畜粪经发酵处理后，作为商品有机肥和生物肥料的原料。

5.2.5.2　有机肥的科学施用技术

有机肥的种类繁多（彭兴扬等，2005），有些是速效性肥料，有些为迟效性肥料，各种有机肥料的养分含量和性质差别很大，在施用时必须注意以下事项。

（1）各类有机肥料。除直接还田的作物秸秆外，一般都需要经过堆沤处理，使其充分腐熟之后才能施入土壤，特别是饼肥、鸡粪等高热量有机肥要注意这一点，以防烧苗。

（2）人粪尿。是含氮量较高的速效有机肥，适合作追肥。因其含有寄生虫卵和一些致病微生物，还含有1％左右氯化钠（食盐），所以在施用前要经过无害化处理，而且要依作物施用，如果在忌氯作物上施用过多，往往会导致品质下降，如使烟叶的烤烟品质下降和燃烧性变差，生姜的辣味变淡，瓜果的味道变酸等。另外，人粪尿中的有机质含量较低，不易在土壤中积累，磷、钾元素的含量也不足。因此，长期单一施用人粪尿的土壤必须配施一定量的厩肥、堆肥、沤肥等富含有机质的肥料，以保证土壤养分的平衡供应。

（3）堆肥、沤肥、沼渣肥等。含有大量的腐殖质，适合培肥土壤，但因其中还有大量尚未完全腐烂分解的有机物质，所以这些肥料宜作基肥施用，不宜作追肥施用。

（4）作物秸秆。一类高纤维含量的有机肥料，用秸秆作肥料时：一是要提前施用；二是要切断施用；三是要配合一定数量的鲜嫩绿肥或腐熟人粪尿施用，以缩小碳氮比和满足微生物繁殖时的氮素需求，并在早期补充磷肥；四是要同土壤充分混匀并保持充足的水分供应；五是土壤一次翻压秸秆或山草的数量不能太多，以免在分解时产生过量有机酸对作物根系造成危害；六是不能将病虫害严重或污染严重地带的作物秸秆或山草直接还田，可堆沤发酵后还田，以免造成病虫蔓延或土壤污染。

（5）草木灰。含有5%～10%氧化钾，呈碱性，不能同腐熟的人粪尿、厩肥混合施用或贮藏，以免降低肥效。

（6）泥炭。又称草炭或泥煤，富含有机质和腐植质，但其酸度大，含有较高的活性铁和铝，分解程度较低，一般不直接作肥料施用，常用作基肥或牲畜的垫圈材料。

（7）腐植酸类有机肥。在瘠薄的土壤中，叶菜类、块根类、块茎类和禾本科作物上施用效果好，而在油菜、棉花和菜豆等作物上施用效果较差。

（8）微生物有机肥。由动物粪便、植物饼粕、秸秆和动物蛋白经过初发酵，干燥、粉碎后添加速效性化肥、复合生物菌（解磷、释钾和有益菌）等混合而成，一般含有机物30%以上，氮、磷、钾有效成分12%以上，生物菌2亿个/kg以上。此种类型的肥料养分全面，所用原料大部分经过初发酵，烧苗相对较轻。但因制造工艺复杂，成本相对较高。可作基肥施用，也要注意防止烧苗。施用后要及时盖土，防止阳光照射杀灭有益细菌。与农家肥配合施用效果更佳。

（9）基质型生物有机肥。主要由生物菌与生物菌营养基（动物粪便、草炭土等）添加速效性化学元素，经过低压混合造粒而成。一般含菌200亿个/kg以上。此种肥料菌剂含量高，适合土壤有机质非常丰富的地块，贫瘠的土壤不宜施用。建议在土壤有机质含量高于1%的地块上施用，施用一次后可间隔1～2年再施，同时要注意多施有机肥。施用后及时盖土，防止日光杀菌。生物菌存活有效期一般为一年，不要购买过期的基质型生物肥。因基质一般没有经过完全发酵，施用时也要注意防止烧苗。

（10）不宜混施的农家肥和化肥。①未腐熟的农家肥不能与硝态氮肥混施。若混施，农家肥中的反硝化细菌会使硝态氮肥发生反硝化作用，生成亚硝酸盐，引起氮素损失，降低作物品质。②草木灰不能与氮素化肥混施。草木灰是碱性肥料，若与铵态氮、硝态氮等酸性氮素化肥混施，则会发生中和分解反应，释放出氨气，造成氮素损失，降低肥效。③草木灰不能与过磷酸钙混施。草木灰含钙较多，若与过磷酸钙混合，会生成不溶性的磷酸钙，使磷素被固定，作物不能直接吸收利用。④草木灰不能与厩肥、堆肥、人粪尿混施。草木灰一般被当作钾肥施用，呈碱性，若与厩肥、堆肥、人粪尿混合，会加速氮素以氨气形式挥发损失。

5.3 新型肥料

化肥是粮食增产的重要物质基础，已成为农业生产过程中不可或缺的投入品。随着我国农业经济发展和农产品需求的增长，肥料的使用量也日益上涨。2002—2016 年我国平均农业用肥量均居世界第一，每公顷平均施肥量是世界平均水平的 2.7 倍，而化肥平均利用率比发达国家低 15%～25%。肥料虽然对我国粮食产量的增加做出了巨大贡献，但其使用量巨大且逐年增加，而利用率却逐年下降，已严重危害了我国农业、环境的可持续发展。农业部 2015年印发的《到 2020 年化肥使用量零增长行动方案》提出，通过调整化肥使用结构，大力推广高效环保的新型肥料，倒逼企业进行改革，朝着高效施肥方向转化，使化肥利用率达到 40% 以上。这对新型肥料行业的发展是一次重大机遇。此外，2015 年工业和信息化部印发的《关于推进化肥行业转型发展的指导意见》中指出要大力发展新型肥料，力争到 2020 年我国新型肥料使用量占化肥总使用量的比重从不到 10% 提升到 30%，未来新型肥料使用量占比将继续逐步提升。

5.3.1 新型肥料种类

新型肥料是指选用新材料、采用新方法或新工艺，改变原有品种或剂型而创制的提高肥料利用率，适合多种土质和作物的化肥产品。按照组成和性质，分缓/控释肥、商品有机肥、生物肥料和多功能肥料等。其特点在于：

（1）肥料功能拓展或功效提高，新型肥料除了给作物提供养分外，还兼具保水、抗寒、杀虫、防病等功能，如保水肥料、药肥等均属于此类。此外，采用包衣技术添加抑制剂等方式生产的肥料，使其养分利用率提高，从而增加施肥效益的一类肥料也均归于此类。

（2）肥料形态发生变化，从而使肥料使用效能改善。除固体肥料外，根据不同使用目的可生产液体肥料、气体肥料、膏状肥料等。

（3）应用新材料，包括肥料原料、添加剂、助剂等，从而使肥料品种多样化，效能稳定化、易用化、高效化。

（4）施用方式转变或者更新。包括针对不同作物、不同栽培方式等特殊条件下的施肥特点而专门研制的肥料，如冲施肥、叶面肥等。

（5）间接提供植物养分，如某些微生物菌剂等。

新型肥料的主要作用是：能够直接或间接地为作物提供必需的营养成分；调节土壤酸碱度、改良土壤结构、改善土壤理化性状和生物学性质；调节或改善作物的生长机制；改善肥料品质和性质或提高肥料的利用率。按其本身性质和功能可分为以下 9 类。

5.3.1.1 控释肥料

控释肥料又称缓释肥料，指所含的氮、磷、钾养分能在一段时间内缓慢释放并供植物持续吸收利用的肥料。普通肥料施入土壤后会快速溶解并释放养分，农民只有大量施用肥料才能保证作物的正常生长和发育。与普通的化学肥料相比，缓/控释肥料具有以下优势：①能延长化学肥料中养分的释放时间，长期为作物提供养分。②一次施用肥料不仅可以降低成本，而且可以节省劳动力。刘兆辉等发现一次性施肥技术不仅实现了作物高产，而且还解决了我国劳动力不足的难题。③可以减少因施肥过量而使作物死亡现象的发生。④可以有效避免过量的肥料流入土壤中，污染土壤周围的环境。

尽管缓/控释肥有诸多优点，但是目前市场上的缓/控释肥还存在很多局限性：①目前市面上的缓/控释肥释放养分的模式不能完全符合作物对养分的吸收规律。②生产缓/控释肥需要很高的成本，是传统肥料的2～5倍，这极大地阻碍了缓/控释肥在农村地区的普及。③目前市场销售的缓/控释肥大多是包膜缓/控释肥，所用的包衣材料在土壤中不易被微生物分解，会对环境造成一定污染。

根据生产工艺和农业化学性质，缓释肥料主要可分为化成型、包膜型和抑制剂添加型3种。

1. 化成型缓释肥料

（1）脲甲醛（简称UF）。脲甲醛是全球第一个商品化生产的缓释肥料，是由尿素与甲醛缩合而成的白色、无味的粉状或粒状固体物质，主要成分是甲基脲的聚合物，含氮38%～40%，其中冷水溶性氮占4%～20%，冷水不溶性氮占20%～30%，热水不溶性氮占6%～25%。

（2）丁烯叉二脲（CDU）。丁烯叉二脲又称脲乙醛，由2 mol尿素在酸性条件下缩合而成。在反应过程中，2 mol乙醛缩合成1 mol丁烯醛，然后再与尿素缩合形成丁烯叉二脲。丁烯叉二脲的总氮量为31%，其中尿素态氮小于3%，为白色粉状或黄色粒状物，不吸湿、不结块，室温下在水中的溶解度仅为0.6%。热稳定性良好，在150℃下不会分解，因此能与尿素、过磷酸钙、硫酸钾和氯化钾等肥料混合造粒。

(3) 异丁叉二脲（IBDU）。异丁叉二脲为白色粉状或粒状固体，含氮（N）31％～32％，氮素活化指数为 96，不吸湿、不结块，室温下在水中的溶解度很小，100 g 水中仅能溶解 0.01～0.10 g 氮，热稳定性好；可与其他化肥混合使用。

(4) 草酰胺（OA）。草酰胺为白色粉状，不易吸湿结块，含氮 31.8％，在冷水中溶解度很低，265℃开始升华，290℃以上分解成氨气、二氧化碳、双氰等。草酰胺的生产方法有多种，主要分为两步法和一步法两种。

(5) 磷酸铵镁。磷酸铵镁是一种枸溶性的缓释氮磷复合肥料，纯品为含有 1 个或 6 个结晶水的白色固体，市场上销售的商品肥通常是磷酸铵镁一水化合物，标准晶级含氮（N）8％、五氧化二磷（P_2O_5）40％、氧化镁（MgO）25％。

(6) 硅酸钾肥。硅酸钾肥具有如下优点：①硅酸钾不易被雨水溶解，与氯化钾和硫酸钾相比，长期施用也不会造成土壤酸化、板结，同时其肥效成分（氧化钾、二氧化硅、氧化镁、氧化钙等）呈微溶性，既能被较好地平衡吸收，又能减少淋失；②硅酸钾中的二氧化硅能被水稻很好地吸收；③硅酸钾能有效地保持瓜、菜作物的新鲜度；④硅酸钾比其他钾肥更有利于作物根部生长，由于硅酸钾肥中的钾以硅酸盐形态存在，能被作物缓慢吸收，故能促进作物的根（块茎）良好发育。

(7) 三缩脲。尿素缩合物三缩脲是一种理想的缓释肥料，在土壤中，三缩脲可在 6～12 周逐步分解释放出它的全部氮量，这与一些作物生长的需要相适应。

2. 包膜型缓释肥料 包膜肥料是在速效粒状肥料表面涂一层疏水性的物质，形成半透性或难溶性薄膜，以减缓养分释放速度的肥料。常用的包膜材料有硫黄、磷酸盐、石蜡、沥青等。

(1) 包膜尿素。通过向普通尿素表面涂覆一层薄膜，使制得的缓释尿素溶解速度变低。这类尿素种类很多，人们主要研究如何选择具有良好阻溶性能且价格低廉的包膜材料。就工艺而言有两种，一种是在尿素颗粒固化的同时向尿素颗粒上喷涂包膜材料的溶液，借其固化热蒸发溶剂，使包膜材料附着在颗粒表面；另一种是在尿素上喷包膜溶液，然后进行干燥固化。两种工艺均不需要复杂设备。按所用材料的性质可将包膜分为三类：①半透水性膜，包膜物质为半透水性材料，它主要是以减少尿素与水分的接触机会来控制其溶出速度；②微生物不能分解的膜，此类膜不能被微生物分解，养分只能通过膜的裂缝、微孔等渠道释放出来，而这些裂缝、微孔的多少直接取决于膜材料性质、厚度及加工条件，进而决定氮素的溶出速度，这类包膜材料多为聚合物；③微生物分解或降解的不透水性膜，这类膜能被土壤中的微生物分解，因而其有效成分的溶出不仅取决于膜的厚度及加工工艺，同时也取决于土壤微生物的多少、土壤温度等因素，常见的包膜材料有硫黄、尿醛缩合物等。孙克刚研究了包膜尿素在小麦、玉米上的肥效试验，结果表明，包膜尿素可以减少氮肥用量，提高肥料利用率，改善小麦、玉米的品质。

（2）包膜复混肥。包膜复混肥是以粒状速效肥料（如尿素、硝酸铵、碳酸氢铵等）为核心，以枸溶性的钙镁磷肥（或其他类型的枸溶性磷肥）为包裹层，根据不同作物的需要，在包裹层中加入钾肥、微肥及其螯合剂、氮肥增效剂、农药（如杀虫剂、除草剂）等物质，以有机酸复合物和缓溶剂为黏结剂包裹而成的一种新型肥料。调节包裹层的组成、厚度和黏结剂，可制成适于多种作物的专用型复合肥料。

中国科学院南京土壤研究所以钙镁磷肥为包膜材料，以容易挥发损失的碳酸氢铵和尿素为基质，成功研制长效碳酸氢铵和长效尿素，通过在不同土壤和气候条件下对水稻、小麦、玉米、棉花、甘蔗等多种作物进行的肥效试验表明，效果良好。

3. 抑制剂添加型缓释肥料　氮肥增效剂有硝化抑制剂、脲酶抑制剂等类型，它所包含的化学物质达百余种，目前世界上有 30 多个国家和地区对其进行研究和使用。

氮肥增效剂的使用可减少土壤微生物对施入土壤氮肥的作用，降低氮素损失，提高氮肥肥效。因此，推广氮肥增效剂如硝化抑制剂、脲酶抑制剂是一条提高氮肥利用率十分有效的途径。抑制微生物活性的氮肥增效剂应具备以下条件：

（1）抑制效率高和较好的选择性，能有效抑制硝化菌和脲酶等活性，而对其他微生物的生存无影响。

（2）在土壤中能缓慢地自行分解，有适宜的时效，既能保持土壤中微生物群的生态平衡，又能控制供氮过程与植物需肥规律同步。

（3）长期使用安全，在土壤中无积累，不产生污染，作物和农产品中无残留、无毒害。

（4）有较好的、稳定的物化性能，易与氮肥混配，使用方便。

（5）与各种氮肥、农药等混配使用时，不改变增效剂的质量，不影响各自的有效性能。

（6）来源广，成本低。

5.3.1.2 叶面肥

作物吸收养分主要通过根系来完成，但叶片同样具有吸收功能。由于土壤对养分的固定，加上根系在生长后期的吸收功能衰退，因此为了保持作物在整个生育期的养分吸收平衡，叶面施肥作为一种强化作物营养的手段逐渐在农业生产中广泛应用。复合叶面营养液，通常由以下几个基本部分组成：

1. 大量营养元素　一般占溶质的 $60\%\sim80\%$，主要由尿素和硝酸铵配成，硫酸铵等一般不作氮源。

2. 微量营养元素　一般加入量可占溶质的 $5\%\sim30\%$。将微量元素用于叶面喷施，效果明显好于等量根部施肥。通用型复合营养液常加入 $5\sim8$ 种中量元素和微量元素肥（如硼、锰、铜、锌、钼、铁、镁和钙肥）；专用型复合营养液多数加入对喷施作物有增产提质效果的 2～5 种微量元素肥，或对其中 1～2 种适当增加用量。

微量元素肥的肥效与微量元素的形态关系密切，微量元素叶面肥必须是稳定的和可溶解的。金属络合物或螯合物可增加微量元素的稳定性和移动性，因此金属螯合物比普通无机酸盐肥效高，所需用量也少得多。但是因为工业有机螯合剂价格较高，各国大多利用腐植酸、氨基酸等天然有机螯合剂制成微量元素螯合物，成本低，应用范围广，特别适于作叶面喷施肥料。

3. 激素与维生素 植物激素有生长素（如吲哚乙酸，促进生长）、赤霉素与矮壮素（促进或控制生长）、细胞分裂素、脱落素和乙烯（促进成熟）五类。营养液中配入的激素主要是生长素和矮壮素类。激素虽可被叶面吸收，但不能很快转移至生理作用中心，因此必须在对拟用作物单独喷施试验确认有效的基础上配入，并须控制用量和予以说明。用于添加的维生素，最常用的是水溶性并且较稳定的维生素 B_1 和维生素 B_2，但应慎用。添加生长素和维生素的营养液，需要注意防止发霉变质。

4. 表面活性剂 这是一种助剂，目的是减小营养液雾滴接触叶面时的表面张力，使其易于黏附，减少损失，增加叶面吸收，这对叶表面蜡质厚、茸毛少的叶片尤其重要，如烷基苯磺酸铵和烷基磺酰氯等。营养液中的助剂既可添加在原液中，也可在稀释使用时加入，还可用少量碱性不强的普通肥皂粉作为助剂，一般 0.5 kg 原液或 50 kg 稀释液加普通肥皂粉 25～50 g。

营养液中虽可加入多种组分，但通常没有必要。目前最常见的营养液由大量元素（氮、磷、钾）、微量元素（3～5 种元素）及表面活性剂三部分组成。

叶面肥的种类和品种较多，可分为以下 3 类：

（1）从营养成分来分既有大量元素（氮、磷、钾）的，也有微量元素的。

182

（2）从产品剂型来分既有固体的、液体的，也有特殊工艺制成膏状的。

（3）从产品构成来看具有复合化的特征，一般将氮、磷、钾、微量元素与氨基酸、腐植酸或有机络合剂复合形成多元、复合的叶面肥。

适于叶面喷施的化肥应符合下列条件：①能溶于水；②没有挥发性；③不含氯离子及有害成分。适于叶面喷施的化肥有：尿素、硫酸铵、硝酸铵、硫酸钾、各种水溶性微量元素肥，以及磷酸二氢钾和硝酸钾等。此外，还有过磷酸钙，虽然它不能全部溶解于水，但其主要成分是磷酸一钙，能溶于水，一般先配成浓度大的母液，静置后待不溶的硫酸钙沉淀下来，取上部清液，稀释后即可用于叶面喷施。

叶面喷施的溶液浓度因肥料品种和作物种类而异。通常大量元素肥料的喷施浓度为 $1\%\sim2\%$。对旺盛生长的作物或成年果树，尿素的浓度还可以适当加大。微量元素肥料的溶液浓度为 $0.01\%\sim0.10\%$。

5.3.1.3 药肥

药肥，顾名思义，是含农药的肥料。其专用性强，施用效果好，品种繁多，消费量大。

由于大部分农药在弱酸性或中性介质中比较稳定，在偏碱性条件下易分解失效，化肥中除钙镁磷肥和碳酸氢铵偏碱性外，一般为中性或弱酸性。因此，农药和化肥混合不会导致农药有效成分的迅速降低。至于少数在偏碱性条件下稳定的农药，可通过调节混配复合肥的 pH 来保持其稳定性。因此，药、肥混用是一项可行的措施。

药肥混用不仅是一项节约劳动力的生产措施，而且还具有提高农药施用效果、延长农药药效的作用。但药、肥混用在使用中还存在一些问题：①施用时农药和人体直接接触，特别是杀虫剂农药，即使属中毒和低毒类型，也仍然很不安全。在机械施肥的条件下，这一问题便不存在。②贮存和运输过程中如发生包装袋破损，由于大部分农药有挥发性，所以很容易失效和产生污染。为克服以上缺点，中国科学院南京土壤研究所进行了含农药肥料包膜的研制，其工艺流程为：肥料＋农药→搅拌混合＋盘式造粒→膜处理→成膜。目前已生产出有效养分含量 30％左右，水分含量低于 5％，抗压强度比一般混配复合肥大，膜内 pH 5.0、膜面 pH 6.5 左右，粒径能任意控制的，适用于水稻、小麦、蔬菜等作物的农药化肥。

包膜药肥工艺条件要求较高，有时在制造掺混复合肥时加入除草剂，其工艺过程就较为简单。如水稻除草专用肥，在氮、磷、钾肥的基础上，造粒阶段将 60％的丁草胺乳剂用喷雾方法加入，加入量为肥料总重量的 0.06％～0.16％。

5.3.1.4 磁化肥料

磁化肥料是电磁学与肥料学相互交叉的产物，通过在氮磷钾复混肥中添加磁性物或含磁载体，经可变磁场加工而成的一种含磁复混肥。其优点是除了保持原先氮、磷、钾速效养分外，还增加了新的增产因素——剩磁，两者协同作用可提高肥效。

磁化肥料主要由两部分组成：一部分为磁化后的磁化物质，一部分是根据不同土壤及作物需要而配制的营养组分（氮、磷、钾及微量元素等）。生产的关键主要在于磁化技术。肥料被磁化后持有剩磁，剩磁能调节生物的磁环境，并刺激作物生长，而其强度是磁化肥料的一个重要指标（≥0.05 mT）。我国目前主要采用的原料是粉煤灰、铁尾矿、硫铁矿渣以及其他矿灰，资源丰富，成本低。施用磁化肥能使作物增产 9％～30％。

5.3.1.5 二氧化碳气态肥料

施用二氧化碳气态肥料的研究已有 100 多年的历史，荷兰等国有较大的发展，我国从 20 世纪 70 年代开始有关于施用二氧化碳肥料的试验报道。施用二氧化碳大多数情况是在保护地（温室或塑料大棚）内进行的，蔬菜应用最为广泛。科学家们对塑料大棚中的二氧化碳浓度分布状况进行了大量的测量和研究，在夜间，由于土壤和作物的呼吸作用释放出二氧化碳，棚内二氧化碳浓度比棚外高，日出前二氧化碳浓度可达 450 mL/L 以上。但是，随着光照度的增加，作物光合作用的加强，棚内二氧化碳浓度逐渐下降，最低时降到 80 μL/L 左右，达到二氧化碳补偿点水平。采取通风换气补充的方法，二氧化碳浓度也只能维持在 260 mL/L 左右。在塑料大棚或温室中，由于作物不断生长发育，叶面积指数逐渐增大，二氧化碳成为光合作用的主要限制因子，严重影响作物的长势和产量。因此，施用二氧化碳就成为促进作物增产的有效措施。

目前国内外应用的二氧化碳肥料主要有以下几种：

（1）强酸与碳酸盐（或碳酸氢盐）反应。用盐酸和碳酸钙反应生成氯化钙和碳酸，碳酸再进一步分解成水与二氧化碳。

（2）干冰。干冰是一种低温固态二氧化碳，在常温下易升华变成气态二氧化碳，因此需要用保温设备运载（少量的可用广口瓶，大量的可用夹层木箱等）。这种肥源一般在工厂生产，纯度高，释放二氧化碳较快；但成本较高，适于小面积试验。

（3）钢瓶二氧化碳。这是一种低温液态二氧化碳，用钢瓶装载，与干冰一样由工厂生产，纯度高，成本比干冰稍低，也只适于小面积试验。

（4）液化石油气燃烧。这是一种能产生大量二氧化碳的方法，成本很低，适于大面积使用。尤其在北方保护地，这种方法不仅可给作物增施二氧化碳，而且还可以提高保护地气温。

（5）工业废气。这种肥源数量相当大，是环境保护和综合利用的一个重要方面。但是，一般工业废气中往往含二氧化硫等有害气体，需要进行清除。

此外，二氧化碳还可以来自有机肥料、沼气发酵和燃烧、地下的二氧化碳资源等。总之，二氧化碳的来源广泛，可以因地制宜，根据不同的条件、需要来选择肥源。国内外的大量试验都证明，二氧化碳作为一种肥料具有明显的增产效果。但施用二氧化碳，不是浓度越高增产效果越好。有试验表明，番茄在 3 000 mL/L 的二氧化碳浓度中，叶片会出现受害的斑点。一般认为，只要把作物周围的二氧化碳浓度提高到原来的 3 倍左右，就有比较明显的增产效果。

目前大气中二氧化碳浓度不断上升，已成为全世界关注的重大环境问题，在这种情况下提出施用二氧化碳很容易造成误解。但如果施用得当对环境是有益的，它可以把火力发电等放出的二氧化碳回收后当肥源，也可以利用矿井等废气（二氧化碳）进行施肥。这样，一方面可以减少大气中二氧化碳的排放，另一方面可以增加作物的产量。当然，这里还有许多技术问题，如二氧化碳回收方法等需要经过充分研究，找出既经济又简易的方法才符合我国的国情。

5.3.1.6 腐植酸类肥料

以泥炭（草炭）、褐煤、风化煤、秸秆和木屑等为主要原料，经过不同化学处理或在此基础上掺入各种无机肥料制成，有刺激植物生长、改善土壤性质和提供少量养分作用。腐植酸类肥料在提高化肥利用率、改良土壤、提高作物抗逆性和改善农产品品质方面的作用逐步受到人们重视。常见的品种有腐植酸铵、腐植酸钠、黄腐酸和黄腐酸混合肥。

1. 腐植酸铵 腐植酸铵是用氨水或碳酸氢铵处理泥炭、褐煤、风化煤制成的一种腐植酸类肥料。该肥料的主要特点是为作物提供一定量的氮素营养，改善土壤理化性状，同时可刺激作物的生长发育。适用于各种土壤和作物。就土壤而言，对结构不良的沙土、盐碱土、酸性土壤及有机肥严重缺乏的土壤，施用效果最好。对于作物来说，以蔬菜的增产效果最好，对块根、块茎类作物的增产作用也不错。应用时多采用撒施、条施或穴施的方式作基肥，一般每亩施用量为 100～200 kg。

2. 腐植酸钠 腐植酸钠的生产原理是：泥炭、褐煤、风化煤与氢氧化钠和水混合，在加热条件下反应制成。适用于各种作物，可以作基肥、追肥或用于浸种、蘸根和叶面喷施。作基肥时，称取250 g左右按0.01%～0.05%的浓度稀释，与有机肥混合施用；作追肥时，取1/10的基肥用量稀释成0.01%～0.05%的水溶液进行根部浇灌；浸种时的浓度应更低，一般为0.05%～0.005%，浸泡5～10 h，硬壳种子需浸泡更长时间；蘸根的浓度以0.01%～0.05%为宜。

3. 黄腐酸 黄腐酸是腐植酸的一部分，在实际生产中作为肥料制品呈黑色粉末状，具有刺激作物根系生长、增强光合作用和提高抗旱能力等作用。制品中的黄腐酸含量一般在80%以上，水分含量小于10%，pH 2.5左右，主要用于拌种、蘸根和叶面喷施。

5.3.1.7 氨基酸类肥料

以氨基酸为主要成分，掺入无机肥制成的肥料称为氨基酸肥。农用氨基酸的生产主要以有机废料（皮革、毛发等）为原料进行化学水解或生物发酵而制得。在此基础上，添加微量元素混合浓缩成氨基酸叶面肥料。

5.3.1.8 调节剂

调节剂是用于改善土壤的物理、化学和生物学性质及调节植物生长机制的物质，主要类型有土壤调理剂和植物生长调节剂。市场上土壤调理剂的主要品种有：水稻床土调制剂和土壤保水剂。植物生长调节剂的品种有：油菜素内酯、植物生长刺激素以及衍生物等。

5.3.1.9 添加剂类（大量元素）

添加剂含有用于改善肥料性能的物质，主要包括含有防止或减少肥料吸湿结块的添加剂和抑制铵态氮挥发、减少氮损失的添加剂及硝化抑制剂。含有添加剂的肥料品种主要有：长效碳酸氢铵、长效尿素、SODm尿素（将超氧化物歧化酶加在尿素溶液中混合造粒而成，兼有 SOD 酶活性和氮的双重作用）等。

5.3.2 新型肥料对土壤结构及养分的影响

新型肥料在改善土壤质量、提升农产品品质、培肥地力、降低环境污染等方面作用明显。

杨永辉（2018）认为，地面覆盖和土壤结构改良措施均改善了土壤团粒结构，且促进了土壤有机碳含量的提高，研究发现有机物料还田可以降低 10～20 cm 土层的土壤容重，对 20 cm 以下土层无明显影响。秸秆还田可以提高土壤田间持水量和土壤饱和导水率，且随着土层深度的增加，降低土壤固相率，提高土壤液相率和气相率。深翻有机物料在 0～10 cm 土层，降低土壤容重效果明显，随着土层加深，土壤容重虽然有增加的趋势，但对土壤容重的降低都明显好于深翻对照，提高土壤孔隙度效果好。

陈琨等（2008）通过盆栽试验添加不同还原物料，对比分析两个抗性不同的水稻品种在土壤还原性条件下的生长反应发现，要有效预防水稻坐蔸，必须控制含稻草在内的易还原有机物料，如绿肥和未腐熟有机肥等的大量施入或局部累积。

不同积温条件下，土壤有机肥对土壤结构的影响有差异。莫仁超（2016）通过室内试验和田间试验研究了不同温度下有机肥类型对土壤有机胶体类型及其对土壤结构体形成的影响发现，施用秸秆和堆肥促使粉黏粒的数量降低，大团聚体及次级大团聚体的数量增加，秸秆的效果优于堆肥。不同积温区域（平坝、威宁）试验均显示，施用有机肥后，土壤中大团聚体增加；次级团聚体也有增加，但增加量较少；微团聚体和粉黏粒降低。施用有机肥均能促使粉黏粒、微团聚体向次级团聚体和大团聚体转化，秸秆效果优于堆肥。在积温较高的区域，施入有机肥后较短时间内大团聚体稳定性高于积温较低的区域，但随着时间延长稳定性下降，甚至低于积温较低区域。菌肥有机肥处理和有机肥处理能在补充土壤有机质含量的同时，显著提高土壤团聚体水稳性，是改善土壤结构稳定性和实现土壤可持续发展的有效措施。

大量研究表明，腐植酸、腐植酸肥料在构筑土壤团粒结构方面均发挥着重要作用。工业提取的腐植酸与土壤腐植酸具有相似的物理特性、化学组成、分子结构及分子量范围，应用特性一致。利用与土壤同源性的腐植酸反哺，对土壤团粒结构改善有利，可促进作物根系发育，调节好土壤水、肥、气和热状况，让作物更好地吸收养分和水分，于作物产量提升、国家粮食安全生产、农业可持续发展意义重大。

马栗炎等（2020）研究了黄腐酸及氮肥对盐渍土有机碳和团聚体特征的调控作用。结果表明：黄腐酸能有效降低耕层土壤盐分，在氮水平 300 kg/hm^2 条件下黄腐酸处理对耕层 0～20 cm 土壤电导率与 pH 降低效果最好；黄腐酸可以有效改善土壤结构及稳定性，小麦季与水稻季，在氮水平 300 kg/hm^2 条件下黄腐酸处理土壤＞2 mm 水稳性大团聚体含量，相较于不施肥对照增加16.2%，土壤团聚体平均重量直径与当地常规施肥相比增加 38%；围垦初期，氮水平处理相较于黄腐酸处理对耕层土壤有机碳含量的影响更大，氮水平 300 kg/hm^2 处理相较于低氮（225 kg/hm^2）与高氮（325 kg/hm^2），两季土壤总有机碳积累量分别增加 31.0% 和120.0%；综合考虑土壤改良效应，黄腐酸处理土壤表层盐分降低、水稳性大团聚体含量增加且稳定性增强、有机碳含量提升，因此黄腐酸结合适宜氮肥用量是一条轻中度盐碱障碍土壤的优化施肥措施。

李彦强等（2020）研究了以腐植酸为主要原料的土壤调理剂对蔬菜大棚结构障碍土壤的改良效果。结果表明：每亩施用以腐植酸为主要原料的土壤调理剂 5 kg，对种植小青菜"苏州青"大棚土壤结构的改良效果明显，可使土壤水稳性大团聚体含量提高 5.3%，土壤容重降低 6.1%，田间持水量降低 1.9%，土壤 pH 提高

21.3%，土壤有机质含量提高 6.0%，土壤有效磷和速效钾含量分别提高 30.6%和 10.0%，同时可使产量提高 9.0%。

刘侠（2020）研究发现，适量黄腐酸能有效改善土壤团粒结构、增强土壤胶体稳定性、降低土壤容重与紧实度；土壤平均几何直径增大，不稳定团粒指数、分形维数、可蚀性因子显著减小。

蔡鑫（2021）研究了盆栽试验下碱性肥料和生物质炭对土壤镉的钝化效果，结果表明施加硅钙钾镁肥和钙镁磷肥能够在较长时间（120 d）内提高土壤 pH，而生物质炭在这方面的作用微小；碱性肥料和生物质炭都可提高土壤有机质含量，以木炭的提高作用最大。施加碱性肥料或生物质炭均较对照显著降低了土壤中 Cd 的有效态含量，以硅钙钾镁肥和木炭的效果最佳，竹炭在对镉钝化作用的持续时间上表现欠佳。至 120 d，各处理的 Cd 有效态含量较对照降低 8.22%～50.68%。施加改良剂提高了 Cd 的稳定性，残渣态 Cd 比例提高。

杨文飞（2020）认为，有机肥与化肥配施在改善作物根系以及提高土壤微生物数量和酶活性方面的效果明显优于长期单施化肥和不施肥；土壤养分和结构亦受长期不同施肥模式的影响，其中土壤氮、磷、有机质含量以及土壤容重、孔隙度、团聚体通过长期有机肥的持续添加和投入可以得到明显改善，但有机肥的过多施用也会带来一定的风险。

李一丹（2019）选用水稻作指示作物，通过盆栽试验，研究了纳米碳与氮肥配施对水稻土壤养分和微生物群落结构的影响，发现添加了纳米碳的处理土壤有机碳、有效磷和速效钾含量均显著高于未添加纳米碳的处理。添加纳米碳使土壤微生物群落结构发生了改变，纳米碳与氮肥配施对提高土壤养分含量、改善土壤微生物群落结构具有积极作用。

王桂君（2018）研究发现，生物炭和有机肥可改善土壤理化性状。改良剂的施加增加了土壤的田间持水量、团聚体稳定性、电导率、总有机碳、总氮、速效氮、有效磷和速效钾含量，提高了土壤碳氮比，降低了土壤容重，特别是生物炭和有机肥联合施加的改良效果显著。单施生物炭及其与有机肥联合施加的处理土壤总有机碳含量、碳氮比和阳离子交换量显著增加，生物炭与有机肥联合施加对土壤容重、田间持水量、团聚体稳定性、电导率、阳离子交换量、总有机碳、总氮和速效氮含量等表现出联合效应。

王艳等（2010）利用纳米碳添加到肥料中生产出纳米增效肥料，结果发现，该肥料在减量 30%～50% 的情况下，能促进大豆增产 10%～20%。刘键等（2011）研究表明，施用纳米增效肥料可以使萝卜、白菜、甘蓝、茄子、辣椒、番茄、芹菜和韭菜等增产 20%～40%；并促进蔬菜作物快速生长，可提早 5～7 d 上市；同等产量水平下可节肥 30%～50%，同时提高作物品质。张哲等（2010）研究发现，纳米碳能够促进水稻生长，同时在等量磷钾肥条件下，70% 氮量加纳米碳施肥的处理氮肥利用率比常规施肥提高了 11.57%。钱银飞等（2011）研究发现，参试的 3 种肥料在添加纳米碳肥料增效剂后，均能协调增加晚稻的穗数、每穗颖花数、结实率以及千粒重，进而增产。增加纳米碳肥料增效剂后还能减缓肥料释放速度，减少肥料流失，提高分蘖以后的稻株叶面积指数，提高干物质积累量，增强氮素吸收利用能力。

5.3.3　新型肥料对玉米有害生物的影响

新型肥料按其本身性质和功能可分为微量元素肥料、微生物肥料、调节剂类、氨基酸肥料、腐植酸肥料和添加剂类（大量元素）肥料六类。

5.3.3.1　微量元素肥料

在玉米的生长发育过程中，除了需要氮、磷、钾三元素外，铁、铜、锌、锰、钼、硼等微量元素也不可缺少、不可替代。施用微量元素肥料后，玉米所需的各种元素得到了平衡合理的应用，增强了玉米抗病、抗旱和抗高温的能力，使病害发生减轻。如锌和铜元素通过参与玉米体内酶的合成提高玉米的抗病性；硼能促进糖在作物体内正常运转，从而使作物抗性加强，B-糖络合物是酸性较强的络合物，使细胞液偏酸性而不利于病菌生长（O'Neill et al.，2004；Matoh，1997）。

5.3.3.2 微生物肥料

微生物在玉米根部大量生长繁殖，成为作物根际优势菌，限制了其他病原物的繁殖，可以减少和防治土壤中的病原菌和害虫，对玉米田的有害生物具有防治作用（葛诚，1994）。微生物中的放线菌、病毒和真菌（如苏云杆菌、白僵菌、链霉菌和多角病毒）产生的分泌物，可防治几百种病害和高达200余种害虫；苏云金芽孢杆菌可产生两大类毒素，即内毒素（伴胞晶体）和外毒素，使害虫停止取食，最后害虫因饥饿而死亡，可用于防治直翅目、鞘翅目、双翅目、膜翅目，特别是鳞翅目等多种害虫（Diego et al.，2017；Bravo et al.，2013）。微生物肥料还能抑制土壤中的一些固氮营养变形细菌类群，如伯克霍氏菌目（Methylibium）和肠杆菌科（Rubrivivax），这些位于根际的变形细菌类群有助于提高土壤肥力甚至促进植物生长（Kumar et al.，2017；Chaudhry et al.，2012）。

5.3.3.3 调节剂类

与杀菌剂、杀虫剂、微肥等混合拌种，虽不能杀菌，但可以提高玉米的抗病能力。

5.3.3.4 氨基酸肥料

改善作物生态环境，抑制病虫害。作物根部或地上部发生病虫害时，由于根部吸收或输导能力降低，施用氨基酸肥料结合农药防治，既能提高农药防治效果，又能补充营养元素的不足，让作物快速恢复正常。施用氨基酸可使好气性细菌、放线菌、纤维分解菌的数量增加，对加速有机物的矿化、促进营养元素的释放有利，还可缓解药害，缓解生理性病害（IBekwe et al.，2002；Doran et al.，

1996）。

5.3.3.5 腐植酸肥料

促进微生物的繁殖与活动能力，显著提高土壤微生物的活性、增加微生物的数量，对微生物具有刺激作用，能使真菌、细菌和固氮菌等微生物的活动能力增强，促进有机物的分解，加速农家肥料的腐解，促进速效性养分的释放（武际等，2006；毕军等，2005）。腐植酸和除草醚、莠去津等农药混用，可以提高药效、抑制残毒。

5.3.3.6 添加剂类（大量元素）肥料

具有良好的兼容性，可与多数农药（强碱性农药除外）混合使用，减少玉米田病虫害的发生。

5.3.4 新型肥料对玉米生长发育的影响

现代农业以低投入、高产出、高效率和可持续发展为特征。新型肥料是在精准农业、生态农业、可持续农业的大环境下孕育和发展形成的，随着人口增长和人们生活水平提高，质量需求增加，只有加快发展省力、资源高效性和环境保护性的新型肥料产业，才能保证农业生产沿着绿色、高效、优质、低耗和高产的方向发展。

目前，玉米生产上普遍存在重施氮肥且用量过大，"一炮轰"等不科学施肥方式。从施肥量增长幅度与玉米产量增长率的关系看，肥料的利用率没有明显提高，传统速效化肥由于淋失、挥发等途径而损失，造成经济损失和环境污染。因此，为减轻过量施用氮肥对环境产生的负面影响，需要优化氮肥投入。发展省力、资源高效性和环境保护性的新型肥料，成为合理施肥的主要措施之一。

采用高效控释肥替代普通肥料，可以有效减少化肥用量（张秀立等，2020）。刘兆辉等（2018）发现，一次性施肥技术不仅实现了作物高产，而且还解决了我国劳动力不足的难题。李亚朋（2018）发现，施用控释肥有利于玉米植株生育中后期保持较高的叶绿素含量和叶面积指数，可以提高玉米产量和氮肥利用率。赵斌等（2012）和刘苹（2020）研究表明，施用控释肥可以增加玉米籽粒的粗蛋白和可溶性糖含量，改善玉米品质。王宜伦等（2015）研究表明，玉米专用缓释肥和普通氮肥2次施用相比，产量和氮肥利用率分别提高4.88％和2.95％。李敏等（2012）认为，缓释氮肥或缓释氮肥与尿素掺混可增产2.8％～33.0％，氮肥利用率可提高9.61％～27.61％。李敏等（2012）和王宜伦（2012）研究认为，缓释肥对玉米产量结构的影响主要是增加籽粒质量，同时对穗长、穗粒数也有一定影响，且收获产量相当时，施用缓释氮肥比尿素节省30％的施氮量。姜雯（2013）认为，与传统施肥方式相比，控释肥料具有肥料利用率高、环境友好、一次性大量施肥、减少施肥次数、节省劳动力等优点。梁斌（2012）、刘健（2001）和揣峻峰（2020）研究发现，控释氮肥能够有效提高玉米株高、叶绿素含量和光合作用，控释肥基施能够提高玉米的穗粒数、百粒重、产量及氮肥利用率。

杨永辉（2018）认为有，机肥能改变玉米不同生育时期的光合生理特征，提高了玉米不同生育时期的株高、叶面积及生物量，且产量构成要素也显著提高，玉米产量较普通耕作增产15.7％。孙志梅（2015）研究表明，与施用普通复合肥相比，腐植酸肥料的施用能显著减少玉米秃尖，提高养分特别是氮、钾的利用效率，增产率达到10％以上。

生物质炭化过程中的高温，能使生物质材料彻底灭活，防止病害传播。生物炭生产过程中采用400～600℃高温干馏生物质，可以彻底杀灭病原菌、菌孢子、害虫及虫卵，当然也包括有益生物，能免除对土壤生物群体的干扰。

生物炭土壤改良剂具有良好的吸附能力，不只能吸附养分和水分，也能吸附土壤中残留的农药、除草剂及少量重金属，使农药、除草剂等物质暂时保存于土壤中而逐步降解，化肥暂时保存于土壤逐步供作物吸收利用，从而减少随雨水或灌水渗入地下水或进入河流对环境造成危害。许多研究表明，生物炭可以促进作物生长，但这个观点的成立是建立在一定条件基础上的，需要在适宜的范围内施用生物炭，而且影响力度不同。韩翠莲等（2017）和叶英新（2014）研究表明，施加生物炭处理可以增加玉米产量，但施入土壤的量不同，增产率不同，生物炭施加达到一定量增产率不再增加。刘婷（2019）研究了不同调控技术对小麦—玉米农田耕层土壤理化性状的影响，发现施加生物炭后均可以增加玉米的产量。小麦季施加 3 000 kg/hm² 和 6 000 kg/hm² 生物炭后的小麦产量较对照分别增加 3.40% 和 2.39%，玉米季进行深松播种后分别增加了 2.17% 和 0.94%。以上说明，施用生物炭可以增加小麦、玉米产量，但并不是施用的生物炭量越多产量越高。

严建立（2021）发现，膨润土、紫云英和水稻秸秆可明显提高沙土和壤土的水稳定性团聚体；高岭土和蛭石可明显提高沙土的水稳定性团聚体，但对黏土和壤土的水稳定性团聚体的影响较小。生物炭对土壤的水稳定性团聚体含量的影响较小，但其可增加土壤饱和持水量、饱和导水率和有效水范围，降低凋萎含水量。总体上，聚丙烯酰胺、β-环糊精、褐腐酸钾、泥炭和商品有机肥等有机类的调理剂可较全面地改善土壤物理性状，比较适合低丘垦造耕地土壤物理性状的改良。

赵军（2020）研究了不同盐碱地土壤改良剂对玉米生长及产量的影响，发现各改良措施对玉米生长及产量都有不同程度的促进作用，其中以盐碱地平衡调理剂的改良效果最佳。

赵强（2016）在旱源区以富友 968 为指示品种，研究了不同肥料处理对玉米产量的影响。结果表明，中化螯合肥一次性基施 1 128 kg/hm²，玉米产量可达 12 828.3 kg/hm²，较对照不施肥处理增产 5 925.0 kg/hm²，增产率 85.8%；较习惯施尿素 600 kg/hm²（40% 基施、60% 大喇叭口期追施）、普通过磷酸钙 600 kg/hm²

（基施）增产 31.3%，且一次性施肥节省劳动力，简化了施肥技术，可在当地推广应用。

崔云玲研究用 SODm 尿素氮替代普通尿素氮后出现明显的氮过量，随着氮减量程度的加大，春玉米籽粒产量表现为先增加后降低的趋势，当氮减量超过常规施氮量的 20% 时产量开始下降，但氮减量 20% 以内对玉米的产量并没有造成明显影响。在常规施肥基础上用 SODm 尿素氮替代普通尿素氮，可实现减少氮用量 20% 的目标，此时产量效益最大化，且氮的利用效率也显著提高。

5.3.5 新型肥料的科学施用

化肥的投入为粮食作物增产发挥了巨大作用，但化肥施用量高、施肥不均衡现象突出，有机肥资源利用率低、施肥结构严重不平衡等问题给社会经济发展和环境带来了很大压力。要在确保粮食安全，保障主要农产品有效供给，促进农业可持续发展的前提下，通过有机养分替代、提高肥料利用率等有效措施，实现化肥使用量零增长。要实现这一目标，仅靠研发新型肥料远不能满足需要，必须同步跟进科学施肥的理念。

玉米植株高大，吸肥力强，属高产作物。对氮、磷、钾吸收数量和比例，因气候、土壤和种植方式不同也有较大变化。大致来说，每生产 100 kg 需吸收氮 2.5～4.0 kg、磷（以五氧化二磷计）1.1～1.4 kg、钾（以氧化钾计）3.2～5.5 kg，氮、磷、钾吸收比例为 1：0.4：1.3 左右。玉米一生中吸收的钾最多，氮次之，磷较少。玉米在不同生育时期对养分的吸收不同，夏玉米对氮、磷和硼吸收更集中，吸收峰值也早。一般来说，春玉米苗期（拔节前）吸氮较少，仅占总量的 2.2%，中期（拔节至抽穗开花）占 51.2%，后期（抽穗至成熟）占 46.6%；夏玉米苗期吸氮占总量的 9.7%，中期 78.4%，后期占 11.9%。春玉米苗期吸磷占总吸收量的

1.1%，中期占 63.9%，后期占 35.0%；夏玉米苗期吸收磷占总吸收量的 10.5%，中期占 80%，后期占 9.5%。春、夏玉米对钾的吸收基本一致，在苗期生长的第一个月内，钾吸收速率明显高于磷，拔节后迅速增加，抽雄吐丝期钾吸收已达 80%～90%；吐丝 1～2周、玉米籽粒形成以后，对钾的吸收几乎停止；有的品种还存在植株体内钾的外排现象。

5.3.5.1 豫南夏玉米施肥中存在的问题

1. 选用的肥料后劲不足 玉米生长前期长势良好，但到了后期却出现脱肥现象，表现为玉米籽粒不到顶，俗称"秃顶"，造成这种现象的原因之一就是选用的肥料肥效短、后劲不足。

2. 重氮肥轻钾肥 很多农民习惯多施氮肥和磷肥，认为玉米生长期短，必须用氮肥加速生长，因此在夏玉米整个生长期中，多以速效氮肥为主，结果导致土壤中氮磷富积，造成养分浪费，生产成本增加，但钾肥不足，土壤供钾能力较差，中、微量元素缺乏，玉米后期出现"弱不禁风"的样子，秸秆易倒伏，严重影响玉米的产量和品质。

3. 施肥方式不科学 很多农民在夏季追肥时习惯在雨后直接将尿素撒施在玉米根底部，认为这样做既节省了时间，又可以让玉米直接吸收。实际上，据农业部门的相关试验结果显示，尿素撒施的氮肥利用率仅为埋施的 55%左右，即撒施尿素将使肥效损失 1/2 左右，而且还导致大量的尿素随着高温直接溶化，或者被雨水冲走。因此，可采用一次性施肥技术、种肥同播、水（药）肥一体化等技术，避免肥料的损失。

5.3.5.2 夏玉米新型肥料施肥技术

1. 合理选择肥料 根据当地土壤类型及肥力和作物的需肥规律，合理利用各种新型肥料，充分发挥新型肥料功能化、复合化、高效化和绿色环保的作用。化肥和腐植酸类肥以一定的比例结合施用，会增加玉米的产量。用缓释肥料、有机肥代替部分化学氮肥，可以有效提高玉米的产量，提高氮的利用率，土壤质量也能得到改善，还可降低环境的污染，有效增加农民的收益。

2. 施肥量确定　施肥量确定可以根据测土配方施肥或者 NE 养分专家系统确定。

测土配方施肥就是通过测定田间土壤各营养成分含量，确定经济合理的施肥配方。玉米施肥量是根据实现目标产量所需要的养分量与土壤供应养分量之差计算的，其计算公式如下：

$$施肥量 = \frac{（目标产量需肥量 - 土壤供给养分量）}{（肥料养分含量 \times 肥料当季利用率）}$$

首先测定土壤中速效养分含量，每亩表土按 20 cm 土深算，共有土 15 万 kg，如果土壤碱解氮的测定值为 120 μL/L，有效磷含量测定值为 40 μL/L，速效钾含量测定值为 90 μL/L，则每亩土地 20 cm 耕层土壤有效碱解氮的总量为 18 kg，有效磷总量为 6 kg，速效钾总量为 13.5 kg。

由于多种因素影响土壤养分的有效性，土壤中所有的有效养分并不能完全被玉米吸收利用，需要乘以土壤养分校正系数。我国各省配方施肥参数研究表明，碱解氮的校正系数在 0.3～0.7 之间，有效磷（Olsen 法）校正系数在 0.4～0.5 之间，速效钾的校正系数在 0.50～0.85 之间。氮磷钾化肥利用率分别为：氮 30%～35%、磷 10%～20%、钾 40%～50%。

例如：某县某地块为较高肥力土壤，麦收后直播玉米，当年计划玉米产量每亩达到 600 kg，玉米整个生育期所需要的氮、磷、钾养分量分别为 15.0 kg、7.2 kg 和 12.0 kg。通过计算，若每亩玉米产量达到 600 kg，所需纯氮量为 14 kg。磷肥用量为 21 kg，考虑到磷肥后效明显，磷肥可以减半施用，即施 10 kg。钾肥用量为 8 kg。若施用磷酸二铵、尿素和氯化钾，则每亩土地应施磷酸二铵 20～22 kg、尿素 22～25 kg、氯化钾 14 kg。

NE 养分专家系统（Nutrient expert）是一款基于计算机软件

的施肥决策系统，能够针对某一具体地块或操作单元给出个性化的施肥方案。养分专家系统以多年田间试验的强大数据库为依托，以土壤基础养分供应（不施肥小区产量或养分吸收）表征土壤肥力，作物施肥后产量反应越高，肥料需要量越高，同时利用 QUEFTS 模型分析作物最佳养分需求量。该系统除了考虑土壤养分供应外，还考虑了土壤以外的其他养分来源，如有机肥、秸秆还田、轮作体系、大气沉降和降水等带入的养分，并采用 4R 养分管理策略，时效性强，在有无土壤测试的条件下均可使用。养分专家系统注重大量、中量和微量元素的平衡施用，能够保障作物高产，提高农民收入。

3. 施肥的养分配比 氮钾养分的比例应根据土壤条件、作物种类和钾肥来源，尽可能提高钾的比例，可以达到产量提高、品质改善和抗逆性增强的综合效果。

4. 施肥时期的选择 夏玉米一般在播种后 25 d 开始拔节，同时开始穗分化。播后 40～50 d 进入玉米雌穗小花分化期，此时需肥量最多，即需肥高峰期，也是决定产量的关键期，农民习惯称大喇叭口期。因此，夏玉米播后 35～45 d 是夏玉米追肥的最佳时机，应抓住时机尽快追肥，以满足玉米生长后期所需的营养。

5. 把握好施肥时间 根据土壤情况确定具体的施肥时间，水浇地玉米对化肥吸收快，可选择播后 40～45 d 追肥；高产水浇地可分 2 次施肥，第 1 次在播后 20～25 d 施入，施用量占施肥总量的 30%～40%，播后 40～45 d 进行第 2 次施肥。旱地化肥在土壤中溶解慢，可选择播后 30～40 d 追肥。速效氮肥、碳酸氢铵可根据情况分期追肥，尿素需提前 3～4 d 施入。

6. 施肥方式和方法 一个完整的作物施肥方案由基肥、种肥、追肥三种方式组成。三种施肥方式要根据气候、灌溉条件灵活掌握。不论常规肥料还是新型肥料，尽量采用施肥机械，埋施深度为 8～15 cm，不宜离玉米根部太近，以防烧苗。尿素施后不宜立即浇水，在追肥后 3～4 d 浇水效果最好。

7. 施肥位置 肥料应该施在根系分布较多的土层，这样利于吸收养分。玉米追肥应结合中耕采取侧下位施肥方法，追肥位置应该在侧下方 6 cm 的地方。

5.4 高效施肥技术

5.4.1 高效施肥技术的内涵与途径

玉米是需肥量较高的主要作物之一，其生育期内吸收养分能力强，通过高效施肥技术途径，改善土壤养分状况与供应能力，对提高玉米产量及经济效益十分关键。玉米高效施肥技术应建立在不同生育阶段需肥规律基础上，并根据土壤肥力水平、品种特性、肥料特性及一系列管理措施，确定合理的施肥数量、施肥方法、施肥比例和施肥时期。例如，苗期需肥量较低，拔节至吐丝期是养分吸收的关键时期，吐丝后仍需要较高氮、磷。目前，豫南地区玉米生产高效施肥技术途径主要包括以下 3 种：肥料优配、种肥同播一次性施肥及肥料深施。

5.4.2 肥料优配技术在玉米生产中的应用效果

肥料优配技术是根据不同区域的土壤类型、肥力水平与供肥能力，结合作物生育期内需肥规律，制定适宜的施肥措施，是促进化肥减量增效的一种重要手段（白由路和杨俐苹，2006）。该技术能够大幅度减少传统施肥的盲目性及施肥不科学而引起土壤结构破坏、环境污染等问题。同时，在应用该技术时，可以结合测土配方施肥技术的试验结果，根据土壤养分含量和作物养分需求规律制定方案，进行科学肥料配比（幕成功和郑义，1995）。肥料优配技术的应用在一定程度上能够实现作物需肥与土壤供肥之间的平衡，促进农业生产的发展。

同等供肥种类与数量条件下，不同土壤类型、肥力水平与供肥能力对作物产量的影响明显不同。董鲁浩等（2010）研究发现，与不施肥相比，有机无机肥配施条件下褐潮土和红壤区分别增产 788.3% 和 828.1%，且无机均衡施肥条件下褐潮土小麦增产潜力高于红壤区。杨青华等（2000）通过分析砂姜黑土和潮土区玉米产量得出，同等施肥措施下砂姜黑土较潮土增产 23.6%。不同土壤类型条件下土壤供肥能力和养分吸收率也存在一定差异。黄晓婷等（2016）研究不同土壤类型冬小麦—夏玉米轮作施肥效应时发现，4 种土壤类型（中壤潮土、沙壤潮土、砂姜黑土和黄褐土）中，施肥增产效应和肥料利用率表现为沙壤潮土＞黄褐土＞砂姜黑土＞中壤潮土，即基础生产力较高的土壤中养分供应能力较强，施肥增产效应较小，而基础生产力较低的土壤中肥料利用率较高。不同土壤类型与肥力水平也会影响作物根系生长速度与形态建成。王群等（2010）研究发现，紧实胁迫下不同类型土壤玉米根干重、根长度、养分累积量和分配量均呈下降趋势，参数变化顺序表现为潮土＞砂姜黑土＞黄褐土，降低土壤紧实度改善了玉米根系各参数，并且增加了玉米产量，以黄褐土和砂姜黑土增加幅度较大。

在同一土壤类型上，不同施肥比例对作物生长与养分吸收的影响也明显不同。赖丽芳等（2009）发现，平衡施肥增加了玉米产量和提高了氮、磷、钾的利用率。陈曦等（2019）通过分析氮磷钾配施对超高产夏玉米养分吸收和产量性状的影响发现，适宜氮磷钾肥配施能够改善生育期间植株养分积累、提高植株养分含量、增强植株干物质积累和产量形成。同时，不同施肥比例也会影响土壤物理、化学及生物学性质，最终影响玉米产量和品质。黄艳胜（2002）通过研究发现，不同施肥量对玉米产量和营养物质含量均有较大影响，在一定施肥水平内，随着施肥量增加玉米产量和籽粒蛋白质含量均表现增加趋势，而籽粒淀粉含量却下降。安江勇等（2016）研究指出，合理施肥有利于提高玉米的淀粉和粗蛋白含量，而施肥量过高会导致玉米品质降低。此外，不合理的肥料配比还会造成肥料在土壤中大量残留，过量施肥或施肥不当引起的农田氮磷流失是农业面源污染的主要途径。

在现代农业生产中，存在很多不合理的施肥现象，如偏施氮、磷肥造成了养分资源的浪费，导致肥料贡献率、增产效应和产量均有所下降。同时，自第二次土壤普查以来，由于缺少全国性田间试验结果的积累，我国测土配方施肥工作一直沿用以往的土壤养分丰缺指标。然而，我国大田作物品种特性、产量水平、栽培方式、农民施肥方式和土壤肥力等要素都发生了很大变化。因此，根据不同土壤类型、肥力水平和供肥能力确定合适的肥料投入量和投入比例，对促进作物增产和改善农田土壤性质及环境质量非常关键。本研究选择了豫南地区 2 种不同土壤类型，基于养分专家系统确定磷、钾施用量，分析 2 种土壤类型下施氮量对夏玉米产量、植株性状及养分吸收量的影响，为进一步实现化肥减施增效提供理论支撑。

5.4.2.1 材料与方法

1. 试验地概况　本研究于 2020 年分别在河南省驻马店驿城区顺河办事处李庄村和遂平农业科学研究所开展。驻马店区域处在亚热带与暖温带的过渡地带，具有亚热带与暖温带的双重气候特征，是典型的大陆性季风型半湿润气候，阳光充足，热量丰富，雨量充沛，温和湿润，四季分明。海拔为 70 m，年平均气温 14.8～15.0℃，降水量 850～980 mm，无霜期 220 d 左右。降水集中在 4—10 月，占全年降水量的 80% 以上。玉米生育期内高温多雨同时发生，灌排不及时易引起干旱、涝害。土壤类型为黄褐土或砂姜黑土，0～50 cm 土质为黏壤土及壤质黏土，耕层质地黏重，适耕期较短。试验开始前，土壤养分状况如下（表 5-3）。

表5-3 试验地土壤养分状况

区域	土壤类型	有机质 （%）	速效氮 （mg/kg）	有效磷 （mg/kg）	速效钾 （mg/kg）
驻马店	黄褐土	1.60	146.8	16.5	133.6
遂平	砂姜黑土	1.37	67.2	8.2	142.4

2. 试验设计 本研究包括6个处理：CK，对照（N：P：K＝0：4：6）；T1，习惯施肥（N：P：K＝15：4：6）；T2，优化施肥（N：P：K＝12：4：6）；T3，氮肥减施10%（N：P：K＝13.5：4：6）；T4，氮肥减施20%（N：P：K＝12：4：6）；T5，氮肥减施30%（N：P：K＝10.5：4：6）。各处理重复3次，完全随机排列。小区长6.1 m、宽3.3 m，小区面积20 m²，区间走道0.4 m，重复间走道1 m，小区四周设保护行。供试肥料尿素（含N 46.6%）、重过磷酸钙（含P_2O_5 44%）和氯化钾（含K_2O 60%），施肥措施见表5-4。供试品种为郑单1002，密度为每亩4 500株。试验于6月划区、施基肥、犁地、整地、播种，7月20日各处理将大喇叭口肥料一次性追施，施肥后及时覆土。玉米生育期间管理按高产田标准进行，按方案要求调查、取样、记载。9月收获，各小区单收、单独脱粒，产量结果计实产。

表5-4 试验处理与施肥管理

处理	每亩施肥量（kg）			备注
	N	P_2O_5	K_2O	
CK	0	4	6	基施
T1	15	4	6	基施
T2	12	4	6	40%氮与磷、钾肥基施， 60%氮肥大喇叭口期追施
T3	13.5	4	6	基施
T4	12	4	6	基施
T5	10.5	4	6	基施

3. 样品采集及方法 不同土壤类型分别于苗期（施肥后14 d）、灌浆期（施肥后65 d）和收获期（施肥后90 d）测定叶片 SPAD 值，并在小区内按每20 cm 一层分3层取0～60 cm 土样，每小区随机取3个点，相同层次的土壤混合为一个样，置于冰柜中冷冻保存。鲜土样解冻后混匀，称取6 g 土样3份，用50 mL 0.01 mol/L CaCl₂溶液浸提，振荡30 min后过滤，用德国 AA3 型流动分析仪测定土壤硝态氮和铵态氮含量，同时测定土壤含水量。玉米收获后采集植株样品，每小区取3株。样品取回后于105℃杀青30 min，70℃烘干称重。粉碎后采用凯氏定氮法测定植株全氮含量。

籽粒和秸秆样品分别于105℃下杀青30 min，85℃下烘干至恒重，粉碎、混匀，通过浓 H_2SO_4-H_2O_2消解，制备消解液。采用连续流动自动分析仪法测定消解液中氮浓度（温云杰等，2015），采用钼蓝比色法和火焰光度计法测定磷和钾浓度（鲍士旦，2000）。植株氮（磷、钾）吸收量采用以下公式计算：

氮吸收量＝（籽粒干重×氮含量）＋（秸秆干重×氮含量）

氮肥利用率＝（施氮区肥料吸收量－无氮区氮素吸收量）/

氮素投入总量×100％

通过玉米产值（元/hm²）和投入成本（元/hm²）的差值计算经济收入（王晓娟等，2012），其中玉米产量根据当年价格进行统计。投入成本为种子、农药、播种与收获、人工等费用之和。

4. 数据统计分析 采用 Excel 2016 整理数据。利用 SPSS 22.0软件，通过单因素方差分析法（One-way ANOVA）比较各指标不同处理间的差异显著性。

5.4.2.2 结果与分析

1. 不同施肥措施下玉米产量及经济效益的变化 如表 5-5 所示，不同土壤类型下施肥措施对玉米产量结果的影响。结果表明，在黄褐土区，优化施肥、减氮10％处理与习惯施肥之间产量无明显差异，但以优化施肥条件下产量稍高。该结果说明，优化施肥和氮肥减施10%均能够保持较高的玉米产量。与习惯施肥相比，减氮20%和30%处理均显著降低了玉米产量，降幅分别为7.6%和17.5%。可见，氮肥减施存在一定的减产风险，尤其是减氮10%以上时，产量随着氮肥投入量的减少而不断减少。其他施肥处理（除对照外）与习惯施肥之间差异不明显。除对照外，其他施肥处理的收获指数均在0.49~0.54之间，处理之间差异较小。砂姜黑土区，减氮20%和30%处理玉米产量较习惯施肥分别降低了6.9%和24.9%，差异显著。可见，氮肥直接减施20%以上，会造成减产。其他施肥处理（不含对照）产量较习惯施肥变化不明显，以优化施肥处理产量较高。

从整体经济效益来看，砂姜黑土区玉米产值略高于黄褐土区（表5-6）。其中，在黄褐土区和砂姜黑区均以优化施肥条件下经济效益最高，玉米亩产值分别为882.6元和983.8元，每亩经济收入分别为667.3元和768.5元。

表5-5　玉米产量结果统计表

区域 （土壤类型）	处理	产量（kg，20m²）				亩产量 （kg）	收获指数
		I	II	III	平均		
驻马店 （黄褐土）	CK	10.3	10.6	10.6	10.5	349.8 d	0.43
	T1	16.3	16.8	16.7	16.6	550.3 a	0.49
	T2	16.3	17.0	16.4	16.5	551.6 a	0.54
	T3	15.8	16.7	16.0	16.2	539.3 ab	0.53
	T4	15.1	15.2	15.4	15.2	508.3 b	0.52
	T5	13.4	13.9	13.5	13.6	453.9 c	0.49
遂平 （砂姜黑土）	CK	10.1	12.6	10.4	11.0	367.2 d	0.27
	T1	19.7	15.3	16.8	17.3	577.0 ab	0.34
	T2	21.0	16.8	17.5	18.4	614.9 a	0.36
	T3	16.9	15.3	18.2	16.8	560.4 ab	0.32
	T4	18.7	14.1	15.6	16.1	537.3 b	0.30
	T5	15.1	7.5	16.4	13.0	433.5 c	0.29

注：表中数字后不同小写字母表示0.05水平差异显著。下同。

表 5-6　玉米经济效益统计表（元）

处理	每亩投入成本				每亩玉米产值		每亩经济收入	
	种子＋播种	肥料	人工	农药	黄褐土	砂姜黑土	黄褐土	砂姜黑土
CK	60	52.0	20	24.0	559.7	587.5	403.7	431.5
T1	60	110.5	40	16.5	880.5	923.2	653.5	696.2
T2	60	98.8	40	16.5	882.6	983.8	667.3	768.5
T3	60	104.7	20	16.5	862.9	896.6	661.7	695.4
T4	60	98.8	20	16.5	813.3	859.7	618.0	664.4
T5	60	93.0	20	16.5	726.2	693.6	536.7	504.1

注：尿素氮 3.9 元/kg，P_2O_5 6.7 元/kg，K_2O 4.2 元/kg，控释氮 5.98 元/kg。

2. 不同施肥措施下玉米产量构成因素的变化　如表 5-7 所示，不同土壤类型下施肥措施对玉米产量构成因素的影响。在不同土壤类型下，施用氮肥较对照玉米穗长提高，秃尖长降低，并且穗粒数和百粒重也提高。在黄褐土区，与习惯施肥相比，减氮 20% 和 30% 处理穗长分别降低了 0.4 cm 和 1.2 cm，秃尖长分别增加了 0.4 cm 和 0.7 cm，且降低了穗粒数（9.7% 和 18.6%）和百粒重（4.9% 和 5.7%），而其他处理穗长、秃尖长、穗粒数和百粒重变化均不明显。在砂姜黑土区，减氮 30% 处理较习惯施肥显著降低了穗长、穗粒数和百粒重，降幅分别为 5.1%、3.2% 和 4.8%，秃尖长增加了 0.3 cm，差异显著，而其他处理产量构成因素与习惯施肥之间无明显差异。该结果表明，黄褐土区减氮 20%～30% 和砂姜黑土区减氮 30% 均会对产量构成因素造成影响。整体来看，穗粒数和百粒重是影响作物产量的主要因素，且砂姜黑土区表现明显优于黄褐土区。

表 5-7 产量构成因素统计

土壤类型	处理	穗长 (cm)	秃尖长 (cm)	穗粒数 (个)	百粒重 (g)
黄褐土	CK	14.5 c	3.2 a	304.8 c	24.3 c
	T1	17.3 a	0.2 c	453.9 a	27.1 a
	T2	17.2 a	0.3 c	439.8 ab	26.5 a
	T3	17.1 a	0.4 c	435.8 ab	26.2 ab
	T4	16.9 ab	0.6 b	397.2 b	25.2 b
	T5	16.1 b	0.9 ab	357.9 bc	25.0 b
砂姜黑土	CK	12.4 c	0.9 a	398.3 c	34.9 c
	T1	17.6 a	0.5 c	526.3 ab	37.4 a
	T2	18.0 a	0.5 c	546.2 a	37.5 a
	T3	17.3 ab	0.5 c	529.8 ab	37.4 a
	T4	17.5 ab	0.5 c	525.9 ab	37.4 a
	T5	16.7 b	0.6 b	509.7 b	35.6 b

3. 不同施肥措施下玉米叶片叶绿素 SPAD 值的变化 不同土壤类型下施肥措施对生育期内玉米叶片叶绿素含量的影响结果表明（表 5-8），抽雄期和灌浆期叶片叶绿素含量变化较大，而收获期变化幅度较小。在黄褐土区，与习惯施肥相比，减氮 20％和 30％处理均降低了抽雄期叶片叶绿素含量，降幅为 5％左右；减氮 10％～30％处理均降低了灌浆期叶片叶绿素含量，降幅为 5.2％～7.8％。其他处理叶绿素含量与习惯施肥之间差异不明显。与黄褐土区相似，在砂姜黑土区，减氮 30％处理降低了抽雄期和灌浆期叶片叶绿素含量，降幅分别为 13.2％和 9.9％。整体来看，砂姜黑土区不同生育时期内玉米叶片叶绿素含量明显高于黄褐土区，尤其是在抽雄期至灌浆期。

表 5-8 叶片 SPAD 值统计

土壤类型	处理	抽雄期	灌浆期	收获期
黄褐土	CK	31.7 b	33.0 b	23.4 b
	T1	34.9 a	37.0 a	31.9 a
	T2	33.9 ab	35.1 a	30.9 a
	T3	33.5 ab	35.0 b	30.4 a
	T4	33.2 b	34.5 b	30.4 a
	T5	33.1 b	34.1 b	30.2 a
砂姜黑土	CK	49.2 b	37.2 b	28.7 b
	T1	68.9 a	70.1 a	45.5 a
	T2	67.0 a	74.6 a	46.3 a
	T3	65.4 ab	71.4 a	43.9 a
	T4	65.6 ab	69.8 ab	43.2 a
	T5	59.8 b	63.1 b	43.0 a

4. 不同施肥措施下玉米植株养分积累吸收量及氮肥利用率的变化 如表 5-9 所示,不同土壤类型下施肥措施对玉米养分累积吸收量与氮肥利用率的影响。植株氮吸收量表现为:黄褐土区的习惯施肥、优化施肥和减氮10%处理植株氮吸收量之间差异不显著,而减氮20%和30%处理植株氮吸收量较习惯施肥分别显著降低了10.4%和19.8%;砂姜黑土区的优化施肥处理较习惯施肥提高了植株氮吸收量,增幅为2.1%,差异不显著,而减氮20%和30%处理植株氮吸收量较习惯施肥分别降低了9.8%和10.8%。不同施肥措施(除对照外)下,植株磷吸收量与习惯施肥之间差异均不显著。植株钾吸收量表现为:黄褐土区不同施肥处理(除对照外)钾肥吸收量差异不显著,而砂姜黑土区减氮30%处理植株钾吸收量较习惯施肥降低了7.2%。在不同土壤类型下,施肥措施明显影响了玉米氮肥利用率。与习惯施肥相比,

黄褐土区和砂姜黑土区优化施肥处理均提高了玉米氮肥利用率，增幅分别为 11.6 个和 17.3 个百分点。其他施肥处理氮肥利用率之间差异不明显。

整体来看，砂姜黑土区植株氮累积吸收量与氮肥利用率明显高于黄褐土区，其中，氮累积吸收量每亩增加 1.4 kg，氮肥利用率增加 25%；2 种土壤类型下磷累积吸收量变化不明显；砂姜黑土区植株钾肥累积吸收量低于黄褐土区，每亩差值为 2.6 kg。

表 5-9　不同施肥措施对玉米养分累积吸收量及氮肥利用率的影响

土壤类型	处理	每亩养分累积吸收量（kg）			氮肥利用率（%）
		氮	磷	钾	
黄褐土	CK	4.64 d	1.31 b	7.9 b	—
	T1	9.75 a	1.50 ab	26.2 a	34.1 b
	T2	10.12 a	1.68 a	30.3 a	45.7 a
	T3	9.45 ab	1.45 ab	25.7 a	35.6 b
	T4	8.71 b	1.33 b	24.5 a	33.9 b
	T5	7.82 c	1.25 b	24.7 a	30.3 b
砂姜黑土	CK	5.12 c	1.39 b	6.7 b	—
	T1	11.05 a	1.67 ab	23.7 a	39.5 b
	T2	11.94 a	1.74 a	25.3 a	56.8 a
	T3	10.88 ab	1.52 ab	23.4 a	42.7 b
	T4	9.97 b	1.44 b	22.7 ab	40.4 b
	T5	9.86 b	1.46 b	22.0 b	45.1 b

5.4.2.3　小结

（1）两个试验点，均以优化施肥措施下经济收入最高，遂平试验点经济收益高于驻马店试验点；减氮 10% 对玉米产量无明显影响，而减氮 20% 和 30% 较习惯施肥显著降低了玉米产量。

（2）驻马店试验点，减氮 20% 和 30% 施肥处理穗长显著降低，且秃尖长增加；遂平试验点，减氮 30％施肥处理穗长、穗粒数和百粒重显著降低，且秃尖长增加。不同土壤类型下减氮 20％和30％处理均降低了拔节期和抽雄期玉米叶片叶绿素含量。

（3）两个试验点，优化施肥处理玉米氮肥利用率均提高，遂平试验点增幅高于驻马店试验点；减氮 20％和 30％施肥处理玉米氮累积吸收量均显著降低。

综上所述，在豫南黄褐土区和砂姜黑土区，优化施肥（N∶P∶K＝12∶4∶6，40％氮肥基施，60％氮肥追施）均能够提高玉米产量、改善玉米植株农学性状及提高养分利用率，且砂姜黑土区效果表现优于黄褐土区。

5.4.3 种肥同播一次性施肥技术在玉米生产中的应用效果

种肥同播一次性施肥技术已成为当下我国粮食作物生产的必然需求，也是作物获得高产前提下农田生态系统可持续发展的重要途径之一。该措施是根据作物需肥规律、目标产量和土壤养分状况，确定合理的肥料种类与施肥量，通过农机一次性作业实现将作物种子和肥料同时播入耕层土壤，是提高田间作业效率和化肥利用率的重要手段。在该技术措施下，一般不需要间苗，生育期内不需追肥，既达到了精量播种和精准施肥的目的，又能够在降低化肥投入量的基础上增加作物产量和经济收入（于金宝等，2017）。目前，针对豫南夏玉米生产区可实现种肥同播一次性施肥技术的农业生产方式主要包括以下 2 类：一次性基施控释氮肥和肥料化学调控技术。其中，一次性基施控释氮肥是将控释氮肥与配套农机相结合以实现作物全生育期的养分需求，而肥料化学调控技术则是通过化学调控剂（硝化抑制剂、脲酶抑制剂等）调控养分释放以解决普通肥料肥效短和利用率低的问题（Qiao et al.，2012；Zheng et al.，2020）。

施用缓/控释氮肥是开展种肥同播一次性施肥技术的基础，区

别于传统化学单质肥料和复合肥料，能够根据作物养分需求规律控
制或延缓养分释放，具有肥效长、损失少、稳定性好的优点（武志
杰等，2012）。据统计，2005—2015 年，我国缓/控释氮肥的生产
总量达 2 100 万 t，应用面积达到 3 300 万 hm²，并且施用面积仍不
断扩大（颜晓元等，2018）。目前，针对不同区域范围内施用缓/控
释氮肥对作物生产与环境效应的研究较多，普遍认为：施用缓/控
释氮肥能够提高作物产量和养分利用率（Geng et al.，2016），减
少 NH_3 挥发和 N_2O 排放量（卢艳艳和宋付朋，2011；韩蔚娟等，
2016），增加表层土壤硝态氮的累积（李军等，2017）。同时，在肥
料中添加硝化抑制剂或脲酶抑制剂等也能够减缓氮素释放、促进作
物增产，尤其是在玉米生长季表现效果更佳。方玉凤等（2015）通
过研究发现，添加硝化抑制剂一次性施肥处理玉米产量较普通一次
性施肥处理增产 5.6%，氮素利用率较追肥处理提高 5.43%，硝化
抑制作用和增产的效果明显。Liu 等（2020）研究发现，与常规施
肥相比，减施氮肥 20%条件下添加脲酶抑制剂处理玉米不减产且
氮肥利用率提高了 7.1%。此外，施用硝化抑制剂还能够改善玉米
品质。宋以玲等（2015）研究结果表明，与普通复合肥相比，施用
3 种添加了硝化抑制剂双氰胺的自制包膜缓释肥料均能显著增强玉
米后期的光合性能，提高玉米叶片内抗氧化物酶活性和可溶性蛋白
含量，降低叶片内丙二醛的含量；同时，提高了籽粒中淀粉、蛋白
质和维生素 C 的含量。然而，受区域性土壤、气候等条件的影响，
国内外关于基施缓/控释氮肥和添加肥料化学调控剂能够促进作物
增产增收的观点并不一致。例如，有研究指出，施用缓/控释氮肥
等肥料较普通肥料增加了成本，但对作物养分吸收和产量并无明显
影响（Akiyama et al.，2010；Abalos et al.，2014）。因此，进一
步分析控释肥料的应用效果十分必要。

　　本研究基于 2 年的种肥同播一次性施肥的大田试验，分析豫南
砂姜黑土区农田基施缓/控释肥料对玉米产量与养分吸收的影响，

并结合土壤硝态氮残留状况及玉米经济效益，综合评价其应用效果，以期筛选出适合该区域的玉米肥料品种。

5.4.3.1 材料与方法

1. 试验地概况 本研究于 2018 年和 2019 年在河南省驻马店市遂平农业科学研究所开展。该地区海拔 70 m，年均气温 14.9℃，年均降水量 972 mm，属暖温带大陆性季风气候。降水主要集中在 6—8 月，占全年降水量的 70% 以上（图 5-1）。玉米生育期内高温、多雨，且易同时发生。该地区土壤类型为石灰性砂姜黑土，0~50 cm 土质为黏壤土及壤质黏土，耕层质地黏重，适耕期较短。试验开展前 0~20 cm 土层基本性质为：土壤容重 1.58 g/cm^3，有机质 13.7 g/kg，全氮 0.11 g/kg，有效磷 8.2 mg/kg，速效钾 121.1 mg/kg，pH 6.73。

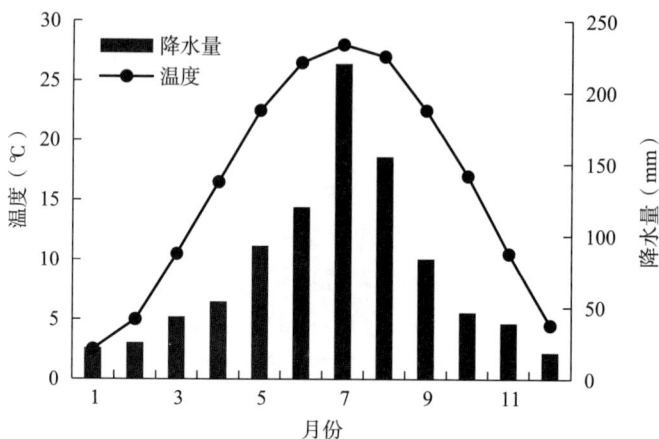

图 5-1 遂平县 30 年平均气温和降水量

2. 试验设计 试验设置常规尿素（CK）、普通控释肥料（CRU）及含生物质炭（BU）、微肥（MU）、腐植酸（HAU）的控释肥料 5 个处理，3 次重复，15 个小区。小区面积为 6 m×5 m＝30 m²，完全随机排列。控释肥料处理中，CRU 为加入硝化抑制剂（正丁基硫代磷酸三胺，用量为纯氮含量的1%）的稳定性尿素，BU和HAU为玉米秸秆炭（500℃下裂解，含量≤8%）和腐植酸（含量≤5%）包衣尿素，MU为Zn、Fe等微量元素（含量≤1%）与尿素制备成的多元微肥尿素络合肥。各处理养分投入量相等：N、P_2O_5和K_2O用量分别为225 kg/hm²、45 kg/hm²和45 kg/hm²。6月上旬播种，种肥同播，肥料作为基肥施入。供试玉米品种为郑单1002，株行距为28 cm×60 cm，栽培密度为67 500株/hm²，收获期为9月下旬。灌水、施药等管理措施同当地农户。

3. 样品采集与分析 收获期，各小区随机采集10株样品，晾晒至籽粒含水量达12%时，进行考种，项目包括穗长、穗粗、穗粒数和百粒重。考种后的秸秆和籽粒经烘干和粉碎后，分析养分含量。同时，各小区籽粒和秸秆全部人工收获，籽粒含水量降至12%、秸秆含水量低于10%时，分别记产。收获后，各小区随机选取3个点，用土钻分别采集0～20 cm、20～40 cm、40～60 cm土层样品，同小区同层土样混匀，立即装入自封袋内，带回实验室−20℃冷冻保存，于7 d内分析硝态氮含量。

产量及产量构成因素：每公顷产量通过小区实际产量折算。采用游标卡尺测量穗长（cm）和穗粗（cm）；根据穗行数、单行粒数，计算穗粒数；利用电子天平（精确至0.000 1）称量百粒重（g）。

籽粒和秸秆样品分别于105℃下杀青30 min，85℃下烘干至恒重，粉碎、混匀，通过浓H_2SO_4-H_2O_2消解，制备消解液。采用连续流动自动分析仪法测定消解液中氮浓度（温云杰等，2015），采用钼蓝比色法和火焰光度计法测定磷和钾浓度（鲍士旦，2000）。植株氮（磷、钾）吸收量采用以下公式计算：

氮吸收量＝（籽粒干重×氮含量）＋（秸秆干重×氮含量）

经济效益：通过净收入和产投比评价不同控释肥料品种的经济效益（王晓娟等，2012）。总产出采用以下公式计算：

总产出＝玉米产量×玉米单价

式中，2018年和2019年玉米单价分别为1.6元/kg和1.7元/kg。

总投入（元/hm²）为肥料费用和其他投入（种子、农药、播种与收获、人工等）之和。

4. 数据处理与分析 采用 Excel 2003 进行数据整理与绘图。利用 SPSS 22.0 统计分析软件，通过单因素方差分析法（One-way ANOVA）和 Duncan 法进行数据之间的方差分析与多重比较，显著性假设为 $P<0.05$。

5.4.3.2 结果与分析

1. 不同缓/控释肥品种下玉米产量及产量构成因素的变化 由表5-10可以看出，施用缓/控释肥料较CK一定程度上提高了玉米产量，2018年产量增幅在1.3%～10.2%之间，2019年产量增幅在4.1%～12.2%之间，年均产量增幅在2.7%～10.9%之间。施用缓/控释肥料处理中，年均产量以HAU增幅最高，增幅为10.9%，差异显著；同时，HAU穗粒数较CK提高了9.7%、百粒重较CK提高了9.2%，差异显著（表5-10）。CRU具有一定的增产效果，但并不稳定：2018年产量较CK变化不明显，而2019年产量、穗粒数和百粒重较CK分别提高了12.2%、9.4%和8.9%。BU和MU产量与CK之间差异均未达到显著水平（表5-10）。

表5-10 玉米产量及产量构成因素统计

年份	处理	产量 （kg/hm²）	穗长 （cm）	穗粗 （cm）	穗粒数 （粒）	百粒重 （g）
2018	CK	7 093.0±342.9 b	20.0±0.7 a	4.9±0.4 a	513.5±13.4 b	32.3±1.2 b
	BU	7 167.0±442.3 ab	20.5±1.4 a	4.8±0.7 a	520.8±18.7 ab	32.7±1.6 b
	MU	7 342.9±338.4 ab	19.7±0.9 a	4.6±0.5 a	526.7±19.5 ab	33.6±1.5 ab
	HAU	7 815.3±417.5 a	21.6±1.8 a	5.0±0.3 a	561.3±12.6 a	35.1±0.8 a
	CRU	7 491.0±518.6 ab	20.2±0.6 a	4.7±0.6 a	532.6±19.3 ab	34.5±1.0 ab

214

（续）

年份	处理	产量 （kg/hm²）	穗长 （cm）	穗粗 （cm）	穗粒数 （粒）	百粒重 （g）
2019	CK	6 258.5±374.6 b	16.0±2.4 a	4.8±0.5 a	358.4±11.7 b	32.8±1.7 b
	BU	6 495.4±397.2 ab	16.2±2.7 a	4.0±0.8 a	362.8±15.9 ab	33.0±1.4 ab
	MU	6 776.6±295.4 ab	16.8±3.0 a	4.7±0.6 a	375.2±9.2 ab	32.6±1.2 b
	HAU	6 964.1±273.3 a	17.3±3.4 a	4.9±0.4 a	388.7±18.2 a	35.9±1.3 a
	CRU	7 009.5±325.7 a	17.8±2.9 a	4.8±0.5 a	392.0±16.8 a	35.7±1.1 a
平均值	CK	6 675.8±358.7 b	18.0±1.6 a	4.9±0.5 a	436.0±12.6 b	32.6±1.4 b
	BU	6 831.2±419.8 ab	18.4±2.1 a	4.4±0.7 a	441.8±17.3 ab	32.9±1.6 ab
	MU	7 059.8±316.9 ab	18.3±2.0 a	4.7±0.5 a	450.9±26.9 ab	33.2±1.3 b
	HAU	7 389.7±345.4 a	19.5±2.5 a	5.0±0.3 a	478.0±25.4 a	35.5±1.1 a
	CRU	7 250.3±422.2 ab	19.0±1.8 a	4.8±0.5 a	462.3±18.1 ab	35.1±1.0 ab

2. 不同缓/控释肥料品种下玉米植株养分吸收量的变化 如图 5-2 和图 5-3 所示，2018 年和 2019 年施用不同缓/控释肥料对玉米植株氮、磷和钾累积吸收量的影响。结果表明，施用缓/控释肥料较 CK 明显提高了玉米植株氮、磷和钾吸收量，年均植株氮、磷和吸收量增幅分别为 6.4%～20.6%、5.1%～27.5% 和 11.2%～18.7%。施用缓/控释肥料处理中，HAU 年均植株氮和磷吸收量分别较 CK 提高了 20.6%（2018 年和 2019 年增幅分别为 22.7% 和 18.4%）和 27.5%（2018 年和 2019 年增幅分别为 24.3% 和 30.7%），差异显著；而其他处理年均植株氮、磷吸收量与 CK 之间均无显著差异。不同处理年均植株钾吸收量在 116.8～138.4 kg/hm² 之间，尽管施用缓/控释肥料较 CK 提高了植株钾吸收量，但差异均未达到显著水平。

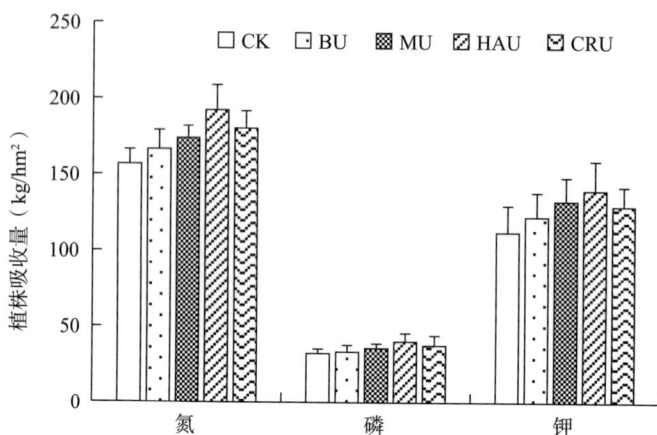

图 5-2 2018 年玉米植株养分吸收量

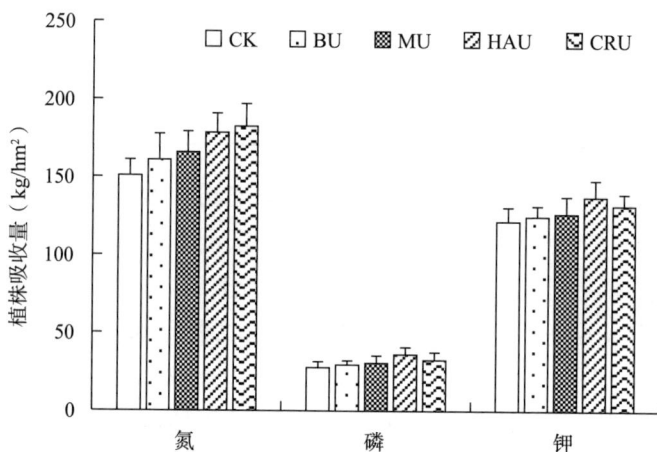

图 5-3 2019 年玉米植株养分吸收量

3. 不同缓/控释肥料品种下土壤硝态氮含量的变化 由图 5-4 和图 5-5 可以看出，2018 年和 2019 年不同处理 0～60 cm 土层硝态氮含量随着土层深度增加呈现下降趋势，同时，施用缓/控释肥料较 CK 一定程度上降低了 0～60 cm 土层硝态氮含量。施用缓/控释

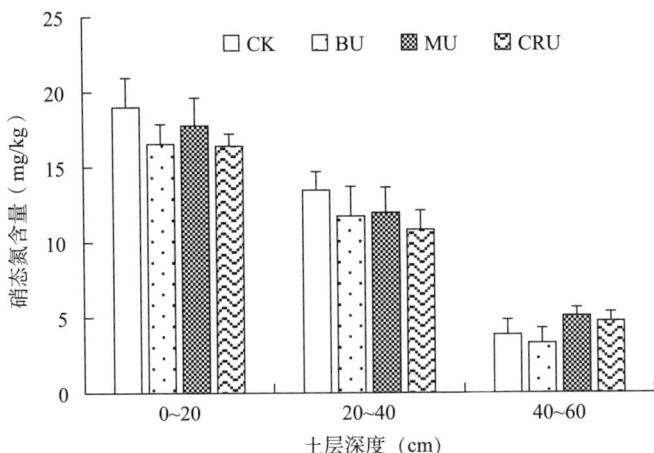

图 5-4 2018 年 0～60 cm 土层硝态氮含量变化

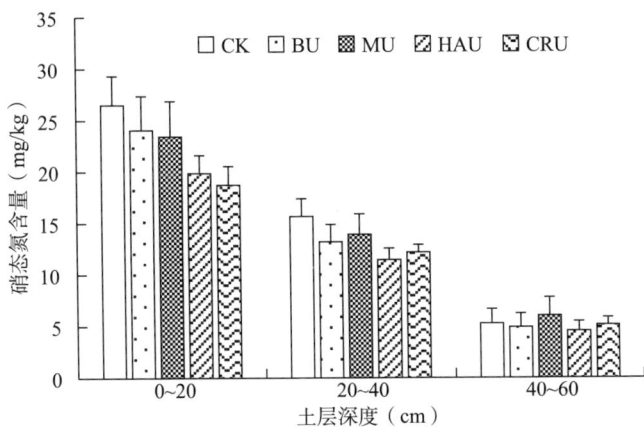

图 5-5 2019 年 0～60 cm 土层硝态氮含量变化

肥料处理中，HAU 较 CK 显著降低了 0～40 cm 土层硝态氮含量，其中，0～20 cm 土层降幅为 26.4％（2018 年和 2019 年降幅分别为 27.5％和 25.2％），20～40 cm 土层降幅为 32.4％（2018 年和 2019 年降幅分别为 29.4％和 35.3％），但 40～60 cm 土层硝态氮含

量较 CK 变化不明显；CRU 土壤硝态氮含量受年份影响较大，2018 年 0～60 cm 土层硝态氮含量与 CK 之间无显著差异，但 2019 年 0～20 cm 和 20～40 cm 土层硝态氮含量分别较 CK 显著提高了 29.3%和 22.5%；与 CK 相比，尽管 BU 和 MU 均降低了 0～60 cm 土层硝态氮含量，但差异并不显著。

4. 不同缓/控释肥料品种下玉米经济效益评价 本研究根据 2 年玉米平均产量变化，结合当年玉米单价，分析了不同处理下种植玉米的净收入及产投比。结果表明（表 5-11）：与 CK 相比，施用缓/控释肥料增加了玉米经济效益，增收 110.6～877.6 元/hm²，增幅为 1.7%～13.5%。其中，以 HAU 增幅（13.5%）最高，其次分别为 CRU（7.8%）、MU（5.2%）和 BU（1.7%）。各处理的产投比由高至低依次为 HAU（2.14）＞CRU（2.05）＞MU（2.04）≈CK（2.04）＞BU（2.03）。总体来看，HAU 较其他处理具有更高的增收潜力。

表 5-11　不同新型肥料品种下玉米经济效益

处理	年均总产出（元/hm²）	年均总投入（元/hm²）		净收入（元/hm²）	产投比
		肥料投入	其他投入		
CK	10 994.1	1 500	3 890	5 604.1	2.04
BU	11 254.7	1 650	3 890	5 714.7	2.03
MU	11 634.4	1 800	3 890	5 944.4	2.04
HAU	12 171.7	1 800	3 890	6 481.7	2.14
CRU	11 950.9	1 950	3 890	6 110.9	2.05

5.4.3.3　讨论与小结

施用缓/控释肥料在促进作物生长、养分吸收及增产方面具有重要作用（刘艳丽等，2015）。本研究中，施用含腐植酸肥料较常规尿素玉米产量提高了 10.9%，同时，增加了穗粒数与百粒重，提高了植株氮和磷的吸收量。腐植酸通过减缓养分释放速率，从而提高了养分利用率（李兆君等，2005）；且腐植酸被作物吸收后，不仅能够提高叶片光合作用，而且能够增强抗逆性（张瑜等，2018）。施用缓/控释肥料对作物产量的影响与当年气象因子变化（温度、降水、光照时数等）相关（李伟，2012；Ji et al.，2013）。任宁等（2020）研究发现，施用缓/控释肥料下干旱年份玉米干物质累积量较常规年份降低了 16.8%～52.6%，同时，氮素累积量降低了 17.2%～65.9%。本研究发现，施用普通控释尿素增加了玉米产量和养分吸收量，但效果不稳定。该结果可能与豫南地区年际间玉米生育期内降水、温度等气象因子变化有关（张荣荣等，2018），例如，2019 年玉米生育期内平均最高温度（37.3℃）较 2018 年（35.9℃）增加了 1.4℃，平均降水量（626.8 mm）较 2018 年（302.0 mm）降低了 324.8 mm（中国气象数据网，2020）。本研究中，施用含生物质炭控释肥料并未对产量造成影响。然而，有研究表明，施用炭基肥料明显提高作物产量及改善作物农艺性状（康日峰等，2014；范星露等，2016）。究其原因，一方面是由于生物质炭施用量、土壤性质和气候条件的差异；另一方面是由于生物质炭改良土壤性质存在长期效应（Zwieten et al.，2010）。刘红恩等（2016）研究发现，施用含微肥控释肥料一定程度上提高了玉米产量，增幅在 5%左右，本研究结果与其结论基本一致。

本研究发现，施用含腐植酸控释肥料较常规尿素明显降低了 0～40 cm 土壤硝态氮含量。其主要原因是，与其他新型肥料相比，腐植酸作为外源有机物加入尿素，不仅能够提高土壤有机质（盖霞普等，2018），而且能够激发土壤酶活性，活化表层土壤养分（张瑜等，2018），从而促进尿素及其他养分被作物进一步高效吸收（裴瑞杰等，2013）。目前，关于外源添加生物质炭对土壤硝态氮淋溶影响的研究结果并不一致。陈心想等（2014）研究发现，生物质炭施用量达到 80 t/hm² 时，能够减少土壤硝态氮淋溶，而施用量降至 20～60 t/hm² 时，其效果明显降低或无效果。然而，Xu 等

（2016）研究发现，当生物质炭施用量为 40～160 t/hm² 时，均能显著降低土壤硝态氮淋溶。本研究中，施用含生物质炭肥料与常规尿素土壤硝态氮变化基本一致，也就是说，施用含生物质炭肥料并未对土壤硝态氮造成显著影响。这一结果可能是由于生物质炭吸附效果与其原材料和施用量有关，同时，其吸附效果还受土壤类型、土壤酸碱度等因素的影响，如何通过技术手段提高农田生物质炭的吸附与固持能力仍需要进一步研究。

因此，在豫南砂姜黑土区玉米生产中，在种肥同播一次性施肥条件下施用含腐植酸控释肥料增加了玉米植株氮和磷吸收量、穗粒数与百粒重，不仅能够提高玉米产量与经济效益，而且降低土壤硝态氮残留量，具有较为广阔的应用前景。

5.4.4 肥料深施技术在玉米生产中的应用效果

在农业生产中，施肥方式是影响肥料利用率的主要原因之一，养分供应位置的差异严重影响作物根系生长及养分吸收。目前，在旱地作物上广泛应用推广的肥料深施技术，解决了表面撒施的弊端，提高了肥料利用率（孙浩燕等，2015）。肥料深施是将化肥定量施到作物根系密集的土壤中，有利养分能够最大限度地被作物吸收利用，从而减少挥发和淋失，以达到提高化肥利用率、节肥增产的目的。肥料深施不仅能够增强土壤保水保肥的效果，而且能够促进根系下扎，增强根系对养分和水分的吸收能力。肥料深施的途径主要包括沟施、穴施、条施等。

肥料深施能够显著提高作物产量与养分利用率。王应君等（2006）研究发现，与习惯施肥（浅施）相比，肥料深施条件下小麦增产 7.6%～26.6%，氮、磷和钾吸收量分别增加 34.3～67.8 kg/hm²、3.2～9.4 kg/hm² 和 17.8～39.8 kg/hm²，氮肥利用率提高 20.9～41.1 个百分点，磷肥利用率提高 7.1～15.4 个百分点。李伟波等（2001）研究发现，深追肥（10 cm 和 15 cm）比当地传统的垄上一次浅追肥，氮肥利用率从 24.5% 提高到 39.0%。肥料深施能够促进作物根系生长发育及良好形态建成。于晓芳等（2013）指出，氮肥深施 15 cm 可促使玉米根系下移，明显提高深层根系活力及比重，特别是 20～40 cm 土层。杜玉奎（2015）研究发现，与撒施相比，玉米吐丝期在深施 20 cm 和 40 cm 处理下，根长密度、根表面积、根系 TTC 还原量、根系吸收面积及活跃吸收面积分别比表层撒施提高 19.67%、14.07%、21.16%、11.23%、59.67%（20 cm）和 23.58%、4.59%、17.97%、8.59%、22.37%（40 cm）。此外，肥料深施还能减少土壤氨挥发。胡瞒瞒等（2020）等通过研究华北平原氮肥周年深施对冬小麦—夏玉米轮作体系土壤氨挥发的影响发现，与常规施肥相比，氮肥深施能够显著降低土壤氨排放。刘威等（2019）发现，控释尿素深施 10～20 cm 土层，玉米全生育期土壤氨挥发损失总量较表施（0 cm）和浅施（5 cm）分别降低了 85.9%～87.8% 和 67.0%～71.6%，差异显著。

在豫南玉米生产过程中，氮肥施用较浅的现象普遍存在，且没有肥料深施的习惯，氮素损失量大且氮肥利用率整体不高。本研究在前人研究基础上，对比分析了同等施肥量条件下肥料深施与施肥措施对玉米产量、氮肥利用及经济效益的影响，旨在为进一步提高玉米生产效益提供相应的技术支撑。

5.4.4.1　材料与方法

1. 试验地概况　本研究于 2019 年在河南省驻马店驿城区顺河办事处李庄村开展。该地区气候条件和土壤性质情况，同 5.4.3.1。

2. 试验设计　试验处理包括施肥深度为 5 cm 的农民习惯施肥（CK）及施肥深度为 15 cm 的深度施肥（DF）、控释尿素 100% 施肥（CRF）和控释尿素 70%＋普通尿素 30% 施肥（CUF），3 次重复，12 个小区。小区面积为 6 m×5 m＝30 m²，完全随机排列。各处理养分投入量相等：N、P_2O_5 和 K_2O 用量分别为 225 kg/hm²、45 kg/hm² 和 45 kg/hm²。6 月上旬播种，种肥同播，肥料作为基肥施入。其中，CK 施肥深度为 5 cm，其他处理施肥深度均为 15 cm。供试玉米品种为郑单 1002，株行距为 28 cm×60 cm，栽培密度为 67 500 株/hm²，收获期为 9 月下旬。其他管理措施同当地农户习惯管理。

3. 样品采集与分析 收获期，各小区随机采集 10 株样品，晾晒至籽粒含水量达 12% 时，进行考种，项目包括穗长、穗粗、穗粒数和百粒重。考种后的秸秆和籽粒，烘干、粉碎，分析养分含量。同时，各小区籽粒和秸秆全部人工收获，籽粒含水量降至 12%、秸秆含水量低于 10% 时，分别记产。每公顷产量通过小区实际产量折算。收获后，各小区随机选取 3 个点，用土钻分别采集 0~20 cm、20~40 cm、40~60 cm 土层样品，同小区同层土样混匀，立即装入自封袋内，带回实验室 -20℃ 冷冻保存，于 7d 内分析硝态氮含量。

籽粒和秸秆样品分别于 105℃ 下杀青 30 min，85℃ 下烘干至恒重，粉碎、混匀，通过浓 H_2SO_4-H_2O_2 消解，制备消解液。采用连续流动自动分析仪法测定消解液中氮浓度（温云杰等，2015），采用钼蓝比色法和火焰光度计法测定磷和钾浓度（鲍士旦，2000）。植株氮（磷、钾）吸收量采用以下公式计算：

氮吸收量＝（籽粒干重×氮含量）＋（秸秆干重×氮含量）

通过净收入（元/hm²）评价不同处理的经济效益。总投入（元/hm²）为肥料费用和其他投入（种子、农药、播种与收获、人工等）之和。

4. 数据处理与分析 采用 Excel 2003 进行数据整理与绘图。利用 SPSS 22.0 统计分析软件，通过单因素方差分析法（One-way ANOVA）和 Duncan 法进行数据之间的方差分析与多重比较，显著性假设为 $P<0.05$。

5.4.4.2 结果与分析

1. 肥料深施对玉米产量与经济效益的影响 如表 5-12 所示，

2 种施肥深度下玉米产量及产量构成因素的变化特征。结果表明，与 CK 相比，增加施肥深度显著提高了玉米产量，增幅为 7.8%～16.0%，其中以 CRF 产量增幅最高。在产量构成因素中，增加施肥深度秃尖长较 CK 降低了 0.06～0.09 cm、穗粒数和百粒重分别提高了 3.9%～4.8% 和 4.9%～7.3%，差异显著。

　　不同处理下玉米经济效益结果表明（表 5-13），增加施肥深度明显提高了玉米产值，增幅为 862～1 908 元/hm²。然而，扣除其他投入和肥料总投入成本之后，CUF 经济效益最高，较 CK 提高了 1 600 元/hm²，其余处理次之。

表 5-12　肥料深施对玉米产量与产量构成因素的影响

处理	产量 (kg/hm²)	穗长 (cm)	秃尖长 (cm)	穗粒数 (个)	百粒重 (g)
CK	6 639.4 b	17.0 a	0.36 a	398.1b	28.8 a
DF	7 158.5 a	17.5 a	0.27 b	417.8 a	30.9 b
CRF	7 699.5 a	17.6 a	0.30 b	415.4 a	30.4 b
CUF	7 674.0 a	17.4 a	0.28 b	413.8 a	30.2 b

表 5-13　肥料深施对玉米经济效益的影响（元/hm²）

处理	肥料总投入	其他投入	玉米产值	净收入
CK	1 482	300	11 951	10 169
DF	1 482	300	12 813	11 031
CRF	1 857	300	13 859	11 702
CUF	1 745	300	13 814	11 769

注：尿素氮 3.9 元/kg，P_2O_5 6.7 元/kg，K_2O 4.2 元/kg，控释氮 5.98 元/kg。

2. 肥料深施对玉米植株养分吸收的影响　2 种施肥深度下玉米植株氮、磷和钾累积吸收量的变化结果表明（表 5-14），与 CK 相比，增加施肥深度显著增加了植株氮累积吸收量，增幅为 14.0%～29.1%，其中以 CUF 处理氮累积吸收量增幅最高（29.1%）；玉米植株磷累积吸收量较氮有所不同，与 CK 相比 CRF 和 CUF 处理磷累积吸收量显著提高了 17.4% 和 18.1%，而 CF 增加效果不明显；各处理玉米植株钾累积吸收量之间差异均未达到显著水平。

表 5-14　肥料深施对玉米植株养分吸收的影响（kg/hm^2）

处理	养分累积吸收量		
	N	P_2O_5	K_2O
CK	135.9 b	21.6b	26.5 a
CF	155.0 a	23.1 ab	31.5 a
CRF	171.0 a	25.4 a	27.0 a
CUF	175.5 a	25.5 a	34.3 a

3. 肥料深施条件下土壤硝态氮变化特征　如图 5-6 所示，不同处理下 0～60 cm 土层硝态氮含量的动态变化趋势。在 0～20 cm 土层中，CF、CRF 和 CUF 处理拔节期硝态氮含量分别较 CK 增加了 14.0%、17.4% 和 22.7%，灌浆期分别增加了 25.8%、43.0% 和 56.6%，收获期分别增加了 20.9%、27.4% 和 46.3%。在 20～40 cm 土层，与 CK 相比，CF、CRF 和 CUF 处理拔节期硝态氮含量分别增加了 43.3%、28.1% 和 13.2%，灌浆期和收获期硝态氮含量变化均不明显。在 40～60 cm 土层中，所有施肥处理土壤硝态氮含量<10 mg/kg，处理之间无明显变化。

5.4.4.3　小结

（1）增加施肥深度提高了玉米产量和经济效益，同时降低了秃尖长、提高了穗粒数和百粒重。其中，玉米产量以控释尿素 100% 施肥处理较高，经济效益以控释尿素 70%＋普通尿素 30% 施肥处理较高。

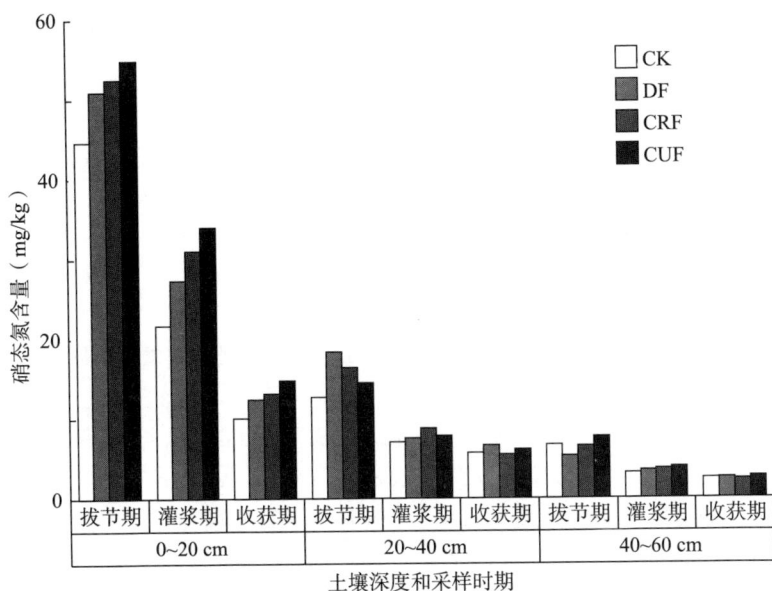

图 5-6 肥料深施对土壤硝态氮含量的影响

（2）与浅施（5 cm）相比，增加施肥深度（15 cm）均提高了植株氮吸收量，其中控释尿素 100％和控释尿素 70％＋普通尿素 30％施肥处理提高了植株磷吸收量。同时，增加施肥深度均提高了玉米生育期内 0～20 cm 土层和拔节期 20～40 cm 土层硝态氮累积量。

综上所述，在豫南地区，肥料深施（15 cm）条件下控释尿素 70％＋普通尿素 30％的施肥方式不仅能提高玉米养分吸收量、产量和经济效益，而且还能够增加玉米生育期内 0～20 cm 土层硝态氮累积量。

参考文献

安江勇，肖厚军，秦松，等 . 2016. 不同施肥量对贵州高产玉米养分吸收、生物性状、产量及品质的影响 . 中国土壤与肥料（3）：73-79.

白伟，张立祯，逄焕成，等．2017．秸秆还田配施氮肥对东北春玉米光合性能和产量的影响．作物学报，43（12）：1845-1855.

白由路，杨俐苹．2006．我国农业中的测土配方施肥．土壤肥料，2：3-7.

鲍士旦．2000．土壤农化分析．3版．北京：中国农业出版社：30-281.

毕军，夏光利，毕研文，等．2005．腐殖酸生物活性肥料对冬小麦生长及土壤微生物活性的影响．植物营养与料学报，11（1）：99-103.

蔡鑫，白珊．2021．碱性肥料和生物质炭对土壤镉的钝化效果．浙江农业科学，62（2）：448-452.

陈浩，张秀英，吴玉红，等．2018．秸秆还田与氮肥管理对稻田杂草群落和水稻产量的影响．农业资源与环境学报，35（6）：500-507.

陈洁，梁国庆，周卫，等．2019．长期施用有机肥对稻麦轮作体系土壤有机碳氮组分的影响．植物营养与肥料学报，25（1）：36-44.

陈琨，康思文，武法池，等．2018．不同还原物料及土壤改良剂对冬水田水稻生长、养分吸收和土壤性状的影响．中国土壤与肥料（6）：67-76.

陈帅．2019．黑土区坡耕地玉米秸秆还田水土保持功效研究．北京：中国科学院大学.

陈曦，白倩倩，史桂清，等．2019．氮磷钾配施对超高产夏玉米养分吸收和产量性状的影响．中国农学通报，35（10）：7-14.

陈心想，何绪生，张雯，等．2014．生物炭用量对模拟土柱氮素淋失和田间土壤水分参数的影响．干旱地区农业研究，32（1）：110-114，139.

揣峻峰．2020．控释肥对夏玉米产量及土壤性状的影响．东北农业科学，45（3）：41-44.

丛萍，李玉义，高志娟，等．2019．秸秆颗粒化高量还田快速提高土壤有机碳含量及小麦玉米产量．农业工程学报，35（1）：148-156.

丛萍，逄焕成，王婧，等．2020．粉碎与颗粒秸秆高量还田对黑土亚耕层土壤有机碳的提升效应．土壤学报，57（4）：811-823.

丛萍．2019．秸秆高量还田下东北黑土亚耕层的培肥效应与机制．北京：中国农业科学院.

崔云玲，张立勤．2021．SODm尿素氮减量对河西绿洲灌区春玉米产量效益及氮利用效率的影响．云南农业大学学报（自然科学），36（2）：353-358.

刁生鹏，高宇，张雄 .2018. 有机肥施用对玉米生长发育及水分利用的影响 .
　北方农业学报，46（4）：58-63.

董鲁浩，李玉义，逄焕成，等 .2010. 不同土壤类型下长期施肥对土壤养分与
　小麦产量影响的比较研究 . 中国农业大学学报，15（3）：22-28.

杜玉奎 .2015. 施氮深度对夏玉米根系分布及产量形成的影响 . 泰安：山东农
　业大学：9-35.

范星露，易自力，刘福来，等 .2016. 炭基复混肥料对水稻氮磷钾吸收及产量
　的影响 . 中国农学通报，32（24）：11-17.

方玉凤，王晓燕，庞荔丹，等 .2015. 硝化抑制剂对春玉米氮素利用及土壤
　pH 和无机氮的影响 . 中国土壤与肥料（6）：18-22.

盖霞普，刘宏斌，翟丽梅，等 .2018. 长期增施有机肥/秸秆还田对土壤氮素
　淋失风险的影响 . 中国农业科学，51（12）：2336-2347.

葛诚 .1994. 我国微生物肥料-生产应用现状和产品质量监督 . 中国科技产业
　（4）：46-47.

龚伟，颜晓元，蔡祖聪，等 .2008. 长期施肥对小麦-玉米作物系统土壤颗粒
　有机碳和氮的影响 . 应用生态学报（11）：2375-2381.

龚雪蛟，秦琳，刘飞，等 .2020. 有机类肥料对土壤养分含量的影响 . 应用生
　态学报，31（4）：1403-1416.

关松，郭绮雯，刘金华，等 .2017. 添加玉米秸秆对黑土团聚体胡敏酸数量和
　质量的影响 . 吉林农业大学学报，39（4）：437-444.

韩翠莲，霍轶珍，朱冬梅 .2017. 生物炭对土壤肥力及玉米产量的影响 . 江苏
　农业科学，45（16）：54-57.

韩蔚娟，王寅，陈海潇，等 .2016. 黑土区玉米施用新型肥料的效果和环境效
　应 . 水土保持学报，30（2）：309-313.

韩新忠，朱利群，杨敏芳，等 .2012. 不同小麦秸秆还田量对水稻生长、土壤
　微生物生物量及酶活性的影响 . 农业环境科学学报，31（11）：2192-2199.

何翠翠，王立刚，王迎春，等 .2015. 期施肥下黑土活性有机质和碳库管理指
　数研究 . 土壤学报，52（1）：194-202.

侯小畔，安婷婷，周亚男，等 .2018. 增施有机肥对夏玉米物质生产及土壤特
　性的影响 . 玉米科学，26（1）：127-133.

227

胡瞒瞒，董文旭，王文岩，等.2020.华北平原氮肥周年深施对冬小麦-夏玉米轮作体系土壤氨挥发的影响.中国生态农业学报（中英文），28（12）：1880-1889.

胡乃娟，韩新忠，杨敏芳，等.2015.秸秆还田对稻麦轮作农田活性有机碳组分含量、酶活性及产量的短期效应.植物营养与肥料学报，21（2）：371-377.

胡迎春，李伟，陈怀谷，等.2010.中国冬小麦主产区小麦赤霉病菌种群组成及其致病力.江苏农业学报，26（5）：954-960.

胡颖慧，时新瑞，李玉梅，等.2019.秸秆深翻和免耕覆盖对玉米土传病虫害及产量的影响.黑龙江农业科学（5）：60-63.

槐圣昌，刘玲玲，汝甲荣，等.2020.增施有机肥改善黑土物理特性与促进玉米根系生长的效果.中国土壤与肥料（2）：40-46.

槐圣昌.2020.耕作方式与秸秆还田对东北黑土物理性质和玉米根系生长的影响.北京：中国农业科学院.

黄晓婷，赵亚丽，杨艳，等.2016.不同土壤类型冬小麦-夏玉米轮作施肥效应.中国农业科学，49（16）：3140-3151.

黄欣欣，廖文华，刘建玲，等.2016.长期秸秆还田对潮土土壤各形态磷的影响.土壤学报，53（3）：779-789.

黄艳胜.2002.不同施肥量对春玉米品质与产量影响的研究.中国林副特产（2）：24-25.

吉艳芝，冯万忠，郝晓然，等.2014.不同施肥模式对华北平原小麦-玉米轮作体系产量及土壤硝态氮的影响.生态环境学报，23（11）：1725-1731.

姜灿烂，何园球，刘晓利，等.2010.长期施用有机肥对旱地红壤团聚体结构与稳定性的影响.土壤学报，47（4）：715-722.

姜雯，张倩，张洪生.2013.不同种植密度下缓控释肥施肥量对夏玉米氮利用和籽粒产量的影响.中国农学通报，29：111-115.

蒋仁成，厉志华，李德民.1990.有机肥和无机肥在提高黄潮土肥力中的作用研究.土壤学报（2）：179-185.

井大炜，邢尚军.2013.鸡粪与化肥不同配比对杨树苗根际土壤酶和微生物量碳、氮变化的影响.植物营养与肥料学报，19（2）：455-461.

康日峰，张乃明，史静，等．2014．生物炭基肥料对小麦生长、养分吸收及土壤肥力的影响．中国土壤与肥料（6）：33-38.

赖丽芳，吕军峰，郭天文，等．2009．平衡施肥对春玉米产量和养分利用率的影响．玉米科学，17（2）：130-132.

劳秀荣，孙伟红，王真，等．2003．秸秆还田与化肥配合施用对土壤肥力的影响．土壤学报，40（4）：618-623.

李军，袁亮，赵秉强，等．2017．腐植酸尿素对玉米生长及肥料氮利用的影响．植物营养与肥料学报，23（2）：524-530.

李敏，叶舒娅，刘枫，等．2012．施用缓释氮肥对夏玉米产量和氮肥利用率的影响．安徽农业科学，40（16）：8895-8896，8936.

李伟．2012．控释掺混肥在小麦-玉米轮作体系中的应用效果研究．泰安：山东农业大学：12-49.

李伟波，李运东，王辉．2001．用^{15}N研究吉林黑土春玉米对氮肥的吸收利用．土壤学报，38（4）：476-482.

李玮，乔玉强，陈欢，等．2015．玉米秸秆还田配施氮肥对冬小麦土壤氮素表观盈亏及产量的影响．植物营养与肥料学报，21（3）：561-570.

李亚朋．2018．不同新型控释肥减氮施用对玉米增产增效作用研究．沈阳：沈阳农业大学.

李彦强，石称华，钱志红，等．2020．土壤调理剂对蔬菜大棚土壤的改良效果初探．上海农业科技（6）：127-129.

李一丹，孙磊．2019．纳米碳与氮肥配施对水稻土壤养分和微生物群落结构的影响．中国稻米，25（1）：70-73.

李兆君，马国瑞，王申贵，等．2005．腐殖酸长效尿素在土壤中转化及其对玉米增产的效应研究．中国生态农业学报，13（4）：121-123.

李梓瑄，不同耕作措施下有机物料还田对土壤物理性质的影响．哈尔滨：东北农业大学.

梁路，马臣，张然，等．2019．有机无机肥配施提高旱地麦田土壤养分有效性及酶活性．植物营养与肥料学报，25（4）：544-554.

梁尧．2012．有机培肥对黑土有机质消长及其组分与结构的影响．长春：中国科学院东北地理与农业生态研究所.

梁志刚，王全亮，贾明光，等．2017．山西襄汾县秸秆还田对小麦病害的影响及防治．农业工程技术，37（29）：40.

刘单卿．2018．麦秸还田对土壤氮素转化及玉米产量的影响．郑州：郑州大学.

刘红恩，李金峰，刘世亮，等．2016．施用含锌尿素对夏玉米产量、氮素吸收及氮肥利用率的影响．江苏农业科学，44（9）：94-97.

刘健，李俊，葛城．2001．微生物肥料作用机理的研究新进展．微生物杂志，21：33-36，46.

刘键，马筠，张志明，等．2011．肥料添加纳米碳在水稻上的施用效果．磷肥与复肥（6）：76-77.

刘苹，李庆凯，林海涛，等．2020．不同缓控释肥品种对玉米养分吸收、氮肥利用率及产量的影响．江西农业学报，32（4）：73-77.

刘守龙，童成立，吴金水，等．2007．等氮条件下有机无机肥配比对水稻产量的影响探讨．土壤学报（1）：106-112.

刘婷．2019．不同调控技术对小麦-玉米农田耕层土壤理化性质的影响．保定：河北农业大学.

刘威，周剑雄，谢媛圆，等．2019．控释尿素条施深度对鲜食玉米田间氨挥发和氮肥利用率的影响．应用生态学报，30（4）：1295-1302.

刘侠．2020．黄腐酸对黑垆土结构及小白菜生长特性的影响研究，西安：西安理工大学.

刘旭，邵孝侯，毛欣宇．2010．EM生物有机肥对甜玉米生长发育及土壤特性的影响．江苏农业科学（1）：301-302.

刘艳丽，丁方军，谷端银，等．2015．不同活化处理腐植酸-尿素对褐土小麦-玉米产量及有机碳氮矿化的影响．土壤，47（1）：42-48.

刘一鸣，杨智仙，董艳．2017．对羟基苯甲酸胁迫下间作对蚕豆枯萎病发生和根系抗氧化酶活性的影响．核农学报，31（5）：987-995.

刘兆辉，吴小宾，谭德水，等．2018．一次性施肥在我国主要粮食作物中的应用与环境效应．中国农业科学，51（20）：3827-3839.

刘哲．2018．不同施肥处理对土壤结构稳定性的影响．现代农业科技（2）：193-194.

刘志华，盖兆雪，李晓梅，等.2014.秸秆还田对玉米产量形成及土壤肥力的影响.黑龙江农业科学（7）：42-45.

卢艳艳，宋付朋.2011.不同包膜控释尿素对农田土壤氨挥发的影响.生态学报，31（23）：7133-7140.

路文涛，贾志宽，张鹏，等.2011.秸秆还田对宁南旱作农田土壤活性有机碳及酶活性的影响.农业环境科学学报，30（3）：522-528.

路艳艳，吴钦泉，陈士更，等.2017.活化腐植酸对小油菜产量及土壤理化性质的影响.腐植酸（1）：33-40.

马迪.2018.滴灌施肥与秸秆还田对玉米产量形成及水氮利用效率的调控效应.武汉：华中农业大学.

马栗炎，姚荣江，杨劲松.2020.氮肥及黄腐酸对盐渍土有机碳和团聚体特征的调控作用，土壤（1）：33-39.

莫仁超.2016.不同积温区域有机肥对土壤团聚体稳定性影响的差异.贵阳：贵州大学.

幕成功，郑义.1995.农作物配方施肥.北京：中国农业科技出版社：5-46.

慕平，张恩和，王汉宁，等.2012.不同年限全量玉米秸秆还田对玉米生长发育及土壤理化性状的影响.中国生态农业学报，20（3）：291-296.

倪进治，徐建民，谢正苗，等.2001.不同有机肥料对土壤生物活性有机质组分的动态影响.植物营养与肥料学报（4）：374-378.

裴瑞杰，袁天佑，王俊忠，等.2017.施用腐殖酸对夏玉米产量和氮效率的影响.中国农业科学，50（11）：2189-2198.

彭琳，彭祥林，余存祖.1983.黄土区有机肥与化肥配施效果.土壤肥料（5）：14-15.

彭兴扬，叶青松，肖艳，等.2005.如何施用不同种类的有机肥.农家顾问（11）：35.

戚瑞敏，温延臣，赵秉强，等.2019.长期不同施肥潮土活性有机氮库组分与酶活性对外源牛粪的响应.植物营养与肥料学报，25（8）：1265-1276.

齐永志.2014.玉米秸秆还田的微生态效应及对小麦纹枯病的适应性控制技术.保定：河北农业大学.

钱银飞，邱才飞，邵彩虹，等.2011.纳米碳肥料增效剂对水稻产量及土壤肥力的影响.江西农业学报（2）：125-127，139.

邱吟霜，王西娜，李培富，等.2019.不同种类有机肥及用量对当季旱地土壤肥力和玉米产量的影响.中国土壤与肥料（6）：182-189.

任金凤，周桦，马强，等.2017.长期施肥对潮棕壤有机氮组分的影响.应用生态学报，28（5）：1661-1667.

任宁，汪洋，王改革，等.2020.不同降雨年份控释尿素与普通尿素配施对夏玉米产量、氮素利用及经济效益的影响.植物营养与肥料学报，26（4）：681-691.

荣勤雷，梁国庆，周卫，等.2014.不同有机肥对黄泥田土壤培肥效果及土壤酶活性的影响.植物营养与肥料学报，20（5）：1168-1177.

邵慧芸，李紫玥，刘丹，等.2019.有机肥施用量对土壤有机碳组分和团聚体稳定性的影响，环境科学（10）：4691-4699.

水生.2021.未腐熟的有机肥有六大危害.农业科技报.01-19（B06）.

宋以玲，贺明荣，张吉旺，等.2015.硝化抑制剂型包膜肥料对玉米生理特性、产量、品质的影响.河北科技师范学院学报，29（1）：6-11.

宋以玲，于建，陈士更，等.2019.化肥减量配施生物有机肥对玉米生长及土壤微生物和酶活性的影响.化肥工业，46（1）：55-61.

宋震震，李絮花，李娟，等.2014.有机肥和化肥长期施用对土壤活性有机氮组分及酶活性的影响.植物营养与肥料学报，20（3）：525-533.

苏红.2015.对我省玉米病虫害防治措施的探讨.农民致富之友（6）：78.

隋鹏祥，齐华，有德宝，等.2018.秸秆还田方式与施氮量对春玉米产量及干物质和氮素积累、转运的影响.植物营养与肥料学报，24（2）：316-324.

孙浩燕，王森，李小坤，等.2015.浅层施肥对水稻苗期养分吸收及土壤养分分布的影响.土壤，47（6）：1061-1067.

孙晓丽.2012.有机肥的种类作用与特点.农民致富之友（20）：53.

孙跃龙，张旭东，高占文，等.2015.秸秆不同处理方式还田对玉米生长发育的影响.农业科技与装备（2）：1-2，5.

孙志梅，刘欢，苗泽兰，等.2015.腐植酸肥料对玉米和小麦生长发育的影响.腐植酸（2）：20-24.

田剑.2020.泥炭、腐植酸和蛭石等改良剂对复垦土壤团聚体组成及其稳定性的影响．山西农业科学，48（5）：761-767，792．

田文博．2019．不同秸秆还田方式对玉米生长发育及产量的影响．长春：吉林农业大学．

王改玲，李立科，郝明德，等．2012．长期施肥及不同施肥条件下秸秆覆盖、灌水对土壤酶和养分的影响．核农学报，26（1）：129-134．

王桂君．2018．生物炭和有机肥对松嫩平原沙化土壤的改良效应及其机制研究．东北师范大学．

王婧，张莉，逄焕成，等．2017．秸秆颗粒化还田加速腐解速率提高培肥效果．农业工程学报，33（6）：177-183．

王秋菊，刘峰，焦峰，等．2009．秸秆粉碎集条深埋机械还田对土壤物理性质的影响．农业工程学报，35（17）：43-49．

王群，张学林，李全忠，等．2010．紧实胁迫对不同土壤类型玉米养分吸收、分配及产量的影响．中国农业科学，43（21）：4356-4366．

王帅．2014．长期不同施肥对玉米叶片光合作用及光系统功能的影响．沈阳：沈阳农业大学．

王喜艳，张亚文，冯燕，等．2013．玉米秸秆深层还田技术对土壤肥力和玉米产量的影响研究．干旱地区农业研究，31（6）：103-107．

王晓娟，贾志宽，梁连友，等．2012．旱地施有机肥对土壤水分和玉米经济效益影响．农业工程学报，28（6）：144-149．

王艳，韩振，张志明，等．2010．纳米碳促进大豆生长发育的应用研究．腐植酸（4）：17-23．

王宜伦，卢艳丽，刘举，等．2015．专用缓释肥对夏玉米产量及养分吸收利用的影响．中国土壤与肥料（1）：29-32．

王宜伦，苗玉红，韩燕来，等．2012．缓/控释氮肥对夏玉米氮代谢、氮素积累及产量的影响．土壤通报，43（1）：147-150．

王应君，王淑珍，郑义．2006．肥料深施对小麦生育性状、养分吸收及产量的影响．中国农学通报，22（9）：276-280．

卫婷，韩丽娜，韩清芳，等．2012．有机培肥对旱地土壤养分有效性和酶活性的影响．植物营养与肥料学报，18（3）：611-620．

魏宇轩，蔡红光，张秀芝，等．2018．不同种类有机肥施用对黑土团聚体有机碳及腐殖质组成的影响. 水土保持学报，32（3）：258-263.

温云杰，李桂花，黄金莉，等. 2015. 连续流动分析仪与自动凯氏定氮仪测定小麦秸秆全氮含量之比较. 中国土壤与肥料（6）：146-151.

吴光磊. 2008. 有机无机肥配施对玉米产量和品质的影响及生理基础. 泰安：山东农业大学.

吴景贵，姜岩，姜亦梅，等. 1998. 非腐解有机物培肥对水田土壤生物量态碳，氮的影响. 土壤通报（4）：158-160.

吴秀宁，赵永平，王新军. 2018. 有机肥对夏玉米生长发育和土壤肥力的影响. 商洛学院学报，32（4）：59-62.

武凤霞，应梦真，李吉进，等. 2019. 不同施肥种类对玉米产量及土壤性状的影响. 江苏农业科学，47（3）：55-60.

武际，郭熙盛，王文军，等. 2006. 磷钾肥配合施用对玉米产量及养分吸收的影响. 玉米科学，14（3）：147-150.

武志杰，石元亮，李东坡，等. 2012. 新型高效肥料研究展望. 土壤与作物，1（1）：4-11.

谢娟娜，房琴，路杨，等. 2018. 增施有机肥提升作物耐盐能力研究. 中国农学通报，34（3）：42-50.

谢钧宇，彭博，王仁杰，等. 2019. 长期不同施肥对土大团聚体中有机碳组分特征的影响. 植物营养与肥料学报，7（25）：1073-1083.

谢林花，吕家珑，张一平，等. 2004. 长期施肥对石灰性土壤磷素肥力的影响Ⅰ. 有机质、全磷和速效磷. 应用生态学报，15（5）：787-789.

谢文凤，吴彤，石岳骄，等. 2020. 国内外有机肥标准对比及风险评价. 中国生态农业学报，28（12）：1958-1968.

谢中卫. 2015. 秸秆还田对玉米病虫草害的影响及防治对策. 现代农业科技（21）：140-141.

徐萌，张玉龙，黄毅，等. 2012. 秸秆还田对半干旱区农田土壤养分含量及玉米光合作用的影响. 干旱地区农业研究，30（4）：153-156.

徐明岗，于荣，孙小凤，等. 2006. 长期施肥对我国典型土壤活性有机质及碳库管理指数的影响. 植物营养与肥料学报，12（4）：459-465.

徐明岗，于荣，王伯仁. 2006. 长期不同施肥下红壤活性有机质与碳库管理指数变化．土壤学报（5）：723-729.

徐鹏．2013. 有机肥料的种类及特点．科技与企业（11）：356.

徐文强，杨祁峰，牛芬菊，等．2013. 秸秆还田与覆膜对土壤理化特性及玉米
　　生长发育的影响．玉米科学（3）：87-99.

许仁良，王建峰，张国良，等．2010. 秸秆、有机肥及氮肥配合使用对水稻土
　　微生物和有机质含量的影响．生态学报，30（13）：3584-3590.

严建立，章明奎，王道泽，等．2021. 不同调理剂改良低丘新垦耕地土壤物理
　　性状的效果，中国农学通报，37（2）：67-73.

颜晓元，夏龙龙，遆超普．2018. 面向作物产量和环境双赢的氮肥施用策略．
　　中国科学院院刊，33（2）：177-183.

杨宸．2019. 不同秸秆还田方式对亚洲玉米螟幼虫越冬基数的影响．北京：中
　　国农业科学院.

杨青华，高尔明，马新明，等．2000. 不同土壤类型对玉米干物质积累动态及
　　其分布的影响．玉米科学，8（1）：55-57.

杨文飞，杜小凤，顾大路，等．2020. 长期施肥对根系及土壤微生态环境、养
　　分和结构的影响综述，江西农业学报，32（12）：37-44.

杨永辉，武继承，赵世伟，等．2018. 不同保墒与土壤结构改良措施对土壤结
　　构及小麦、玉米水分利用的影响．水土保持研究（2）：220-227.

姚源喜，杨延蕃．1989. 有机肥和无机氮肥配合施用对调节土壤磷素平衡的影
　　响．土壤肥料，1（1）：5-9.

叶英新．2014. 生物质炭施用两年后黄淮海平原黄潮土土壤性质、作物产量及
　　温室气体排放的变化．南京：南京农业大学.

于金宝，孔琳，张凤昌．2017. 当前玉米种肥同播技术推广中存在的主要问题
　　及其应对措施．科学种养（6）：7-8.

于梅婷．2016. 深松和秸秆还田对玉米生长发育和养分吸收的影响．沈阳：沈
　　阳农业大学.

于晓芳，高聚林，叶君，等．2013. 深松及氮肥深施对超高产春玉米根系生
　　长、产量及氮肥利用效率的影响．玉米科学，21（1）：114-119.

宇万太，姜子绍，马强，等．2009. 施用有机肥对土壤肥力的影响．植物营养
　　与肥料学报，15（5）：1057-1064.

云玲 . 2010. 有机肥对土壤理化性质的影响 . 农业与技术（3）：65-66.

张经廷，张丽华，吕丽华，等 . 2018. 还田作物秸秆腐解及其养分释放特征概述 . 核农学报，32（11）：2274-2280.

张静，温晓霞，廖允成，等 . 2010. 不同玉米秸秆还田量对土壤肥力及冬小麦产量的影响 . 植物营养与肥料学报，16（3）：612-619.

张莉，王婧，逄焕成，等 . 2017. 秸秆颗粒还田对土壤养分和冬小麦产量的影响 . 中国生态农业学报，25（12）：1770-1778.

张鹏，贾志宽，路文涛，等 . 2011. 不同有机肥施用量对宁南旱区土壤养分、酶活性及作物生产力的影响 . 植物营养与肥料学报，17（5）：1122-1130.

张鹏鹏，刘彦杰，濮晓珍，等 . 2016. 秸秆管理和施肥方式对绿洲棉田土壤有机碳库的影响 . 应用生态学报，27（11）：3529-3538.

张荣荣，宁晓菊，秦耀辰，等 . 2018. 1980 年以来河南省主要粮食作物产量对气候变化的敏感性分析 . 资源科学，40（1）：137-149.

张淑香，张文菊，沈仁芳，等 . 2015. 我国典型农田长期施肥土壤肥力变化与研究展望 . 植物营养与肥料学报，21（6）：1389-1393.

张向前，黄国勤，赵其国 . 2014. 间作条件下秸秆覆盖对玉米叶片光合特性和产量的影响 . 中国生态农业学报，22（4）：414-421.

张艺，戴齐，尹力初，等 . 2017. 后续施肥措施改变对水稻土团聚体有机碳分布及其周转的影响，土壤，49（5）：969－976.

张瑜，王若楠，邱小倩，等 . 2018. 腐植酸对植物生长的促进作用 . 腐植酸（2）：11-15.

张云伟，徐智，汤利，等 . 2013. 不同有机肥对烤烟根际土壤微生物的影响 . 应用生态学报，4（9）：2551-2556.

张哲，范喜福，孙磊等 . 2010. 纳米肥料对水稻生长特性的影响 . 黑龙江农业科学（8）：50-52.

赵斌，董树亭，张吉旺，等 . 2012. 不同控释肥对夏玉米籽粒品质的影响 . 山东农业科学，44（8）：69-72.

赵军，杨珍 . 2020. 不同盐碱地土壤改良剂对玉米生长及产量的影响 . 农业科技通讯（10）：79-81.

赵强 . 2016. 不同肥料处理对旱区玉米的影响，甘肃农业科技（4）：49-52.

赵营，同延安，赵护兵.2006.不同施氮量对夏玉米产量、氮肥利用率及氮平衡的影响.土壤肥料（2）：30-33.

赵子俊，林忠敏，刘金城.1995.玉米田整秸秆覆盖后的病虫害发生危害规律及防治措施.中国土壤与肥料（4）：27-30.

郑洪兵，郑金玉，罗洋，等.2014.玉米秸秆粉碎不同量级还田对土壤养分的影响.东北农业科学，39（5）：38-42.

郑金玉，刘武仁，罗洋，等.2014.秸秆还田对玉米生长发育及产量的影响.吉林农业科学，39（2）：42-46.

中国气象数据网.2020.中国地面气候资料月值数据集.（2020-11-01）[2020-12-11].https：// data. cma. cn/data/cdcdetail/dataCode/SURF _ CLI _ CHN _ MUL _ MON. html.

中国石油和化学工业联合会.2009.GB/T 18877—2009：有机-无机复混肥料.北京：中国标准出版社.

中国石油和化学工业联合会.2009.GB/T 23349—2009：肥料中砷、镉、铅、铬、汞生态指标.北京：中国标准出版社.

中华人民共和国农业部.2012.NY 525—2012：有机肥料.北京：中国农业出版社.

中华人民共和国农业部.2012.NY 884—2012：生物有机肥.北京：中国农业出版社.

中华人民共和国农业部种植业管理司.2004.GB/T 19524.1—2004：肥料中粪大肠菌群的测定.北京：中国标准出版社.

中华人民共和国农业部种植业管理司.2004.GB/T 19524.2—2004：肥料中蛔虫卵死亡率的测定.北京：中国标准出版社.

中华人民共和国农业农村部.2018.GB/T 36195—2018：畜禽粪便无害化处理技术规范.北京：中国标准出版社.

中华人民共和国农业农村部.2019.NY/T 3442—2019：畜禽粪便堆肥技术规范.北京：中国农业出版社.

朱宝华.2011.有机肥的种类及肥效特点.科技致富向导（11）：371.

Abalos D，Jeffery S，Sanz-Cobena A，et al. 2014. Meta-analysis of the effect of urease and nitrification inhibitors on crop productivity and nitrogen use efficiency. Agriculture，Ecosystems and Environment，189：136-144.

Akiyama H，Yan X，Yagi K. 2010. Evaluation of effectiveness of enhanced-efficiency fertilizers as mitigation options for $N_2 O$ and NO emissions from agricultural soils：meta-analysis. Global Change Biology，16（6）：1837-1846.

Bailey K L，Lazarovits G. 2003. Suppressing soil-borne diseases with residue management and organic amendments. Soil & Tillage Research，72（2）：169-180.

Bravo A，Gómez I，Porta H，et al. 2013. Evolution of Bacillus thuringien-sis Cry toxins insecticidal activity. Microbial Biotechnology，6（1）：17-26.

Cabiles D，Angeles O R，Johnson-Beebout S E，et al. 2008. Faster residue decomposition of brittle stem rice mutant due to finer breakage during threshing. Soil & Tillage Research，98（2）：211-216.

Chaudhry V，Rehman A，Mishra A，et al. 2012. Changes in bacterial community structure of agricultural land due to long-term organic and chemical amendments. Microbial Ecology，64：450-460.

Dai X，Li Y，Ouyang Z，et al. 2013. Organic manure as an alternative to crop residues for no-tillage wheat – maize systems in North China Plain. Field Crops Research，149：141-148.

Sauka D H，Benintende G B. 2017. Diversity and distribution of lepidopteran-specific toxin genes in Bacillus thuringiensis strains from Argentina. Rev Argent Microbiol，49（3）：273-281.

Doran J W，Sarrantonio M，Liebig M A. 1996. Soil health and sustainability. Advanceinm in Agronomy，56：56-54.

Drinkwater L E，Wagoner P，Sarrantonio M. 1998. Legume-based cropping systems have reduced carbon and nitrogen losses. Nature，396（6708）：262-265.

Fan M，Lal R，Cao J，et al. 2013. Plant-based assessment of inherent soil productivity and contributions to China's cereal crop yield increase since 1980. PloS ONE，8（9）：e74617.

Geng J B，Chen J Q，Sun Y B，et al. 2016. Controlled release urea improved nitrogen use efficiency and yield of wheat and corn. Agronomy Journal，108 （4）：1666-1673.

IBekwe A M，Kennedy A C，Frohne P S，et al. 2002. Microbial diversity along a transect of agronomic zones. FEMS Microbiology Ecology，39：183-191.

Ji Y，Liu G，Ma J，et al. 2013. Effect of controlle release fertilizer on mitigation of N_2O emission from paddy field in South China：a multi-year field observation. Plant and Soil，371（1-2）：473-486.

Kumar U，Panneerselvam P，Govindasamy V，et al. 2017. Long-term aromatic rice cultivation effect on frequency and diversity of diazotrophs in its rhizosphere. Ecological Engineering，101：227-236.

Liu G Y，Yang Z P，Du J，et al. 2020. Adding NBPT to urea increases N use efficiency of maize and decreases the abundance of N-cycling soil microbes under reduced fertilizer-N rate on the North China Plain. Plos one，15 （10）：e0240925.

Matoh T. 1997. Boron in plant cell wall. Plant and Soil，193（1）：59-70.

Mosaddeghi M R，Mahboubi A A，Safadoust A. 2009. Short-term effects of tillage and manure on some soil physical properties and maize root growth in a sandy loam soil in western Iran. Soil and Tillage Research，104（1）：173-179.

O'Neill M A，Ishii T，Albersheim P，et al. 2004. Rhamnogalacturonan Ⅱ：structure and function of a borate cross-linked cell wall pectic polysaccharide. Annual Review Plant Biology，55：109-139.

Qiao J，Yang J Z，Yan T M，et al. 2012. Nitrogen fertilizer reduction in rice production for two consecutive years in the Taihu Lake area. Agriculture Ecosystems and Environment，146（1）：103-112.

Saha P K，Mam M，Atms H，et al. 2010. Contribution of rice straw to potassium supply in rice-fallow-rice cropping pattern. Bangladesh Journal of Agricultural Research，34（4）：633-643.

Stewart C E，Paustian K，Conant R T，et al. 2007. Soil carbon saturation：concept，evidence and evaluation. Biogeochemistr，86（1）：19-31.

Wang J, Lu C, Xu M, et al. 2013. Soil organic carbon sequestration under different fertilizer regimes in north and northeast China: Roth C simulation. Soil Use and Management, 29 (2): 182-190.

Wang X, Yang H, Jian L, et al. 2015. Effects of ditc buried straw return on soil organic carbon and rice yields in a rice-wheat rotation system. Catena, 127: 56-63.

Xu N, Tan G C, Wang H Y, et al. 2016. Effect of biochar additions to soil on nitrogen leaching, microbial biomass and bacterial community structure. European Journal of Soil Biology, 74: 1-8.

Yan J, Ding W, Xiang J, et al. 2014. Carbon sequestration in an intensively cultivated sandy loam soil in the North China Plain as affected by compost and inorganic fertilizer application. Geoderma, 230-231: 22-28.

Zheng Y, Han X R, Li Y Y, et al. 2020. Effects of mixed controlled release nitrogen fertilizer with rice straw biochar on rice yield and nitrogen balance in northeast China. Scientific Reports, 10 (1): 1-10.

Zhou K, Liu X, Zhang X, et al. 2012. Corn root growth and nutrient accumulation improved by five years of repeated cattle manure addition to eroded Chinese Mollisols. Canadian Journal of Soil Science, 92 (3): 521-527.

Zwieten L V, Kimber S, Morris S, et al. 2010. Effects of biochar from slow pyrolysis of papermill waste on agronomic performance and soil fertility. Plant and Soil, 327 (S1-2): 235-246.

第6章 夏玉米农药减施增效途径及应用

6.1 有害生物监测预报

6.1.1 玉米南方锈病的监测预报

玉米南方锈病的发生与流行与病菌来源、气候条件和品种抗性等多种因素密切相关。豫南地区玉米南方锈病多发生在玉米生长的中、后期，该病发病速度快，防治窗口期短，田间防治困难。因此，对玉米南方锈病进行科学有效的预警并确定最佳防治时间，是减小其造成危害的有效手段。

6.1.1.1 气候因素特别是对台风的预报

在玉米生长中、后期加强对当地温度、湿度和降水的监测。一般情况下凉爽加上湿度较大特别是有雨水或露水的条件下，多堆柄锈菌孢子容易萌发，玉米较易感病。

加强对生成台风的路径监测。一般情况下，6—9 月台风或热带气旋从海洋上生成，如果横穿或者边缘扫过中国台湾或者菲律宾等地，登陆后其风圈 500 km 范围内都可能携带多堆柄锈菌孢子（王晓鸣等，2020）。

6.1.1.2 田间孢子实时监测

1. 田间初始菌源量监测 在当地设定 5 个以上的观测地点，利用孢子捕捉仪在玉米大喇叭口期以后每隔 5～7d 检测一次空气中多堆柄锈菌孢子数量。

2. 台风过境后菌源量监测 台风或热带气旋穿过当地或者位

于其风圈 500 km 范围内，其过境当天和过境后及时检测空气中多堆柄锈菌孢子数量。

3. 玉米成熟期监测　利用肉眼实时观测后期玉米叶片等部位的病斑症状，豫南地区一般进入 8 月下旬天气转凉后南方锈病开始发病，从下部叶片开始向上发展，最后蔓延至整株。

6.1.1.3　室内分子检测

利用分子检测技术对田间不同地区、不同发育阶段的未显症玉米叶片进行检测，如果扩增出目的条带证明多堆柄锈菌已经侵入玉米，如果没有扩增出条带则可能没有多堆柄锈菌。

特异性引物 HN-SP2-F 和 HN-SP1-R 对玉米南方锈病夏孢子 DNA 以及玉米叶片 DNA 进行 PCR 扩增，引物序列 HN-SP2-F 为：5′-CTCCAAGAACTTCCTCCTC-3′，HN-SP1-R 为：5′-TGACATGAAGTAGAAATTCT-3′，扩增片段为 483bp（邢国珍等，2017）。

6.1.1.4　病害实时快速诊断

根据玉米南方锈病病害的病症特点、发病部位和病情等级（3.1.1　抗病性鉴定与评价方法中玉米南方锈病部分），实现对病害的快速诊断。

6.1.2　虫害的监测预报

6.1.2.1　成虫调查

1. 灯诱　从 4 月 1 日至 9 月 30 日，采用自动虫情测报灯（或 20 W 普通黑光灯）诱集成虫，灯具设在常年适于成虫发生的场所，四周没有高大建筑物和树木遮挡，无强光源干扰。灯管下端与地表面垂直距离为 1.5 m，每年更换一次灯管。每日分雌、雄统计诱集到的成虫数量。在成虫发生盛期内，隔日解剖检查一次雌蛾卵巢发育进度，每次抽查 30 头，诱集量不足 30 头时，应全部检查，判断卵巢发育进度（姜玉英等，2019；黄娟等，2018）。

2. 性诱　在玉米等寄主作物生长期开展监测。设置罐式、桶形或新型干式诱捕器，诱芯置于诱捕器内，诱芯每隔 30 d 更换一次。每块田放置 3 个诱捕器。苗期玉米等低矮作物田，3 个诱捕器呈正三角形放置，相距至少 50 m，每个诱捕器与田边距离不少于5 m，诱捕器距地面 1 m 左右或高于植株冠层 20 cm。成株期玉米等高秆作物田，最好选田埂走向与当地季风风向垂直的田块，诱捕器放置于田边方便操作的田埂上，与田边相距 1 m 左右，诱捕器呈直线排列、间距至少 50 m。每天上午检查记载诱到的蛾量（曾娟等，2015）。

6.1.2.2　卵和幼虫调查

当灯具或性诱诱到一定数量的成虫（始盛期）、雌蛾卵巢发育级别较高时，开始田间查卵，3 d 调查 1 次，成虫盛末期结束。经常采用的为五点调查法，如甜菜夜蛾等卵和幼虫在田间随机分布的害虫；对玉米螟和黏虫等卵和幼虫在田间聚集分布的大多数害虫，以棋盘式 10 点取样调查；实际调查多采用目测法调查全部或部分部位植株上的害虫数量，一些害虫幼虫需要剖开植株组织调查，如玉米螟幼虫需剥秆；黏虫的卵用草把诱测法，可更好地替代田间调查，减轻工作量（姜玉英，2013）。

6.1.2.3　预测方法

1. 发生期预报　害虫发生期预报按预报时间的长短，可分为短期预报（由上一虫态预测下一虫态），中期预报（由上代预测下代），长期预报（隔一代以上的预测）。目前发生期预报常用方法有：历期预测法、期距预测法和有效积温法。发生期的预测还有分龄分级预测法、卵巢分级预测法、物候预测法和统计分析法（黄冲等，2019）。

依据当地调查的虫态、发育历期和温度情况，估算发育进度，作出鳞翅目幼虫发生期预报。卵期夏季一般 2～3 d；幼虫 12～30 d，蛹期夏季 8～9 d，春秋季 12～14 d，冬季 20～30 d；成虫 7～

21 d，平均约 10 d，多为 2～3 周。

2. 发生程度预测 主要根据生物学预测方法做发生量（程度）的预报，常用方法有：有效虫口基数预测法、综合分析预测法、气候图预测法和经验指数预测法等。根据我国病虫害发生情况、病虫测报和防控工作的实践，我国确定了农作物害虫发生量以 5 级发生程度来表示，即轻发生（1 级），指不需对其进行化学防治，作物无明显受害损失；偏轻发生（2 级），一般不需要化学防治，通过农艺和保护天敌等措施可控制危害，不防治可造成零星危害；中等发生（3 级），需要开展重点化学防治，不防治会造成局部明显危害；偏重发生（4 级），需要重点普防，不防治可造成严重损失；大发生（5 级），需要大面积普防，不防治可造成大面积严重减产或绝收。《农作物病虫预报管理暂行办法》中各害虫发生程度均有相应的 5 级具体指标，包括虫口数量和发生面积比率等规定，《主要农作物病虫害测报技术规范应用手册》进一步对害虫的监测预警工作进行规范指导（全国农业技术推广服务中心，2011 年）。

6.2 有害生物绿色防控

6.2.1 玉米田天敌昆虫的保护和利用

天敌昆虫通过食物链的形式调控农业有害生物种群数量，并以子代延续和自然繁殖长久在生态系统中存在，发挥着持续控制农业有害生物种群数量的作用，是一种重要的生物资源，也是生物防治的重要部分。在当前减肥减药的情况下，利用天敌昆虫防治害虫是有效替代或辅助化学防治的可持续防治手段，以实现对害虫的高效绿色防控，对于减少农药使用次数、降低生产成本及农药污染、净化空气、提高玉米品质、生产无公害的绿色食品具有重要意义。

244

6.2.1.1 玉米田寄生性天敌

寄生性天敌按其寄生部位来说，可分为内寄生和外寄生。按被寄生的寄主的发育期来说，可分为卵寄生、幼虫寄生、蛹寄生和成虫寄生。寄生性天敌昆虫主要以其幼虫体寄生，其幼虫不能脱离寄主而独立生存，并且在单一寄主体内或体表发育，随着寄生性天敌昆虫幼体的完成发育，寄主则缓慢地死亡和毁灭。

豫南夏玉米常见寄生性天敌主要有寄生蜂、寄生蝇及索目昆虫3类，共42种，如表6-1所示。主要包括膜翅目茧蜂科13种、姬蜂科9种、赤眼蜂科4种、姬小蜂科1种、金小蜂科1种和小蜂科1种，双翅目寄蝇科12种和索目索科1种（陈琦等，2020；路子云等，2020；唐柳青等，2020；杨真海等，2020；王云鹏等，2020）。

表6-1 豫南夏玉米常见寄生性天敌

目 Order	科 Family	种类 Species
膜翅目 Hymenoptera	茧蜂科 Braconidae	黏虫盘绒茧蜂 *C. kariyai*（Watanabe）
		螟蛉盘绒茧蜂 *C. ruficrus*（Haliday）
		菜蛾盘绒茧蜂 *Cotesia plutellae*
		菜粉蝶绒茧蜂 *Cotesia glomerata*（Linnaeus）
		瘤侧沟茧蜂 *Microplitis tuberculifer*（Wesmael）
		螟虫长体茧蜂 *Macrocentrus collaris*（Spinola）
		中红侧沟茧蜂 *Microplitis mediator*
		管侧沟茧蜂 *Microplitis tuberculifer*
		马尼拉侧沟茧蜂 *Microplitis manilae* Ashmead
		斑痣悬茧蜂 *Meteorus pulchricornis*
		腰带长体茧蜂 *Macrocentrus cingulum*
		螟虫长距茧蜂 *Macrocentrus linearis*（Nees）
		螟甲腹茧蜂 *Cheionus munakatae* Munakata

（续）

目 Order	科 Family	种类 Species
膜翅目 Hymenoptera	姬蜂科 Ichneumonidae	棉铃虫齿唇姬蜂 *Campletis chlorideae* Uchida
		盘背菱室姬蜂（重寄生）*discitergus*（Say）
		半闭弯尾姬蜂 *Diadegma semiclausum*
		螟蛉埃姬蜂 *Itoplectis naranyae*
		颈双缘姬蜂 *Diadromus collaris*
		金刚钻沟姬蜂 *Goryphus nuersei*（Cameron）
		大螟钝唇姬蜂 *Eriborus terebranus*
		大螟瘦姬蜂 *Eriborus terebrans* Gravenhorst
		黄眶离缘姬蜂 *Trathala flavoorbitalis* Cameron
	赤眼蜂科 Trichogrammatidae	拟澳洲赤眼蜂 *Trichogramma confusum*
		玉米螟赤眼蜂 *T. ostriniae*
		螟黄赤眼蜂 *Trichogramma chilonis* Ishii
		松毛虫赤眼蜂 *Trichogramma dendrolimi* Matsumura
	姬小蜂科 Eulophidae	菜蛾啮小蜂 *Oomyzus sokolow* skii
		长距姬小蜂 *Euplectrus platyhypenae* Howard
	金小蜂科 Pteromalidae	绒茧灿金小蜂 *Trichomalopsis apanteloctena*
	小蜂科 Chalalcididae	广大腿小蜂 *Brachymeria lasus* Walker
		次生大腿小蜂 *Brachymeria secundaria* Ruschka
索目 Mermithida	索科 Mermithidae	中华卵索线虫 *O. sinensis*（Chen et al）
双翅目 Diptera	寄蝇科 Tachinidae	温寄蝇 *Winthemia trinitatis*（Thompson）
		Archytas marmoratus（Townsend）
		Lespesia archippivora（Riley）
		玉米螟厉寄蝇 *Lydella grisescens*

（续）

目 Order	科 Family	种类 Species
双翅目 Diptera	寄蝇科 Tachinidae	扁肛茸毛寄蝇 *Servillia planiforceps* 伞裙追寄蝇 *Exorista civilis* 松毛虫狭颊寄蝇 *Carcelia rasella* Baranoff 代尔夫弓鬃寄蝇 *Ceratochaetops dellphinensis* Villenuve 黑袍卷须寄蝇 *Clemelis pullata* Meigen 乡间追寄蝇 *Exorista rustica* Fallen 双斑截尾寄蝇 *Nemorilla maculosa* Meigen 蓝黑栉寄蝇 *Pales pavida* Meigen

6.2.1.2　玉米田捕食性天敌

捕食性天敌昆虫捕获吞噬寄主猎物肉体或吸食其体液。捕食性天敌昆虫在其发育过程中要捕食许多寄主，而且通常情况下，一种捕食天敌昆虫在其幼虫和成虫阶段都是肉食性，独立自由生活，都以同样的寄主为食，如鞘翅目的瓢虫科和半翅目的猎蝽科的绝大多数种类。

豫南夏玉米常见捕食性天敌主要有 10 种（表 6-2），主要包括革翅目蠼螋科 1 种，鞘翅目瓢甲科 4 种，半翅目花蝽科 1 种、蝽科 2 种和长蝽科 1 种，脉翅目草蛉科 2 种等。其中，半翅目的蝽和鞘翅目的甲虫较多（孔琳等，2020；王燕等，2019；赵英杰等，2020；唐艺婷等，2019；李玉艳等，2020）。

表 6-2　豫南夏玉米常见捕食性天敌

目 Order	科 Family	种类 Species
革翅目 Dermaptera	蠼螋科 Forficulidae	蠼螋 *Forficula* spp

（续）

目 Order	科 Family	种类 Species
鞘翅目 Coleoptera	瓢甲科 Coccinellidae	异色瓢虫 *Harmonia axyridis*（Pallas） 七星瓢虫 *Coccinella septempunctata* 多异瓢虫 *Hippodamia variegate* Goeze 龟纹瓢虫 *Propylaea japonica* Thunberg
半翅目 Hemiptera	蝽科 Pentatomidae	蠋蝽 *Arna chinensis* 益蝽 *Picronerus lewis*
	花蝽科 Anthocoridae	东亚小花蝽 *Orius sauteri*
	长蝽科 Lygaeidae	大眼长蝽 *Geocoris punctipes*（Say）
脉翅目 Neuroptera	草蛉科 Chrysopidae	大草蛉 *Chrysopa pallens* 丽草蛉 *Chrysopa formosa* Brauer

6.2.1.3 寄生性天敌昆虫在生物防治中的应用

赤眼蜂是中国现代农林害虫生物防治中研究历史最久、应用最广、防治面积最大的一类卵寄生蜂（King，1993）。目前已大量繁殖和应用的赤眼蜂有 15 种之多，如松毛虫赤眼蜂、螟黄赤眼蜂、玉米螟赤眼蜂、稻螟赤眼蜂、广赤眼蜂等，应用面积最广的为松毛虫赤眼蜂和螟黄赤眼蜂（张俊杰等，2015；蒲蛰龙等，1962），其中华南地区以螟黄赤眼蜂为主要应用和优势赤眼蜂种类。在华南地区，主要推广的蜂种有螟黄赤眼蜂、稻螟赤眼蜂和玉米螟赤眼蜂3 种。

在黄淮海夏玉米区，应用玉米螟赤眼蜂和螟黄赤眼蜂大面积防治亚洲玉米螟等害虫，获得了显著效果。以玉米螟赤眼蜂为例，玉米螟赤眼蜂是自然界中寄生玉米螟卵的优势赤眼蜂，对亚洲玉米螟具有很好的控制效果。在自然界除了寄生玉米螟卵外，还寄生棉铃

虫、草地贪夜蛾、小菜蛾等害虫的卵。在黄淮海夏玉米区释放玉米
螟赤眼蜂，累计面积约 333 hm²，显著降低亚洲玉米螟及其他螟虫
的虫口密度和受害穗率，使亚洲玉米螟虫口密度减退 73.91%，并
降低了棉铃虫和桃蛀螟的危害。释放密度 2.25×10^5 头/hm² 即能将
虫口密度降低 54.55%，加大释放密度能在一定程度上提高防治效
果。传统的人工挂卡和新型的无人机释放方式，均能将虫口密度减
退 54.55% 以上（袁曦等，2016）。长期以来玉米螟赤眼蜂局限于
不能利用柞蚕卵规模化繁殖，利用小卵繁殖成本过高未被大面积应
用（Wang et al.，2014）。近年来随着米蛾卵工厂化生产技术的突
破，玉米螟赤眼蜂可以利用米蛾规模化生产，使大面积应用于防治
亚洲玉米螟成为可能（史光中等，1982；陈红印等，2005）。

6.2.1.4 天敌的保护与利用

通过对农田生态系统调控，可以提高天敌对害虫的控制效能和
其他生态服务功能。

（1）覆盖作物残留物以保护土壤表面，不仅能增加碳元素改善
土壤肥力，还能为捕食性天敌，如蜘蛛、蝼蛄、甲虫和蚂蚁等，提
供栖息地。

（2）将玉米与吸引天敌的其他植物进行间作或轮作，如大豆和
绿豆，可以增加田间的天敌昆虫种类和数量。

（3）种植蜜源植物，吸引寄生蜂和蚂蚁种群。

（4）为捕食性蜂类或蚂蚁提供巢址可用于增强当地捕食性昆虫
的种群和数量。

（5）食虫鸟类和蝙蝠在减少多种农业生态系统中的有害生物丰
富度方面发挥着重要作用，因此增加田埂边的边界树，为鸟类和蝙
蝠提供栖息地，并通过遮阴和遮蔽增加农场栖息地的结构多样性。

（6）允许杂草在玉米行之间或沿田间边缘生长，可以为昆虫捕
食者提供栖息地，并通过提供花蜜来支持寄生蜂和捕食性蜂类。

（7）使用对天敌较安全的选择性农药防治玉米害虫，可减少对

天敌的杀伤作用，并通过改进施药方法，比如撒施颗粒剂、丢芯等方法，可以减少或避免天敌直接接触农药，有助于天敌种群的增殖和发挥有效的控害作用（唐璞等，2019）。

6.2.2 生物农药

6.2.2.1 概念及分类

生物农药又称天然农药，指利用生物活体（真菌、细菌、昆虫病毒、转基因生物、天敌等）或其代谢产物（信息素、生长素、萘乙酸等）针对农业有害生物进行杀灭或抑制的制剂，根本上是源自纯天然化学物质或生命体的天然农药试剂，原则上是以借助生物活体或其代谢产物而对虫害、杂草、病菌、线虫、鼠类等起到驱杀和抑制作用的新型农药，具有杀菌农药和杀虫农药的作用。

我国生物农药按照其成分和来源可分为微生物活体农药、微生物代谢农药、植物源农药和动物源农药4部分，按照防治对象可分为杀虫剂、杀菌剂、除草剂、杀螨剂、杀鼠剂、植物生长调节剂等。就利用对象而言，生物农药一般分为直接利用生物活体和利用源于生物的生理活性物质2大类，前者包括细菌、真菌、线虫、病毒及拮抗微生物等，后者包括农用抗生素、植物生长调节剂、性信息素、摄食抑制剂、保幼激素和源于植物的生理活性物质等。但是，在我国农业生产实际应用中，生物农药一般泛指可以进行大规模工业化生产的微生物源农药。

6.2.2.2 现状

2020年3月19日，农业农村部制定了《我国生物农药登记有效成分清单（2020版）》（征求意见稿），该清单包括101种产品。按照上述清单在农药信息网进行查询，截至2020年5月底，我国现有登记的生物农药产品共计1 220个，而我国有效期内登记在案的农药产品共41 614种，生物农药登记产品仅占总农药产品的2.93%，微生物农药登记47种产品，实际登记产品数量434个；

生物化学农药 28 种产品，实际登记产品数量 513 个；植物源农药 26 种产品，实际登记数量 273 个。在微生物农药登记的产品中，苏云金杆菌登记数量最多，达到 176 个；其次是枯草芽孢杆菌 73 个；球孢白僵菌 24 个；棉铃虫核型多角体病毒 21 个。在微生物农药登记的产品中，主要以细菌类为主，病毒类为辅。在生物化学农药登记的产品中，赤霉酸登记产品数量最大，达到 142 个；其次是萘乙酸 58 个；氨基寡糖素 56 个；芸薹素内脂 53 个。在生物化学农药登记的产品中，主要以天然植物生长调节剂类为主，天然植物诱抗剂为辅。在植物源农药登记的产品中，苦参碱登记产品数量最大，达到 116 个；其次是印楝素 26 个；鱼藤酮 22 个；蛇床子素 18 个。我国现阶段农药仍以化学农药为主，生物农药的替代之路虽遥远漫长，但发展潜力巨大（邱德文，2015，2013）。

6.2.2.3 世界上首个植物免疫蛋白质生物农药——6%寡糖·链蛋白

1.6%寡糖·链蛋白的作用机理 6%寡糖·链蛋白可湿性粉剂，也就是农药市场上的"阿泰灵"，是世界上首个植物免疫蛋白质生物农药，成分是 3%极细链格孢激活蛋白与 3%氨基寡糖素的复合制剂。极细链格孢激活蛋白是经极细链格孢菌发酵提取的一种具有生物活性、稳定的新型蛋白质农药，当其接触到植物器官表面后，可以与植物细胞膜上的受体蛋白结合，引起植物体内一系列相关酶活性和基因表达量的增强，释放抗性因子，激活植物抗性系统，提高抗病能力，修复受害植物损伤，起到抗病防虫作用（Peng et al.，2015；Zhang et al.，2011；Mao et al.，2010）。链蛋白对病毒病防治效果优异，对细菌、真菌性病害也有很好的防治效果。氨基寡糖素（壳寡糖）可激发植物体内基因，产生具有抗病作用的几丁质酶、葡聚糖酶、植保素等，并具有细胞活化作用，有助于受害植物的恢复，促根壮苗，增强作物抗性，促进植物生长发育（Alberto et al.，2013）。

"阿泰灵"的核心技术是将极细链格孢激活蛋白与氨基寡糖素

科学配伍，充分利用 2 种成分的相互增效作用，通过调节水杨酸含量，综合过敏反应（Hypersensitive response，HR）与氧暴发，生物大分子与活性诱导，蛋白、糖蛋白、多肽、小分子核糖核酸等不同路径进入植物抗性信号传导系统，激发作物自身免疫诱导抗性，增强作物免疫能力，提升叶绿素含量，提高作物抗病性、抗虫、抗旱和抗寒能力（张志刚等，2007；吴全聪等，2006；邱德文等，2005）。"阿泰灵"还含有丰富的 C、N 等营养物质，可被微生物分解利用并作为作物生长的养分，诱导作物多重反应，调节土壤微生物区系，改善作物品种表现，刺激作物生长，达到作物增产增收的效果。

2.6%寡糖·链蛋白在玉米上的应用　"阿泰灵"在玉米上可用于播种前的拌种和播种后的喷施。拌种，推荐用药量 8～10 g，加水 50～100 g，拌玉米种 2.0～2.5 kg，阴干 24 h 后播种，可与其他杀菌剂混合使用；喷施，最佳使用时期是玉米苗期至小喇叭口期，每亩使用量 30 g，兑水 30～45 kg，采用叶面喷雾方式，全生育期喷施 2～3 次，一般可以与其他杀虫剂混合使用，但应先兑水稀释 1 种药剂后，再配第 2 种药剂，不可将多种药剂的母液直接混合。

玉米苗期至小喇叭口期是蓟马、二点委夜蛾、棉铃虫等虫害高发期，也是玉米防治害虫的关键期，根据当年当地病虫害的监测预警，可选择"阿泰灵"与杀虫剂混合施用。"阿泰灵"，在玉米苗期至小喇叭口期喷施，可以有效激发玉米免疫功能，增强玉米综合抗性，调节生长，减轻大小苗现象，提高整齐度，有效控制粗缩病、丝黑穗病、瘤黑粉病及茎腐病发生；在玉米大喇叭口期与穗期喷施，可以调节植株生长，防治玉米褐斑病、锈病、茎基腐病等病害。

但本研究在玉米大喇叭口期通过无人机喷施"阿泰灵"防治玉米南方锈病和穗腐病的试验结果表明，"阿泰灵"对玉米南方锈病的防效（5.22%）和增产效果（不超过 1%）均一般，并且效果不稳定；"阿泰灵"（6％寡糖·链蛋白）＋福戈（40％氯虫苯甲酰胺·噻虫嗪）对玉米穗腐病及穗部虫害有较好的防治效果，所有的杀菌剂＋杀虫剂组合对穗腐病的防治效果均一般，说明生防制剂"阿泰灵"在玉米不同病害上的使用效果并不稳定。

6.2.2.4 生物农药的优缺点

1. 生物农药的优势

（1）选择性强，靶标性强。生物农药可针对性地对某一种特定功能基因进行定向重组或改造，从而能够非常有针对性的控制对传统农药产生抗性的病虫害。当前，市场已经研发、推广、应用了多种生物农药。从应用效果来看，在有效驱杀、抑制病虫害基础上，对临近的人畜、有益群体等无毒害作用。换言之，对非靶向生物的影响微乎其微，具有较高的使用安全性。

（2）对生态环境影响小，安全、环保，可自行分解，有较高的生态效益。生物农药的活性成分是自然界本身存在的物质，自然界有其顺畅的降解途径，成分易分解，施用在环境中或作物上，不易残留，不会引起生物富集现象，同时施用安全间隔期短，更适用于蔬菜、水果等直接食用的作物，这是高毒高残留化学农药不具备的。生物农药的有效活性成分主要源自自然生态系统，在药效发挥之余完全可被日光、植物或各种土壤微生物分解，完全可以认为对自然生态环境安全、无污染。生物农药与环境的相容性更好，源自自然、回归自然，最终归属于自然界的物质循环，能够降低对生态平衡的破坏，顺应了坚持人与自然和谐共生、形成绿色发展的生活理念和环保政策。

（3）长效性好，诱发害虫患病，后效作用明显。一些生物农药的使用，比如原真菌、病毒、微孢子虫、原线虫等等，在抑制驱杀病虫害方面，有水平扩散、经卵垂直传播的可能，而且条件适宜的话，会激发其定殖、扩散和发展流行的能力，这种能力不仅对单代病虫害有控制作用，而且对下季甚至次年发生的病虫害，同样有不错的抑制驱杀作用（叶瑄，2019）。

2. 生物农药的缺点

（1）药效发挥慢。比起化学农药的见效快、打药方便，生物农药的药效发挥慢是一个很突出的问题。

（2）有效活性成分比较复杂，易受到环境因素的制约和干扰。例如真菌微生物制剂绿僵菌和白僵菌，主要活性成分是有生命的分生孢子，因此对温度的要求较高，使用时温度尽量控制在 20～30℃，温度过低，孢子萌发生长的速度缓慢，温度过高（35～40℃），容易导致孢子死亡；在喷施绿僵菌可湿性粉剂时，在早晚露水未干时，药剂才能很好地黏附在蔬菜上，温度高，孢子能够更加快速地繁殖；对于有生命的微生物制剂，阳光中的紫外线有致命的杀伤作用，因此，使用微生物农药后，应避免强光照射，尽量在阴天及傍晚使用。

（3）使用成本高。药企生产成本高，而且未能形成产业化态势，市场竞争力弱，就个体户而已，购置成本高，加上宣传不到位，不少农户对生物农药的认同度低。

6.2.2.5 生物农药的应用

生物农药需要提前施药，预防为主。在选择生物农药时，应科学性、针对性地选择合适的生物农药，避免出现生物农药作用不明显、防治成本提高的情况；在进行生物防治时，只需要将病虫害控制在危害水平之下即可，并不需要对病虫赶尽杀绝，防止从另一角度破坏生态平衡（邱德文，2016）。

生物农药是由多种生物新陈代谢物质加工制成的特殊农药，有效成分是某一有效成分占该种生物农药的百分比，生物农药的有效成分通常比传统化学农药占比更大、更加具有专一性，因此对于某种病虫害使用某种生物农药时，必须适当稀释，调节浓度，控制用药量；为了减轻各种农产品的药物残留，生物农药在用药时通常需要留出安全间隔期，能够起到使生物农药充分发挥作用、产生降解作用的效果，也避免了2种不同生物农药之间发生不良反应。

生物农药的推广应用，一方面需要政府加强引导，做好科普宣传工作，扩大生物农药使用范围，引导民众使用生物农药；另一方面需要加强生物农药技术培训，找准生物农药渗入切合点，做好应用、示范和推广工作。

6.2.3 诱杀技术

6.2.3.1 灯光诱杀技术

昆虫视觉可感受外界光刺激，在昆虫觅食、交流、求偶、躲避天敌等中发挥重要作用（Chapman，1998）。在长期的进化过程中，昆虫对光源刺激产生了趋光行为习性，包括趋向光源的正趋光性和背离光源的负趋光性。基于昆虫趋光行为的灯光诱杀技术已在害虫监测预警及绿色防控中广泛应用，在科学防控害虫、减少化学农药使用、保障国家粮食安全及生态安全中发挥了重要作用。

1. 黑光灯 黑光灯是一种特制的气体放电灯，灯管的结构和电特性与一般照明荧光灯相同，只是管壁内涂的荧光粉不同。黑光灯一般发出波长在330～400 nm之间的紫外线，对农业害虫有很大的杀伤力。利用害虫的趋光性，每2～3.5 hm² 田地设置一盏黑光灯，每晚9时至次日凌晨4时开灯，可诱杀亚洲玉米螟、黏虫、桃蛀螟、棉铃虫等玉米田主要害虫（边文波，2017），尤其在天气闷热、无月光、无风的夜晚，诱杀效果更好。

2. 高压汞灯 高压汞灯为在玻璃外壳内表面，涂有荧光粉的高压汞蒸汽放电灯，于20世纪70年代开始出现，其耗电量大、波长能量强、光透性好，其诱虫范围较宽，诱虫效果好于黑光灯，且使用寿命长。高压汞灯能发出404.7 nm、435.8 nm、546.1 nm和577～579 nm的可见光谱线和较强的365 nm紫外线，应用于害虫的预测预报及农业害虫的诱杀。特制高压汞灯对减少田间落卵量防效为72.5%，虫口减退率为52.6%。因此，在虫源地设置特制高压汞灯来诱杀羽化的玉米螟成虫技术可减少其在玉米植株上的产卵量，从而控制和减轻危害程度（马慧等，2011）。

3. 双波系列灯　双波灯由黑白双光灯改进创新而成。双波系列灯可同时发出长、短两种光波的灯光，一般长光波为 585 nm 的黄色光、短光波为 350 nm 的紫外光。受空气介质的影响，短光波衰减快、照射距离近，而长光波衰减慢、射程远。长光波可将较远距离的昆虫引诱至有短光波的近灯区。通过短光波使在近灯区的昆虫扑灯，长短结合的光波增强了诱集能力。双波灯分为高效节能双波灯和直管双波灯，并有研究表明高效节能双波诱虫灯的诱集效果优于直管双波灯及普通黑光灯（刘立春等，2005）。

4. 频振式杀虫灯　频振式杀虫灯为直管紫外灯和直管荧光灯组合，通过近距离用光，远距离用波的方法诱杀害虫（崔学贵等，2011）。这种组合光源诱虫种类多，效果好，但耗能较高。频振式杀虫灯诱杀玉米螟成虫，平均综合防效可达 69.8%，同时它还可以诱杀金龟子、蝼蛄、地老虎等地下害虫（可欣等，2010）。

我国诱虫灯装备发展经历了白炽灯、黑光灯、双波灯、频振式杀虫灯等阶段。但以上杀虫灯光谱范围较宽，选择性差，易杀伤天敌。随着半导体技术的进步，发光二极管（light-emitting diode，LED）相较传统光源具有多种优点：亮度较高、能源消耗少、波长范围窄等。LED 灯作为诱虫光源可有效减少对天敌昆虫的误杀，成为目前最佳的诱虫光源。因此，LED 诱虫灯在害虫防治中具有广阔的应用前景（杨现明等，2020）。

5. LED 灯　选择 LED 光源进行害虫诱杀，首先要选择合适的波段。室外诱集试验表明 385 nm 的 LED 灯对黏虫、二点委夜蛾、棉铃虫等具有较好诱集效果（徐翔等，2019）。单波长杀虫灯对天敌昆虫的影响小于传统的黑光灯和频振式杀虫灯。通过试验发现，供试的不同类型及波长杀虫灯诱得的草地贪夜蛾数量不多，但不同波长间存在差异，并以短波 368 nm 效果最好（陈昊楠等，2020）。

256

6.2.3.2 性信息素诱杀技术

昆虫信息素又称昆虫外激素，是一种微量化学信息物质，其在同种昆虫个体求偶、觅食、栖息、产卵、自卫等过程中起关键作用（王丽坤等，2015）。昆虫信息素主要包括性信息素、聚集信息素、示踪信息素和报警信息素（郑丽霞等，2018），其中性信息素具有高度的专一性，不仅可以对靶标害虫的发生期与发生量进行预测预报，有助于指导用药、提高农药使用效率，还能引诱并杀灭靶标雄虫，显著降低靶标害虫的种群数量，减少作物经济损失（Chen et al.，2014；蔡晓明等，2018）。性诱剂是人工合成的性信息素，同样能被同种异性个体的感受器接受（郭娜娜等，2014），并引起异性个体产生一定行为反应或生理效应（郭晓军等，2017）。昆虫性诱剂对中性昆虫、天敌不会造成危害，并且具有灵敏度高、无毒、无污染等特点，这使它成为现代预测、防治害虫的首选方法，生产上应用的玉米螟、棉铃虫、桃蛀螟、黏虫、小地老虎和草地贪夜蛾等性诱剂在玉米害虫的监测和防治中均具有良好的效果（车晋英等，2019）。

6.2.3.3 糖醋液诱杀技术

糖醋液是一种传统的害虫诱集方法，利用某些害虫对糖醋液的正向趋性，可以有效地降低田间虫源，而且材料方便易得、好操作，对雌、雄成虫均有诱集作用（刘文旭等，2014；李丽莉等，2015）。糖醋液可以诱杀梨小食心虫、梨大食心虫、卷叶蛾、小地老虎、黏虫等鳞翅目害虫，以及叶蝉类害虫。糖醋液还能很好地预测主要害虫的发生情况，为害虫的及时药剂防治提供依据，并且不存在农药残留，不污染环境，对人畜安全。用糖3份、醋4份、酒1份、水2份，配成糖醋液，并按5%的比例加入90%晶体敌百虫，然后把盛有毒液的盆放在地里，每亩放糖醋液盆3个，白天盖好，晚上揭开，可以诱杀棉铃虫、斜纹夜蛾、玉米螟、银纹夜蛾、地老虎等多种鳞翅目害虫（陈海霞等，2019）。

6.2.3.4 食诱剂诱杀技术

近年来，在棉铃虫等害虫的食诱剂方面开展了广泛的研究，并获得了一批具有自主知识产权的引诱剂产品。棉铃虫食诱剂含有从几十种寄主植物中提取出的苯乙醛、水杨酸丁酯、柠檬烯、甲氧基苄醇等具强吸引力的挥发性物质。将这些物质搭载在高分子缓释载体上，并配以具取食刺激作用的蔗糖和少量农药。挥发性物质将棉铃虫成虫吸引至味源，在蔗糖的刺激下棉铃虫摄入农药，从而达到诱杀的目的（陆宴辉，2016）。在棉铃虫产卵前，棉铃虫食诱剂按每亩 100 mL 的剂量，通过茎叶条带滴洒或悬挂方盒诱捕器方式施用。食诱剂对雌、雄蛾具有同等的诱杀效力，可使棉田棉铃虫成虫虫口数量减少 95%，极大降低下一代棉铃虫的危害程度。除棉铃虫外，该食诱剂对烟青虫、甜菜夜蛾、斜纹夜蛾、小地老虎、黏虫等重要夜蛾科害虫均有较好的诱杀效果，在玉米、大豆、花生等作物田均获得了较好的防治效果（陆宴辉，2017；蔡晓明等，2018）。

6.2.3.5 毒饵诱杀技术

蝼蛄对于炒香的麦麸、豆饼有强烈的趋性，可根据此诱杀，用 5 kg 炒香的麦麸、米糠、豆饼等，加乐果乳油 50～100 g，加水拌成毒饵，傍晚穴施田间，注意现炒现拌现用；对于地老虎类，在幼虫 3 龄之前，用敌百虫加水喷洒在切碎的灰菜上，撒在玉米苗附近；在高龄幼虫期，用辛硫磷乳油拌灰菜，于傍晚撒施玉米根部防治；将榆树枝蘸取乐果或者敌敌畏乳油插入田间可诱杀金龟甲。取90% 晶体敌百虫 1 kg，先用少量热水化开后再加水 10 kg，均匀地喷洒在 100 kg 炒香的饼粉或麦麸上，拌匀后于傍晚顺垄撒在作物根部，每亩 5 kg 左右，可以诱杀多种害虫。将 0.5 kg 90% 敌百虫用热水化开，加清水 5 L 左右，喷在炒香的油渣上（也可用棉籽皮代替）搅拌均匀即成，每亩用毒饵 4～5 kg，于傍晚撒施，对 4 龄以上地老虎幼虫诱杀效果较好。

6.3 高效低毒农药

6.3.1 种衣剂

种衣剂是农药安全使用的重要措施，可以有效地控制地下害虫和苗期病虫害，减少农药的使用量。根据豫南夏玉米常见的地下害虫、土传病害和苗期病虫害种类，选择适宜的种子处理剂，于玉米播种前统一拌种或包衣，按照推荐用药量，加适量清水，混合均匀调成浆状药液（配制好的药液应在 24 h 内使用），将药浆与种子充分搅拌，直至药液均匀分布到种子表面，在阴凉通风处平铺摊开，晾干 24 h 后播种。

根据中国农药信息网数据中心的农药登记信息，目前已登记的防治玉米地下害虫和苗期病虫害的高效低毒种衣剂产品共有 30 个，其中防治玉米茎腐病的种衣剂产品有 15 个，防治玉米田地下害虫的有 6 个，兼防玉米茎腐病和地下害虫的有 2 个，防治灰飞虱和茎基腐病的有 4 个，防治灰飞虱和纹枯病的有 1 个，防治地下害虫和根腐病的有 1 个，防治地下害虫和茎枯病的有 1 个（表 6-3）。

表 6-3 玉米田高效低毒的种衣剂

农药名称	有效成分及含量	每 100 kg 种子用药量	防治对象
咯菌腈	25g/L	150～200 g 或 168～200 mL	茎腐病
精甲霜灵	10%	114～153 mL	茎腐病
噁霉灵	30%	药种比 1∶2 000～2 500	茎腐病
克菌丹	450 g/L	药种比 1∶571～667	茎腐病

（续）

农药名称	有效成分及含量	每100 kg 种子用药量	防治对象
吡唑醚菌酯	10%	40～60 mL	茎腐病
35 g/L咯菌·精甲霜	咯菌腈25 g/L，精甲霜灵10 g/L	4.4～5.8 g或100～167 mL	茎腐病
4%精甲·咯菌腈	精甲霜灵1.5%，咯菌腈2.5%	100～150 mL	茎腐病
10%唑醚·精甲霜	精甲霜灵6.7%，吡唑醚菌酯3.3%	150～200 mL	茎腐病
11%精甲·咯·嘧菌	精甲霜灵3.3%，咯菌腈1.1%，嘧菌酯6.6%	227～455 g/100～450 mL	茎腐病
10%咯菌·嘧菌酯	咯菌腈2.5%，嘧菌酯7.5%	200～250 mL	茎腐病
4.23%甲霜·种菌唑	甲霜灵1.88%，种菌唑2.35%	75～120 mL	茎腐病
10%甲霜·嘧菌酯	甲霜灵6%，嘧菌酯4%	200～300 g	茎腐病
41%唑醚·甲硫灵	吡唑醚菌酯4.1%，甲基硫菌灵36.9%	100～120 mL	茎腐病
12%甲硫灵·精甲霜·嘧菌酯	甲基硫菌灵6%，精甲霜灵3%，嘧菌酯3%	100～300 mL	茎腐病
18%噻灵·咯·精甲	噻菌灵13.9%，精甲霜灵1.8%，咯菌腈2.3%	100～200 mL	茎腐病
氟虫腈	8%	药种比1:53.8～80	蛴螬
吡虫啉	600 g/L	200～600 mL	蛴螬
辛硫磷	3%	药种比1:30～40	金针虫、小地老虎、蛴螬
氯虫苯甲酰胺	50%	380～530 g	小地老虎、黏虫、蛴螬
溴氰虫酰胺	48%	60～120 mL	小地老虎

（续）

农药名称	有效成分及含量	每 100 kg 种子用药量	防治对象
15％克·醇·福美双	克百威 7％，三唑醇 2％，福美双 6％	药种比 1∶30～50	地下害虫
25％丁硫·福美双	丁硫克百威 6％，福美双 19％	1 668～2 500 g	地下害虫、茎腐病
15％甲柳·福美双	甲基异柳磷 5％，福美双 10％	2 000～2 500 mL	地下害虫、茎腐病
6％咯菌腈·嘧菌酯·噻虫嗪	咯菌腈 0.2％，噻虫嗪 5.5％，嘧菌酯 0.3％	1 667～2 500 g	灰飞虱、茎腐病
9％吡唑酯·咯菌腈·噻虫嗪	噻虫嗪 8.6％，咯菌腈 0.2％，吡唑醚菌酯 0.2％	2 000～3 000 g	灰飞虱、茎腐病
29％噻虫·咯·霜灵	噻虫嗪 28.08％，咯菌腈 0.66％，精甲霜灵 0.26％	468～561 g/ 300～450 mL	灰飞虱、茎腐病
27％精·咪·噻虫胺	噻虫胺 20％，精甲霜灵 3％，咪鲜胺铜盐 4％	500～660 mL	灰飞虱、茎腐病
28％噻虫嗪·噻呋酰胺	噻虫嗪 24.5％，噻呋酰胺 3.5％	570～850 mL	灰飞虱、纹枯病
18％辛硫·福美双	辛硫磷 8％，福美双 10％	药种比 1∶30～50	地下害虫、根腐病
13％氯氰·福美双	氯氰菊酯 3％，福美双 10％	1 669～2 500 mL	地老虎、金针虫、蛴螬、茎枯病

6.3.1.1 玉米田常用高效低毒种衣剂的作用原理

1. 防治玉米茎腐病的高效低毒种衣剂

（1）25 g/L 咯菌腈。该药剂是一种吡咯菌腈类的具有长残效活性的非内吸性有机杀菌剂，能够抑制渗透信号传导过程中的丝裂原活化蛋白激酶活性，通过有效抑制葡萄糖中与磷酰化物酶有关的物质转移而阻止真菌的正常生长，主要作用是抑制孢子萌发、芽管伸长和菌丝生长，最终导致病菌死亡，具有广谱杀菌抗病的效果。

（2）10％精甲霜灵。该药剂是一种新型酰苯胺类杀菌剂类种衣剂，可随着种子的萌发和生长，内吸传导到植株的各个部位。

（3）30％噁霉灵。该药剂是由噁霉灵原药与适宜的助剂采用先进工艺，经过精细加工制作而成的悬浮种衣剂，不能与其他化肥、农药混合使用。

（4）450 g/L克菌丹。该药剂是一种流动性种子处理杀菌剂，对种子的黏附力较好，包衣后的种子颜色亮泽，但品质差、生活力低、破损率高、含水量高于国家标准的种子不宜进行包衣，且避免在甜玉米、糯玉米和亲本作物上使用。

（5）10％吡唑醚菌酯。该药剂为甲氧基丙烯酸酯类化合物，杀菌范围较广，具有保护、治疗和良好的渗透传导作用及植物健康功效，并且不能与碱性农药、铜制剂混用，包衣后的种子不得摊晾在阳光下暴晒，以免发生光解影响药效。

（6）35 g/L咯菌·精甲霜。该药剂是精甲霜灵和咯菌腈混配的种子处理杀菌剂，播种后必须覆土，严禁禽畜进入。

（7）4％精甲·咯菌腈。该药剂是由两种具有不同作用机制的杀菌剂混配而成，精甲霜灵为内吸性苯胺类化合物，对卵菌纲真菌如腐霉、绵霉等低等真菌引起的多种种传和土传病害有非常好的防效；咯菌腈为非内吸苯吡咯类化合物，对子囊菌、担子菌、半知菌等许多病原菌引起的种传和土传病害有非常好的防效。该药剂每季最多使用1次，播种时需观察天气，避开低温、大雨等不良环境，不可抢墒播种，应选择连续3～5 d为晴天的时段播种。

（8）10％唑醚·精甲霜。该药剂是由两种具有不同作用机制的杀菌剂混配而成，吡唑醚菌酯为甲氧基丙烯酸酯类杀菌剂，其杀菌范围较广，具有保护、治疗作用；精甲霜灵能透过种皮，随着种子的萌发和生长，可内吸传导到植株的各个部位。每季用药1次。

（9）11%精甲·咯·嘧菌。该药剂由精甲霜灵、咯菌腈、嘧菌酯混配而成，具有保护、内吸和铲除功效，杀菌谱广且持效期长。

（10）10%咯菌·嘧菌酯。其有效成分咯菌腈和嘧菌酯有较好的渗透性及局部内吸活性，具有保护和治疗双重功效。用于种子处理，可被作物根迅速内吸，并传导到植株各部位，可有效防治玉米茎腐病。

（11）4.23%甲霜·种菌唑。该药剂是一种内吸兼触杀保护性杀菌剂，剂型优良，对种子的黏附力较好，包衣后的种子颜色鲜艳亮泽，可有效防治玉米茎腐病。

（12）10%甲霜·嘧菌酯。该药剂是具有保护和治疗作用的内吸性杀菌剂，具有保护、治疗、铲除、渗透、内吸等作用，持效期较长，可以抑制孢子萌发和菌丝生长，能够有效防治玉米茎腐病。

（13）41%唑醚·甲硫灵。该药剂为吡唑醚菌酯和甲基硫菌灵的混配制剂，其中吡唑醚菌酯为甲氧基氨基甲酸酯类杀菌剂，杀菌范围较广，具有保护、治疗和良好的渗透传导作用，同时具有植物健康作用；甲基硫菌灵属于苯并咪唑类，是一种广谱性内吸性杀菌剂，能防治多种作物病害，具有内吸、预防和治疗作用。播种时应注意土壤墒情，不宜过湿。

（14）12%甲硫灵·精甲霜·嘧菌酯。该药剂是由具预防、保护和治疗作用的杀菌剂精甲霜灵、嘧菌酯和甲基硫菌灵复配加工而成的种子处理悬浮剂，存放过程中可能会出现沉淀或分层，需摇匀后使用。

（15）18%噻灵·咯·精甲。该药剂含有噻菌灵、咯菌腈和精甲霜灵3种有效成分，噻菌灵属于苯丙咪唑类杀菌剂，能够抑制有丝分裂，具有内吸性，兼具保护和治疗作用；咯菌腈为非内吸性苯吡咯类杀菌剂，通过抑制葡萄糖磷酰化有关转运来抑制孢子萌发和菌丝生长；精甲霜灵可抑制RNA的合成，抑制孢子产生和菌丝生长，具有高度内吸性，易被植物迅速吸收，兼具治疗和保护作用。

2. 防治玉米田地下害虫的高效低毒种衣剂

（1）8%氟虫腈。该药剂是一种苯基吡唑类杀虫剂，具有胃毒、触杀和内吸作用，其杀虫机制在于阻断昆虫 γ-氨基丁酸和谷氨酸介导的氯离子通道，从而造成昆虫中枢神经系统过度兴奋，对玉米蛴螬有较好的防治效果。

（2）600 g/L 吡虫啉。该药剂是氯烟碱类杀虫剂，内吸性较强，具备胃毒和触杀作用，对蚜虫、蛴螬、蓟马等多种害虫具有较高的防效和较长的持效期。

（3）3%辛硫磷。该药剂属低毒有机磷杀虫剂，以触杀和胃毒为主，无内吸作用，击倒力较强。因对光不稳定，在田间使用很快分解失效，残效期短，残留危害性小，但施入土中残效期较长，适用于防治地下害虫。

（4）50%氯虫苯甲酰胺。该药剂为酰胺类内吸杀虫剂，胃毒为主，兼具触杀作用，害虫摄入后数分钟内即停止取食，可有效防治玉米田小地老虎、蛴螬和黏虫，但不可与强酸、强碱性物质混用。如果黏虫在出苗 20 d 后发生，需使用非 28 族（非双酰胺类）杀虫剂再喷药一次。

（5）48%溴氰虫酰胺。该药剂为双酰胺类杀虫剂，通过激活靶标害虫的鱼尼丁受体而导致害虫肌肉运动失调、麻痹，最终死亡，对鞘翅目和鳞翅目害虫均有较好的活性。该有效成分用于种子处理，可被作物根部吸收，并通过木质部迅速传导至植株各部位。

（6）15%克·醇·福美双。该药剂用于玉米种子处理，能有效防治蝼蛄、蛴螬、金针虫等地下害虫。

3. 防治玉米田地下害虫和茎腐病的高效低毒种衣剂

（1）25%丁硫·福美双。该药剂是由杀虫剂和杀菌剂加工而成的制剂，是种子专用种衣剂，经超微研磨而成糊状物，流动性好、成膜快，具有包衣牢固、内吸性强、持效期较长等特点，对作物较安全，病虫兼治。

（2）15％甲柳·福美双。该药剂是由福美双和甲基异柳磷混配而成的种衣剂。福美双是一种具保护作用的杀菌剂，其抗菌谱广；甲基异柳磷是一种新型土壤杀虫剂，杀虫谱广、残效期长。两者混配能有效防除蛴螬、金针虫、地老虎等玉米地下害虫和茎腐病，但不能用水稀释或加其他农药和肥料混用。

4. 防治玉米田茎腐病和灰飞虱的高效低毒种衣剂

（1）6％咯菌腈·嘧菌酯·噻虫嗪。该药剂是由3种具有不同作用机制的杀虫剂、杀菌剂混配而成，随种子萌发和幼苗生长内吸传导到植株的各个部位，防治由低等真菌引起的多种土传和种传病害。

（2）9％吡唑酯·咯菌腈·噻虫嗪。该药剂为三元复配杀虫杀菌种衣剂，噻虫嗪是一种结构全新的烟碱类杀虫剂，用于种子处理，可被作物根迅速内吸，并传导到植株各部位，能有效防治玉米灰飞虱；咯菌腈对许多病原菌引起的种传和土传病害有较好的防效；吡唑醚菌酯为新型广谱杀菌剂，具有保护、治疗和良好的渗透传导作用。该药剂在玉米上每季使用1次。

（3）29％噻虫·咯·霜灵。该药剂是由噻虫嗪、咯菌腈、精甲霜灵三者复配而成的一种低毒种子处理剂，可防治多种刺吸式害虫及大部分种子带菌及土壤传染的真菌病害，对玉米茎腐病和灰飞虱有较好的防治效果，且对种子及幼苗安全。

（4）27％精·咪·噻虫胺。该药剂是一种广谱性杀虫杀菌剂，噻虫胺是新烟碱类杀虫剂，具有触杀、胃毒和内吸作用；精甲霜灵可防治由低等真菌引起的多种种传和土传病害；咪鲜胺铜盐主要通过抑制病原菌麦角甾醇的生物合成而起到保护和治疗作用；三者复配能有效防治玉米灰飞虱和茎腐病，且毒性低，持效期适中，对作物安全。

5. 防治玉米田地下害虫和其他苗期病害的高效低毒种衣剂

（1）28%噻虫嗪·噻呋酰胺。该药剂是由噻虫嗪和噻呋酰胺复配而成的拌种剂，兼具杀虫和杀菌作用，防治玉米的病虫害。

（2）18%辛硫·福美双。该药剂由辛硫磷和福美双复配而成，具有杀虫和杀菌作用，可用于防治玉米的蛴螬、蝼蛄、地老虎、金针虫等苗期地下害虫和根腐病，使用时不能加其他的农药、肥料。

（3）13%氯氰·福美双。该药剂是由两种有效成分复配而成的杀虫、杀菌剂，能有效防治玉米苗期茎枯病、蛴螬、金针虫和小地老虎，其为固定剂型，允许少量分层和沉淀，用前摇匀不影响药效，用时不需要加水稀释或添加其他的农药和化肥。

6.3.1.2 豫南夏玉米田种衣剂的筛选及应用

1. 种子处理对玉米茎腐病的防治及经济效益分析　选用 2 个玉米品种（豫保 122，抗茎腐病；鼎优 163，中抗茎腐病），所选药剂共 7 个处理，其中包含 1 个生防种衣剂木霉和对照 CK。田间播种前开沟施肥，用量为 45 kg 复合肥（30-5-5）。

田间茎腐病调查的结果表明，在长葛，豫保 122 和鼎优 163 的发病病级多为 3 级和 5 级，个别出现 7 级和 9 级，发病较轻；在西华，豫保 122 的发病病级也多为 3 级和 5 级，而鼎优 163 发病较重，整体上 2019 年属于茎腐病发生偏重的年份。

对病害数据进行分析的结果表明，豫保 122 在长葛和西华，30%噻虫嗪＋35 g/L 精甲咯菌腈＋种衣剂的防治效果较好，防治效果分别为 16.50% 和 21.09%（表 6-4）；鼎优 163 在长葛，30%噻虫嗪＋35 g/L 精甲咯菌腈＋种衣剂、6.6%嘧菌酯·1.1%咯菌腈·3.3%精甲霜灵、41%唑醚·甲菌灵的防治效果较好，分别为 30.80%、29.78% 和 26.65%（表 6-5）；鼎优 163 在西华，60 g/L 戊唑醇＋4.23%甲霜·种菌唑＋600g/L 吡虫啉、41%唑醚·甲菌灵、30%噻虫嗪＋35 g/L 精甲咯菌腈在西华的防治效果较好，防效分别为 29.82%、26.11% 和 20.32%（表 6-5）。相比较，30%噻虫嗪＋35 g/L 精甲咯菌腈对玉米茎腐病有相对稳定且较好的防治效果。

产量性状的结果表明，对于豫保 122 种子处理，在长葛和西华，30％噻虫嗪＋35 g/L 精甲咯菌腈＋种衣剂种子处理的产量高于对照，分别增产 3.31％和 4.32％（表 6-4）；鼎优 163 的种子处理，在长葛和西华，30％噻虫嗪＋35 g/L 精甲咯菌腈处理的产量均高于对照，分别增产 6.76％和 18.53％（表 6-5）。根据公式计算：净利润＝（处理产量－对照产量）×1.7 元/kg（玉米价格）－种衣成本。相比较，选用 30％噻虫嗪＋35 g/L 精甲咯菌腈＋种衣剂对豫保 122 和鼎优 163 进行种子处理，在两个地点均表现增产，且净利润也相对较高、稳定，每亩平均净利润 82.91 元（豫保 122 和鼎优 163 在长葛点分别为 34.41 元和 70.01 元，在西华点的净利润分别为 45.41 元和 181.80 元）。

表 6-4 豫保 122 种子处理对玉米茎腐病病情指数、防效和产量的影响

地点	处理	病情指数	防治效果（％）	亩产量（kg）	±CK（％）	每亩净利润（元）
长葛	60 g/L 戊唑醇＋4.23％甲霜·种菌唑＋600 g/L 吡虫啉	16.2 a	1.27 a	721.83 a	1.92	16.35
	361.68 g/L 噻虫嗪·咯菌·精甲霜	21.6 a	−24.21 a	709.37 a	0.17	−2.99
	6.6％嘧菌酯·1.1％咯菌腈·3.3％精甲霜灵	20.6 a	−16.57 a	707.23 a	−0.14	−4.55
	41％唑醚·甲菌灵	17.2 a	6.73 a	681.57 a	−3.76	−48.59
	木霉（TBA 种衣剂）	15.4 a	−0.31 a	723.67 a	2.18	21.23
	30％噻虫嗪＋35 g/L 精甲咯菌腈＋种衣剂	16.2 a	16.50 a	731.63 a	3.31	34.41
	对照（CK）	19.6 a	0.00 a	708.20 a	0.00	

（续）

地点	处理	病情指数	防治效果（%）	亩产量（kg）	±CK（%）	每亩净利润（元）
西华	60 g/L 戊唑醇＋4.23% 甲霜·种菌唑＋600 g/L 吡虫啉	22.2 a	10.84 a	634.10 a	−8.42	−105.88
	361.68 g/L 噻虫嗪·咯菌·精甲霜	21.6 a	9.24 a	717.70 a	3.66	38.08
	6.6%嘧菌酯·1.1%咯菌腈·3.3%精甲霜灵	28.2 a	−16.56 a	697.37 a	0.72	5.60
	41%唑醚·甲菌灵	24.0 a	3.02 a	710.87 a	2.67	28.13
	木霉（TBA 种衣剂）	23.2 a	0.39 a	700.10 a	1.12	8.07
	30%噻虫嗪＋35g/L 精甲咯菌腈＋种衣剂	19.8 a	21.09 a	722.27 a	4.32	45.41
	对照（CK）	27.6 a	0.00 a	692.37 a	0.00	

表 6-5 鼎优 163 种子处理对玉米茎腐病病情指数、防效和产量的影响

地点	处理	病情指数	防治效果（%）	亩产量（kg）	±CK（%）	每亩净利润（元）
长葛	60 g/L 戊唑醇＋4.23% 甲霜·种菌唑＋600 g/L 吡虫啉	32.0 a	16.15 a	655.33 a	−0.13	−8.30
	361.68 g/L 噻虫嗪·咯菌·精甲霜	35.4 a	−4.81 a	653.97 a	−0.34	−8.77
	6.6%嘧菌酯·1.1%咯菌腈·3.3%精甲霜灵	28.2 a	29.78 a	650.13 a	−0.93	−13.22
	41%唑醚·甲菌灵	31.0 a	26.65 a	648.77 a	−1.13	−15.95
	木霉（TBA 种衣剂）	31.8 a	3.85 a	660.53 a	0.66	2.29
	30%噻虫嗪＋35 g/L 精甲咯菌腈＋种衣剂	25.0 a	30.80 a	700.57 a	6.76	70.01
	对照（CK）	43.2 a	0.00 a	656.20 a	0.00	

（续）

地点	处理	病情指数	防治效果（%）	亩产量（kg）	±CK（%）	每亩净利润（元）
西华	60 g/L 戊唑醇+4.23%甲霜·种菌唑+600 g/L吡虫啉	30.4 b	29.82 a	682.87 a	14.91	143.80
	361.68 g/L 噻虫嗪·咯菌·精甲霜	37.2 ab	14.04 ab	659.73 a	11.02	106.30
	6.6%嘧菌酯·1.1%咯菌腈·3.3%精甲霜灵	36.2 ab	15.92 ab	643.10 a	8.22	80.11
	41%唑醚·甲菌灵	31.8 b	26.11 a	626.03 a	5.34	50.67
	木霉（TBA 种衣剂）	35.6 b	17.56 ab	586.37 a	−1.33	−18.50
	30%噻虫嗪+35 g/L精甲咯菌腈+种衣剂	34.6 b	20.32 a	704.40 a	18.53	181.80
	对照（CK）	43.4 a	0.00 b	594.27 a	0.00	

2. 防控玉米苗期害虫种衣剂的筛选 包衣 1 "爱米乐（有效成分噻虫嗪+20%丁硫，药种比 1∶100）"以及包衣 2 "（噻虫嗪+1898，药种比 1∶77）"处理不同品种后，播后 21d，甜菜夜蛾在不同处理上的百株虫量差异显著（$F_{17,53}=8.326$，$P=0.000$），劳氏黏虫、棉铃虫和蓟马在不同处理上的差异不显著（$F_{17,53}=1.927$，$P=0.048$；$F_{17,53}=0.821$，$P=0.660$；$F_{17,53}=0.608$，$P=0.603$）（图 6-1）。

不同品种不同种衣剂处理后，播后 28d，甜菜夜蛾在不同处理上的百株虫量差异显著（$F_{17,53}=2.068$，$P=0.033$），劳氏黏虫、棉铃虫和蓟马在不同处理上的差异不显著（$F_{17,53}=0.639$，$P=0.838$；$F_{17,53}=0.794$，$P=0.688$；$F_{17,53}=1.170$，$P=0.335$）（图 6-2）。

研究结果表明，噻虫嗪+20%丁硫（药种比 1∶100）和噻虫嗪+1898（药种比 1∶77）种子包衣后，对玉米苗期甜菜夜蛾幼虫有较好的防治作用，但对棉铃虫和劳氏黏虫防效一般。需要进一步研究种子包衣对苗期多样化虫害的防治。

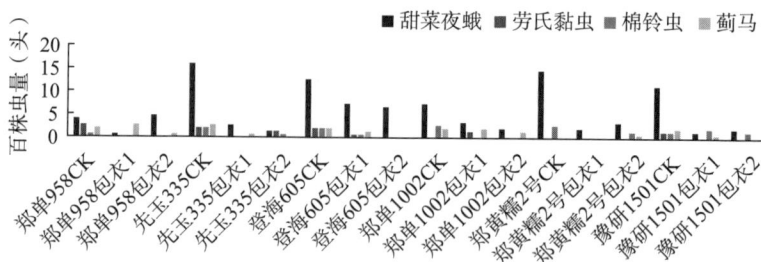

图 6-1　不同品种不同种衣剂处理对苗期（播后 21 d）主要害虫的影响

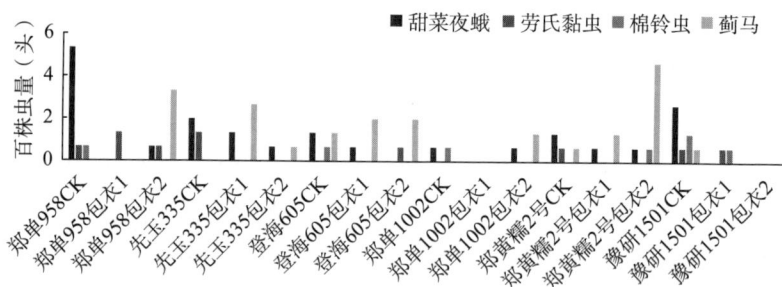

图 6-2　不同品种不同种衣剂处理对苗期（播后 28 d）主要害虫的影响

3. 豫南夏玉米田高效低毒种衣剂的推荐应用　种子处理对玉米茎腐病防治的试验结果表明（表 6-4，表 6-5），30％噻虫嗪+35 g/L 精甲咯菌腈对玉米茎腐病有相对稳定且较好的防治效果，而木霉生防种衣剂表现相对不稳定。玉米苗期害虫种衣剂的筛选试验结果表明（图 6-1，图 6-2），噻虫嗪+20％丁硫（药种比1∶100）和噻虫嗪+1898（药种比 1∶77）对玉米苗期甜菜夜蛾幼虫有较好的防治作用，但对棉铃虫和劳氏黏虫的防效一般。

　　结合生产实际，每 100 kg 种子推荐使用：35 g/L 咯菌腈·精甲霜灵悬浮种衣剂 100～200 mL 防治茎腐病，50％溴氰虫酰胺悬浮种衣剂 380～530 g 防治苗期的小地老虎、蛴螬等地下害虫及甜菜夜蛾等鳞翅目害虫在内的多种咀嚼式口器害虫，600 g/L 的吡虫啉悬浮种衣剂 300～450 mL 防治苗期的蛴螬等害虫，也可选择杀菌制剂＋杀虫制剂混合使用，或参考所购买品种已使用的包衣制剂成分，选用上述杀菌种衣剂或杀虫种衣剂进行二次包衣。

6.3.2　除草剂

　　近几年来，随着农业生产的发展和耕作制度的变化，玉米田杂草的发生出现了很多变化。农田肥水条件普遍提高，杂草生长旺盛，但部分田地也有灌溉条件较差的情况；小麦普遍采用机器收割，麦茬高、麦糠和麦秸多，影响玉米田封闭除草剂的应用效果，但也有部分玉米田在小麦收获前实行了行间点播；玉米田除草剂单一品种长期应用，部分地块香附子等恶性杂草大量增加。目前，不同地区、不同地块的栽培方式、管理水平和肥水差别逐渐加大，在玉米田杂草防治中应区别对待各种情况，选用适宜的除草剂品种和配套的施药技术（许海涛，2009；赵晓琴等，2009）。

6.3.2.1　除草剂使用特点

　　1. 苗前除草　玉米播后苗前施药的优点：①可以有效防除杂草于萌芽期和造成危害之前，由于早期控制了杂草，可以推迟或减少中耕次数；②因为田中没有作物，施药方便，也便于机械化操作；③因为作物尚未出土，可供选用的除草剂较多，对玉米安全性较高，价位也较低；④施药混土能提高对土壤深层出土的一年生大粒阔叶杂草和某些难防治的禾本科杂草的防治效果。

　　播后苗前施药的缺点：①使用药量与药效受土壤质地、有机质含量和 pH 制约；②在沙质土，遇大雨可能将某些除草剂（如赛克津、利谷隆）淋溶到玉米种子上产生药害；③播后苗前需土壤处理，土壤必须保持湿润才能使药剂发挥作用，如在干旱条件下施药，除草效果差，甚至无效（高峰和郭鹏，2017；李琳，2014）。

2. 苗后除草 玉米播后芽前施药受很多条件的限制，如三夏大忙或人们在小麦收获前趁墒将玉米点播在小麦行间等原因，未能在播后芽前施用除草剂的玉米田；同时，芽前施药不能有效控制杂草危害的玉米田，在玉米生长期进行化学除草可以作为杂草防治的一个补充时期，也是玉米田杂草防治的一个重要时期。玉米生长期施药的优点：受土壤类型、土壤湿度的影响相对较小；看草施药，针对性强。生长期施药的缺点：有很多除草剂杀草谱较窄；喷药时对周围敏感作物易造成飘移危害；有些药剂对玉米易产生药害；在干旱少雨、空气湿度较小和杂草生长缓慢的情况下，除草效果不佳；除草时间愈拖延，减产愈明显（周宇，2017）。

3. 豫南玉米田杂草防除特点 黄淮海流域中南部及其以南玉米田，在上茬收获后经常进行土地翻耕平整；同时，该区降水量偏大，常年降水量在 1 000 mm 以上。具备较好的水利条件，墒情很好。以前未用过除草剂或施用除草剂历史较短，田间主要杂草为马唐、狗尾草、藜、反枝苋等杂草（李中建等，2018）。

可以在玉米播后芽前每亩施用：50％乙草胺乳油 200～300 mL；50％乙草胺乳油 150～250 mL＋38％莠去津悬浮剂 75～100 mL，兑水 40 kg 均匀喷施。

如果施药期间墒情较差，每亩还可以选用的配方有：50％异丙草胺乳油 200 mL＋38％莠去津悬浮剂 75～100 mL；50％异丙草胺乳油 200 mL＋40％氰草津悬浮剂 100 mL；72％异丙甲草胺乳油 200 mL＋38％莠去津悬浮剂 75～100 mL；72％异丙甲草胺乳油 200 mL＋40％氰草津悬浮剂 100 mL。

也可以选用目前市场上常见的：每亩用 40％乙莠（配方比例为 2∶1）悬浮剂 200～300 mL。该类除草剂混用配方或混剂，主要以芽吸收，可以有效防治一年生禾本科杂草和阔叶杂草，封闭除草效果突出，应在杂草出苗前施药。该类除草剂对墒情要求较高，墒情差除草效果差；且该类除草剂较耐雨水冲刷，多雨地区或年份除草效果突出。田间尚有其他杂草时，应参照后面的介绍混用其他除草剂，或在苗后防治。生产上用药量过大，施药后如遇持续低温及土壤高湿，对玉米会产生一定的药害，表现为苗后茎叶皱缩、生长缓慢，随着温度的升高，一般会逐步恢复正常；生长期茎叶喷施，特别是高温干旱情况下会产生烧伤斑（彭俊英，2019）。

6.3.2.2 除草剂的主要类型及品种

1. 苯氧羧酸类和苯甲酸类 苯氧羧酸类除草剂容易被植物的根和叶吸收，通过木质部或韧皮部在植物体内上下传导，在分生组织积累，这类除草剂具有植物生长素的作用。植物吸收这类除草剂后，体内的生长素的浓度高于正常值，从而打破了植物体内的激素平衡，影响到植物的正常代谢，导致敏感杂草的一系列生理生化变化，引起组织异常和损伤。其选择性主要由形态结构、吸收转运、降解方式等差异决定。

苯氧羧酸类除草剂主要是用作茎叶处理，用在禾谷类作物、针叶树、非耕地、牧地和草坪。防除一年生和多年生阔叶杂草，如苋、藜、苍耳、田旋花、马齿苋、大巢菜、婆婆纳、播娘蒿等。大多数阔叶作物，特别是棉花对这类除草剂很敏感。

苯氧羧酸类除草剂可被加工成酯、酸、盐等不同剂型。不同剂型的除草活性大小为酯＞酸＞盐；在盐类中为胺盐＞铵盐＞钠盐（钾盐）。剂型为低链酯时，具有较强的挥发性。酸和酸制剂在土壤中的移动性很小，而盐制剂在沙土中易移动，但在黏土中移动性很小。

在使用这类除草剂的时候，要注意禾谷类作物的不同生长期和品种对其抗性有差异。如小麦、水稻在4叶期和拔节期前后对2,4-滴敏感，在分蘖期则抗性较强。2甲4氯对作物的作用比较缓和，特别是在异常的气候条件下对作物安全性高于 2,4-滴，漂移性也比 2,4-滴轻。

（1）2,4-滴二甲胺盐。

①主要剂型。720 g/L 2,4-滴二甲胺盐水剂。

②技术要点。在苗后玉米 4～6 叶期、杂草 2～4 叶期，每亩用80～120 mL，茎叶喷雾。

③注意事项。本品不可与铜制剂、硫酸烟碱、抗菌剂 401、乙烯利水剂等制剂混用，以免降低药效。

（2）2 甲 4 氯异辛酯。

①主要剂型。85％2 甲 4 氯异辛酯乳油和 90％2 甲 4 氯异辛酯乳油。

②技术要点。玉米 3～5 叶期，阔叶杂草 2～5 叶期（以杂草叶龄为主）茎叶喷雾处理，亩喷液量，水 15～30 L，药 20～30 mL。

③注意事项。本品对双子叶作物敏感，有药害，若施药田块附近有甜菜、向日葵、豆类等双子叶作物，喷药时一定要留保护行。如有风，不应在上风口喷药。不可与呈酸性或碱性的农药等物质混合使用，以免分解失效。

（3）2 甲 4 氯二甲胺盐。

①主要剂型。750 g/L 2 甲 4 氯二甲胺盐水剂。

②技术要点。在玉米苗后 3～4 叶期均匀喷雾，防除效果最好。每亩用 50～65 mL 茎叶喷雾。

③注意事项。本品不可与铜制剂、硫酸烟碱、抗菌剂 401、乙烯利水剂等制剂混用，以免降低药效。

（4）2 甲 4 氯钠。

①主要剂型。56％2 甲 4 氯钠可溶粉剂、56％2 甲 4 氯钠粉剂和 26％2 甲 4 氯钠可分散油悬浮剂。

②技术要点。在夏玉米田，杂草 3～5 叶期，每亩用 56％2 甲 4氯钠 110～140 g 兑水 15～30 L，茎叶喷雾。每季作物最多使用一次。

274

③注意事项。本品对棉花、豆类、甜菜、向日葵、马铃薯、瓜类、果树、林木等作物敏感，防止药物飘移到上述作物田，以防产生药害。使用时要顺垄沟茎叶定向喷雾，应严格控制施药期；大风天请勿施药。

(5) 麦草畏。

①主要剂型。70%麦草畏水分散粒剂、48%麦草畏水剂和480 g/L麦草畏水剂。

②技术要点。在夏玉米田，玉米5~6叶期至玉米株高60 cm期间，一年生阔叶杂草株高2~5 cm时，每亩用48%麦草畏30~50 mL兑水30~40 kg，茎叶均匀喷雾。

③注意事项。在玉米生长后期，即雄花抽出前15 d不能使用本品。在玉米田施用时，切勿使玉米种子与本品接触；喷药后20 d内避免铲墒；玉米株高达90 cm或雄穗抽出前15 d内，不能施用本品；甜玉米、爆裂玉米等敏感品种，勿用本品，以免发生药害。

2. 硝基苯胺类 硝基苯胺类除草剂是在杂草种子发芽生长穿过土层的过程中被吸收的。其主要被禾本科植物的幼芽和阔叶植物的下胚轴吸收，子叶和幼根也能吸收，但出苗后的茎、叶不能吸收。小麦和狗尾草的胚芽鞘是对氟乐灵最敏感的部位，狗尾草的幼芽接触药剂时，芽生长全部被抑制，而根接触药剂则对芽生长没有影响。硝基苯胺类被植物吸收，从根向芽的传导极其有限。在此类除草剂作用下，根尖与下胚轴受抑制，表现出膨胀及根畸形，根尖组织内细胞变小或伸长区细胞未明显伸长，特别是皮层薄壁组中细胞异常增大，细胞壁变厚。硝基苯胺类除草剂可广泛地用于各种作物，由于它们主要消灭杂草幼芽，所以多在作物播种前或播种后出苗前进行土壤处理。

(1) 二甲戊灵。

①主要剂型。330 g/L二甲戊灵乳油和33%二甲戊灵乳油。

②技术要点。夏玉米播后或苗前，每亩用330 g/L二甲戊灵

150～200 mL 兑水 45 kg，茎叶喷雾。播种后苗前土壤处理，必须在玉米出苗前 5 d 内施药，均匀喷雾，如果施药时土壤含水量低，可以适当混土，但切忌药剂接触玉米种子。在玉米苗后施药，应在阔叶杂草长出 2 片真叶，禾本科杂草 1.5 叶期以前进行。在单、双子叶杂草混合发生的地块，可与莠去津搭配使用。

③注意事项。大风天或预计 1 h 内降雨，请勿施药。每季最多使用 1 次。土壤沙性重，有机质含量低的田块不宜使用，易产生药害。当土壤黏重或有机质超过 2％时，可适当增加用药量，应使用推荐剂量上限。在土壤处理时，应先浇水，后施药，减免除草剂对作物的药害。低温或施药后降大雨等不良气候条件下可能会使作物产生轻微药害，一周至二周内可恢复正常生长。施药后表土干旱、土壤湿度较低时，应酌情加大兑水量，以保证药剂的除草效果。施药时应选择晴好、无风天气施药，不应在高温、雨天及风力大于 3 级时施药。防治玉米杂草时，应选择适当的其他除草剂混用或交替使用，以避免长期使用单一药剂而使杂草产生抗药性。

3. 三氮苯类　三氮苯类除草剂均是选择性内吸传导型除草剂，土壤处理时药剂被植物根系吸收，由蒸腾作用沿木质部迅速向上传导，随着用药量的增加，吸收速度加快；随着时间的延长，吸收速度变慢。茎、叶处理时，植物叶面吸收，活性与除草剂品种的水溶度显著相关；在植物体内从叶部向其他部位及向下甚少；加入表面活性剂可提高吸收速度，在干旱条件下药效稳定。

三氮苯除草剂主要防治一年生杂草和种子繁殖的多年生杂草。在一年生杂草中，它们防治阔叶杂草的药效好于禾本科杂草；对多年生杂草的作用差，甚至无效。这类除草剂不影响杂草种子发芽，主要防治杂草幼芽，施药应在杂草萌芽前、作物播种前、播种后苗前进行，最好播种后随即施药，苗后应在杂草幼龄阶段，大多数杂草出齐时进行。为了扩大杀草谱、缩短或延长持效期、控制敏感性杂草产生抗性，三氮苯类除草剂品种之间以及与其他类型的除草剂混用比较普遍。如玉米田阿特拉津与草净津混用可降低阿特拉津用药量，减轻阿特拉津对后茬作物的影响。阿特拉津与扑草净混用（2∶1混合），对稗草的活性比阿特拉津强，而且在干旱条件下药效稳定。由于各自用量减少，既消除了扑草净对玉米的药害，又缩短了阿特拉津的持效期。

（1）特丁津。

①主要剂型。30％特丁津悬浮剂、50％特丁津悬浮剂、25％特丁津可分散油悬浮剂。

②技术要点。于玉米3～5叶期，杂草2～5叶期施药。亩用30％特丁津悬浮剂150～200 mL或25％特丁津可分散油悬浮剂180～200 mL，兑水25～30 kg，茎叶喷雾。

于玉米播后苗前施药，亩用50％特丁津悬浮剂80～120 mL，兑水30～50 kg，均匀土壤喷雾。

③注意事项。用药后3个月以内不能种植大豆、十字花科蔬菜等敏感性作物。连续使用含特丁津除草剂，应在当地农技部门指导下用药和种植下茬作物。覆种指数高的地区不宜使用本品。

（2）莠去津。

①主要剂型。90％莠去津水分散粒剂、50％莠去津悬浮剂。

②技术要点。一是覆种指数高的地区不宜使用本品。二是玉米田后茬为小麦、水稻时，应降低剂量。有机质含量超过6％的土壤，不宜做土壤处理。三是杨树等浅根系树木对本品敏感，施药时应避免飘逸到邻近作物田。四是大风天或预计降雨天，请勿施药。五是本品每季最多使用1次。六是茎叶喷雾应在玉米苗后3～5叶期，杂草幼苗期进行茎叶喷雾。七是施药时间应在上午或傍晚，中午前后气温高时不能喷雾。

③注意事项。

土壤喷雾：一是施药量应根据土质、有机质含量、杂草种类密度而定。酸性、有机质含量高、杂草密度大的地块在登记用药量范围内使用其用药量的高限，盐碱地及有机质含量低的地块药量酌减。施药时药量要称准，施药均匀，不重喷不漏喷。二是与其他作物套种或间作的玉米田，不能使用本品。三是施药时要穿长衣长裤，戴好防护服、口罩、手套等避免吸入药液，施药期间不可吃东西和饮水，施药后应及时洗手和脸及裸露部位皮肤。施药后应认真清洗施药器械，清洗器具的废水不能排入河流、池塘等水源。四是本产品对水生生物、蚕、蜜蜂有毒，水产养殖区、河塘等水体附近禁用；禁止在河塘等水体中清洗施药器具，施药期间应避免对周围蜂群的影响、周围无花植物花期，赤眼蜂等天敌放飞区域、蚕室和桑园附近禁用；地下水、饮用水水源地禁用。五是孕妇及哺乳期妇女避免接触本品。六是用过的容器应妥善处理，不可做他用，也不可随意丢弃。

茎叶喷雾：一是宜在晴天上午 10:00 前或下午 4:00 后施药，避免午时高温，大风天气禁用。二是严格施药技术，喷雾均匀，忌漏喷或重喷，以免药效不好或发生局部药害。三是玉米在 3～5 叶期喷雾要压低喷头，避免喷到玉米心叶上造成伤害；玉米 5 叶期以后不推荐全田喷雾使用。四是本品不能与碱性农药等物质混用。五是配药和施药时，应穿戴防护服和手套，避免吸入药液；施药期间不可吃东西和饮水；施药后应及时洗手和洗脸。六是本品对蜜蜂、鱼类等水生生物、家蚕有毒，施药期间应避免对周围蜂群的影响，蜂源作物花期、蚕室和桑园附近禁用。远离水产养殖区施药，禁止在河塘等水体中清洗施药器具；赤眼蜂等天敌放飞区域禁用。用过的容器应妥善处理，不可做他用，也不可随意丢弃。地下水、饮用水源地禁用。七是孕妇及哺乳期妇女避免接触本品。八是蔬菜、大豆、小麦、水稻、花生、甜菜、油菜等作物及核桃、杨树等浅根树木对本品敏感，施药时避免药液漂移到上述作物上。九是与其他作物套种或间作的玉米田禁用。

（3）西玛津。

①主要剂型。90％西玛津水分散粒剂、50％西玛津可湿性粉剂。

②技术要点。玉米于播后苗前地表喷雾处理，亩用90％西玛津水分散粒剂120～160 g或50％西玛津可湿性粉剂300～400 g，兑水30～50 kg地表喷雾处理，切勿喷到叶片。注意要均匀喷雾，避免重喷和漏喷。

③注意事项。一是西玛津的残效期较长，对某些敏感后茬作物生长有不良影响，如对小麦、大麦、燕麦、黑麦、棉花、大豆、水稻、瓜类、油菜、花生、向日葵、十字花科蔬菜等有药害。施用西玛津的地块，不宜套种豆类、瓜类等敏感作物，以免发生药害。二是对一些玉米自交系新品种、落叶松的新播及换床苗圃，禁用西玛津，以免发生药害。三是降低土壤pH能减轻西玛津对植物的毒性，如应用多硫化钙（石灰硫黄合剂）可消除药剂的残毒。四是西玛津用药量应根据土壤有机质含量、土壤质地、气温而定，一般气温高有机质含量低的沙质土用量低，反之用量高。五是东北等地区应避开风暴等恶劣天气施药。六是土壤水分充足，墒情好时有利于发挥药效。七是施药器具使用后，要反复清洗干净；但不要在池塘、水渠中冲洗，以免污染水源。八是施药时应穿戴防护服和手套等，避免药剂接触眼睛和皮肤；施药期间不可吃东西和饮水等；施药后应及时洗手和洗脸等。九是本品每季最多使用1次。十是避免孕妇及哺乳期的妇女接触。

4. 酰胺类 在酰胺类除草剂中，多数品种是土壤处理剂，其中氯代乙酰胺类占重要地位。此类品种主要通过植物幼芽吸收，其中单子叶植物主要是芽（胚芽鞘）吸收，双子叶植物主要是下胚轴吸收，其次是幼芽吸收，种子也可以吸收，但吸收量很少。吸收后在植物体内传导，营养器官内积累的药剂量高于繁殖器官。芽区（次生根生育区）是禾本科对氯代乙酰胺除草剂最敏感的部位，而

根部则是双子叶植物的敏感部位。此类除草剂主要抑制幼芽与根的
生长。敏感杂草在发芽出土前或刚出土即中毒死亡。酰胺类除草剂
中部分通过茎、叶吸收。敌稗是高选择性茎、叶处理剂，它被稗草
叶片迅速吸收，抑制光合作用，导致水分代谢失调，很快失水枯
死，以 2 叶期稗草最为敏感。新燕灵通过茎、叶吸收传导，进入野
燕麦体内，首先分解成为有毒的脱乙基酸，然后经韧皮部向茎生长
点传导，在野燕麦体内积累，抑制细胞分裂，使生长停止。

（1）异丙甲草胺。

①主要剂型。70％异丙甲草胺乳油、72％异丙甲草胺乳油、
720 g/L 异丙甲草胺乳油、960 g/L 异丙甲草胺乳油、85％异丙甲
草胺微乳剂。

②技术要点。玉米播后芽前用药，亩用 70％异丙甲草胺乳油
120～150 mL 或 72％异丙甲草胺乳油 150～200 mL，或 960 g/L 异
丙甲草胺乳油 90～110 mL，兑水 40～60 kg 均匀土壤喷雾。

③注意事项。夏玉米土壤处理药剂，最好于玉米播后随即施
药，施药时土壤要有一定的湿度。土壤有机质含量高、土质黏重、
土壤干旱，宜采用较高推荐药量；土壤有机质含量低、沙质土壤、
土壤墒情好，宜采用较低推荐药量。本品对高粱、麦类敏感，使用
中要避免药液飘移到上述作物上。使用时，如遇高温（＞25℃）、
低温（＜13℃）、干旱、大风天气，可能会影响药效发挥；施药后
遇大雨，地面有明水易产生药害。作物拱土前 5 d 停止用药，否则
可能会出现药害。本品不能与碱性物质接触。

（2）精异丙甲草胺。

①主要剂型。40％精异丙甲草胺微囊悬浮剂、960 g/L 精异丙
甲草胺乳油。

②技术要点。作物播后苗前或移栽前土壤处理，亩用 40％精
异丙甲草胺微囊悬浮剂 150～170 mL 或 960 g/L 精异丙甲草胺乳油
60～85 mL，均匀土壤喷雾。

③注意事项。同（1）异丙甲草胺。

（3）氟噻草胺。

①主要剂型。41％氟噻草胺悬浮剂。

②技术要点。于玉米播种后出苗前杂草尚未出土时进行土壤均匀喷雾处理，夏玉米田每亩80～100 mL，每亩建议兑水30～60 L，土壤喷雾，可有效防除玉米田里的一年生杂草如狗尾草、稗草、马唐等杂草。

③注意事项。药剂配制采用两次稀释，充分混合，本品严禁加洗衣粉等助剂。

（4）乙草胺。

①主要剂型。50％乙草胺乳油、81.5％乙草胺乳油、89％乙草胺乳油、900 g/L乙草胺乳油、990 g/L乙草胺乳油、40％乙草胺水乳剂、900 g/L乙草胺水乳剂、50％乙草胺水乳剂、25％乙草胺微囊悬浮剂、50％乙草胺微乳剂。

②技术要点。于玉米播后杂草出土前，亩用50％乙草胺乳油100～140 mL、或81.5％乙草胺乳油70～110 mL、或89％乙草胺乳油110～130 mL、或900 g/L乙草胺乳油80～100 mL、或990 g/L乙草胺乳油70～90 mL、或40％乙草胺水乳剂150～200 mL、或900 g/L乙草胺水乳剂150～200 mL、或50％乙草胺水乳剂110～180 mL、或25％乙草胺微囊悬浮剂300～400 mL、或50％乙草胺微乳剂120～200 g，每亩兑水40～60 L，均匀土壤喷雾。

③注意事项。水稻、麦类、黄瓜、菠菜、韭菜、谷子、高粱等作物对本品敏感，施药时应避免药液飘移至邻近作物上，以防产生药害。杂草对本产品的主要吸收部位是芽鞘，因此必须在杂草出土前施药。只能做土壤处理，不能作杂草茎叶处理。乙草胺的使用剂量取决于土壤湿度和有机质含量，应根据不同地区、不同季节按登记用药量确定使用剂量。乙草胺在土壤含水量15％～18％时即可发挥好的药效。如遇干旱天气或降水量较少的地区，用药可适当加

大兑水量或浅混土 2～3 cm，有利于药效的发挥。有机质含量＞3％，在登记核准剂量范围内应增加用药量，如有机质含量＜3％应减少用药量。

（5）异丙草胺。

①主要剂型。30％异丙草胺可湿性粉剂、50％异丙草胺乳油、72％异丙草胺乳油、720 g/L 异丙草胺乳油、900 g/L 异丙草胺乳油。

②技术要点。玉米播后苗前、杂草出土前，亩用 900 g/L 异丙草胺 80～120 mL 或 720 g/L 异丙草胺 120～150 mL 或 50％异丙草胺 150～200 g 或 30％异丙草胺 250～300 g 或 72％异丙草胺 100～150 g 或 72％异丙草胺 100～150 mL 兑水 40～50 kg，或 50％异丙草胺 140～180 mL 或 720 g/L 异丙草胺 130～150 mL 兑水 30～50 kg，均匀土壤喷雾。土壤湿度是本品药效发挥的前提，因此用药时土壤要保持一定湿度。

③注意事项。苋菜、菠菜、生菜等对本品敏感，施药时注意避开。覆盖地膜田块应注意湿度，适当降低用药量。有机质含量高和黏性大的土壤用药量适当增加。本剂为土壤处理剂，必须在作物拱土前施用。本品除草效果受土壤湿度和温度影响较大，应根据具体情况确定用药量和兑水量，严重干旱时应于施药后 15 d 内进行喷灌以保证药效发挥。沙质土壤不宜封闭处理，避免大风天施药，以免药液飘移。低温 15℃ 以下，大风、干旱不利于药效发挥，施药后24 h内如遇大雨应进行补喷。药后持续低温多雨影响药效，易产生药害。

5. 磺酰脲类　磺酰脲类除草剂由杜邦公司最早发现，其发现推动了整个除草剂的发展，是除草剂进入超高效时期的标志。第一个进入市场的产品是氯磺隆（目前已禁用），该产品于 1975 年发现，1982 年在美国正式注册登记。

目前已经商品化的品种有 40 多个，常见品种也有 10 多种。主

282

要的目标作物为小麦，水稻，玉米，大豆，油菜，甜菜，甘蔗等。主要作用于乙酰乳酸合成酶，导致支链氨基酸异亮氨酸与缬氨酸缺乏，结果使细胞周期停滞于 G1 和 G2 阶段而使植物根生长受抑制。其特殊性在于既不影响细胞伸长，也不影响种子发芽及出苗，其高度专化效应是抑制植物细胞分裂，使植物生长受抑制，导致植物偏上性生长，芽端生长点坏死，叶脉失绿，抑制植物生长，最终全株枯死。磺酰脲类除草剂虽然作用迅速，但杂草全株彻底死亡却需要较长的时间。

（1）烟嘧磺隆。

①主要剂型。40 g/L 烟嘧磺隆可分散油悬浮剂、6％烟嘧磺隆可分散油悬浮剂、75％烟嘧磺隆水分散粒剂、80％烟嘧磺隆可湿性粉剂、8％烟嘧磺隆可分散油悬浮剂。

②技术要点。玉米 3～5 叶期，禾本科杂草 3～5 叶期，阔叶杂草 2～4 叶期，草高 5 cm 左右，亩用 8％烟嘧磺隆 35～50 mL 或 10％烟嘧磺隆 30～40 mL 或 20％烟嘧磺隆 15～20 mL 或 75％烟嘧磺隆 4.5～5.5 g 或 40 g/L 烟嘧磺隆 60～130 mL 或 6％烟嘧磺隆 70～80 mL 或 80％烟嘧磺隆 4～5 g 或 60 g/L 烟嘧磺隆 50～65 mL，兑水 20～30 kg，茎叶喷雾。

③注意事项。作物对象为马齿型和硬粒型玉米品种。甜玉米、爆裂玉米、制种玉米田、自交系玉米田及玉米 2 叶前及 6 叶后，不宜使用。初次使用的玉米种子田，需经安全性试验确认安全后，方可使用。此药剂用在玉米以外的作物上会产生药害，施药时不要把药剂洒到或流入周围的其他作物田里。每季作物最多使用 1 次。配制药液前，先将药瓶充分摇匀后，按比例将药液稀释，充分搅拌后使用。为避免药害产生，不要重复施药。不要和有机磷杀虫剂混用或使用本剂前后 7 d 内不要使用有机磷类杀虫剂，以免发生药害。施药 6 h 后下雨，对本品无明显影响，不必重喷，土壤水分、空气温度适宜时施药有利于杂草对本品的吸收传导。长期干旱、

低温和空气相对湿度低于 65％时不宜施药。一般应选早晚气温低、风小时施药。干旱时，施药最好加入表面活性剂，长期干旱如近期有雨，待雨过后田间湿度改善再施药或有灌水条件的灌后再施药。

（2）氯吡嘧磺隆。

①主要剂型。12％氯吡嘧磺隆可分散油悬浮剂、75％氯吡嘧磺隆水分散粒剂。

②技术要点。玉米苗后 2～5 叶期到抽穗期，杂草 2～4 叶期，亩用 75％氯吡嘧磺隆 3～4 g 或 15％氯吡嘧磺隆 25～30 mL 或 12％氯吡嘧磺隆 17～30 mL 兑水 30～45 L，茎叶喷雾。先配母液，搅拌均匀后稀释，用水量要充足（推荐每亩用水量 45～90 kg）。每季使用 1 次。

③注意事项。严禁用弥雾机施药，推荐无风晴天下午 4:00 以后用药，喷药时避免药液飘移到四周其他作物上。本品为悬浮剂，存放时可能出现分层，属正常现象，用时摇匀并采用二次稀释法即可，不影响药效。本品只适用于马齿型和硬粒型玉米，不推荐用于甜玉米、糯玉米、爆裂玉米、制种玉米、自交系玉米及其他作物，玉米 2 叶期前及 10 叶期后不能使用本品。玉米 6～9 叶期，喷雾时压低喷头，避开玉米心叶，不漏喷、不重喷，推荐顺垄喷雾，既安全又高效。每个作物生长周期的最多使用次数为 1 次。

（3）甲酰氨基嘧磺隆。

①主要剂型。3％甲酰氨基嘧磺隆可分散油悬浮剂。

②技术要点。于玉米苗后 3～5 叶期，一年生杂草 2～5 叶期，亩用 3％甲酰氨基嘧磺隆可分散油悬浮剂 80～120 mL，兑水均匀茎叶喷雾。大风天或预计 1 h 内下雨，请勿施药。每季最多使用 1 次。合理安排后茬作物，保证安全间隔时间。

③注意事项。严格按推荐的使用技术均匀施用，不得超范围使

用。本剂仅限于在普通杂交玉米，即硬粒型、粉质型、马齿型及半马齿型杂交玉米上使用。施用后玉米品种幼苗可能出现暂时性白化和矮化现象，但一般1～3周左右消失，最终不影响产量。禁止在爆裂玉米、糯玉米（蜡质型）及各种类型的玉米自交系上使用；本剂对甜玉米敏感，施用后玉米幼苗会出现严重白化、扭曲和矮化，故不推荐使用。本剂无土壤除草活性，建议采用扇形喷头喷施，田间喷药量要均匀一致，严禁"草多处多喷"、重喷和漏喷。勿超剂量使用，以免发生药害。在推荐的施用时期内，杂草出齐苗后用药越早越好。建议与作用机制不同的除草剂轮换使用，以延缓抗性产生。

（4）砜嘧磺隆。

①主要剂型。25％砜嘧磺隆水分散粒剂。

②技术要点。玉米苗后3～5叶期，禾本科杂草2～4叶、阔叶杂草3～4叶期，多年生杂草6叶以前，大多数杂草出齐时每亩用本品5～7 g兑水20～30 kg，充分混匀，全田均匀喷施一次，除草效果最佳，且对玉米安全。杂草小、水分好时砜嘧磺隆用低量；杂草较大、干旱条件下用高量。本品每季作物最多施药一次。

③注意事项。一是不同玉米品种对本品的敏感性有差异，适用于马齿型、半马齿型、硬粒型玉米，不推荐用于糯玉米、爆裂玉米、甜玉米及各类型自交系玉米；一般玉米2叶期前及10叶期后，对本品敏感。二是对后茬小麦、大蒜、向日葵、马铃薯、大豆等无残留药害，但对小白菜、甜菜、菠菜等有药害。三是施药与后茬作物安全间隔期为90 d。长期干旱、低温和空气相对湿度低于65％时不宜施药；一般选早晚气温低、风小时用药；干旱时施药最好加入表面活性剂；长期干旱如近期有雨，待雨过后田间湿度改善再施药或有灌水条件的灌后再施药；尽管施药时间延后，但除草效果会比雨前施药好。

6. 有机磷类 有机磷除草剂是一类由亚磷酸酯、硫代磷酸酯或含磷杂环有机化合物构成的除草剂。大多数有机磷除草剂品种的选择性都比较差，往往作为灭生性除草剂而且用于林业、果园、非农田及免耕田；但它们的杀草谱比较广，不仅防治一年生杂草，而且还能防治多年生杂草。

（1）草甘膦。

①主要剂型。30％草甘膦水剂。

②技术要点。玉米田杂草生长旺盛期，亩用 30％草甘膦水剂 167～367 mL，定向茎叶喷雾。将本剂稀释后，均匀喷雾于杂草叶面上，勿接触作物绿色部位。用清水稀释，勿用浊水稀释，以免减低活性，降低药效。

③注意事项。一般杂草在喷药后 7～10 d 开始见效。天气干燥，杂草枯萎，请酌情增加用量；喷药后 3～4 h 下雨，药效可能会降低。药液切勿喷到作物上，以免药害。

（2）草甘膦铵盐。

①主要剂型。70％草甘膦铵盐可溶粒剂、68％草甘膦铵盐可溶粒剂。

②技术要点。在夏玉米田，亩用 70％草甘膦铵盐 64～142 g 兑清水 30～40 L，定向茎叶喷雾。本剂宜在杂草生长旺盛期施用，施用时应加装保护罩进行定向喷雾，以防药液飘移到作物上。

③注意事项。本品已含助剂，使用时不需再加助剂或洗衣粉。本品对铁、铝等金属有轻微腐蚀性，应使用塑料等非金属容器贮放。

（3）草甘膦异丙胺盐。

①主要剂型。30％草甘膦异丙胺盐、46％草甘膦异丙胺盐、41％草甘膦异丙胺盐。

②技术要点。在杂草生长旺盛期施用，施用时应加装保护罩进行定向喷雾，亩用 30％草甘膦异丙胺盐 122～268 mL 或 183～

366 mL 或 122～268.3 g 或 41%草甘膦异丙胺盐 122～268 mL 或 30%草甘膦异丙胺盐水剂 167～367 mL 或 46%草甘膦异丙胺盐水剂 81～177 g，兑清水 30～40 L 稀释。稀释时先加入一半清水，将计算所得药量倒入喷雾器，再加入另一半清水，搅拌均匀之后即可定向喷雾。

③注意事项。本品已含助剂，使用时不需再加助剂或洗衣粉。本品对铁、铝等金属有轻微腐蚀性，应使用塑料等非金属容器贮放。

7. 三酮类 三酮类除草剂为苗前、苗后广谱选择性除草剂，可有效防治多种阔叶杂草和一些禾本科杂草，其靶标为植物体内的对羟基苯基丙酮酸酯双氧化酶，影响类胡萝卜素的生物合成，类胡萝卜素合成量的减少使叶绿素失去保护色素，植物出现失绿并导致白化症状死亡。三酮类除草剂具有广谱除草活性，化学性质稳定，不易挥发和光解，呈弱酸性，易被植物吸收等特点。

（1）苯唑草酮。

①主要剂型。4%苯唑草酮可分散油悬浮剂、10%苯唑草酮可分散油悬浮剂、30%苯唑草酮可分散油悬浮剂、30%苯唑草酮悬浮剂。

②技术要点。在玉米 3～5 叶期，一年生杂草 2～5 叶期，亩用 4%苯唑草酮可分散油悬浮剂 45～65 mL 或 30%苯唑草酮悬浮剂 5～6 mL 或 30%苯唑草酮可分散油悬浮剂 5～8 mL，茎叶喷雾，间套或混种有其他作物的玉米田，不能使用本品。

③注意事项。后茬种植棉花、花生、马铃薯、高粱、大豆、向日葵、菜豆、豌豆、甜菜、油菜和苜蓿等作物，需先进行小面积试验，确保安全后才能种植。施药前充分摇匀，幼小和旺盛生长的杂草更敏感，低温和干旱天气，杂草生长变慢从而影响对药剂的吸收，杂草死亡时间会变长。本品不能和有机磷杀虫剂等其他农药混用，使用本品前后 7 d 不能使用有机磷类农药。

（2）硝磺草酮。

①主要剂型。9%硝磺草酮悬浮剂、10%硝磺草酮悬浮剂、15%硝磺草酮悬浮剂、20%硝磺草酮悬浮剂、25%硝磺草酮悬浮剂、40%硝磺草酮悬浮剂、10%硝磺草酮可分散油悬浮剂、15%硝磺草酮可分散油悬浮剂、20%硝磺草酮可分散油悬浮剂、25%硝磺草酮可分散油悬浮剂、30%硝磺草酮可分散油悬浮剂、75%硝磺草酮水分散粒剂、12%硝磺草酮泡腾粒剂。

②技术要点。防治玉米田一年生阔叶杂草及部分禾本科杂草，按推荐剂量，玉米 3～7 叶期、禾本科杂草 1～3 叶期（以杂草叶龄为主）茎叶喷雾处理，亩喷液量 15～30 L，一季作物最多施用次数 1 次。

③注意事项。请尽量较早用药，除草效果更佳，施药时请避免雾滴飘移至邻近作物。本品耐雨水冲刷，药后 3 h 遇雨药效不受影响。请勿将本品用于白爆裂玉米和观赏玉米，请勿将本品与任何有机磷类、氨基甲酸酯类杀虫剂混用或在间隔 7d 内使用，请勿通过任何灌溉系统使用本品，请勿将本品与悬浮肥料、乳油剂型的苗后茎叶处理剂混用。

（3）磺草酮。

①主要剂型。15%磺草酮水剂、26%磺草酮悬浮剂。

②技术要点。玉米 3～6 叶期，禾本科杂草 2～4 叶期，阔叶杂草 2～6 叶期，亩用 26%磺草酮悬浮剂 130～200 mL 或 15%磺草酮水剂 300～400 mL，兑水 15～30 kg 均匀喷雾。

③注意事项。使用过程中应注意该药剂对邻近作物的影响。施药后玉米叶片可能会出现暂时的白化，属正常情况，一般一周后可恢复生长，不影响玉米生长。本品兼有土壤和茎叶处理活性，杂草叶片及根系均可吸收，土壤湿度大有利于药效的充分发挥。

（4）甲基磺草酮。

①主要剂型。10%甲基磺草酮可分散油悬浮剂。

②技术要点。玉米 3～5 叶期，杂草 2～6 叶期，亩用 10％甲基磺草酮可分散油悬浮剂 75～100 mL，兑水茎叶喷雾，喷雾均匀周到。

③注意事项。大风天或预计 1 h 内有雨勿用药。正常气候条件下，本品对后茬安全，但后茬种植甜菜、苜蓿、烟草、蔬菜、油菜、豆类需先做试验，后种植。一年两熟地区，后茬不得种植油菜。豆类、十字花科作物对本品敏感，施药时须防止飘移，以免其他作物发生药害。请勿将本品与任何有机磷类、氨基甲酸酯类杀虫剂混用或在间隔 7d 内使用。不同玉米品种对本品的敏感性差异较大，其中观赏玉米、甜玉米和爆裂玉米较敏感，应谨慎使用。本品不得用于玉米与其他作物间作、混种田。

（5）苯唑氟草酮。

①主要剂型。6％苯唑氟草酮可分散油悬浮剂。

②技术要点。在夏玉米 3～5 叶期，一年生杂草 2～5 叶期茎叶喷雾施药一次，亩用 6％苯唑氟草酮可分散油悬浮剂 75～100 mL，兑水 15～30 kg。

③注意事项。间套或混种有其他作物的玉米田，不能使用本品。幼小和旺盛生长的杂草对本品更敏感。低温和干旱的天气，杂草生长会变慢从而影响杂草对本品的吸收。高温、干旱季节施药应选择傍晚进行。在干旱的气候条件下，施药前灌水或雨后施药会有利于药效发挥。在杂草基数高、干旱及杂草叶龄稍大时，要按推荐剂量的上限使用。施药应均匀周到，避免重喷、漏喷或超剂量施药。一旦毁种，勿再次施用本品。在大风时或大雨前不要施药，避免飘移。本品每季作物最多使用 1 次。

8. 吡啶羧酸类 吡啶羧酸类除草剂被植物叶片与根吸收并在体内迅速传导，多积累于生长点，植物产生偏上性，木质部导管堵塞呈棕色，并出现枯萎、脱叶、坏死等症状，最终植株死亡。具有植物激素的活性，对线粒体系统的呼吸作用、核酸代谢具有抑制作用。对作物的选择性不强，主要是通过生理代谢而定。代表药剂为氯氟吡氧乙酸异辛酯。

①主要剂型。20%氯氟吡氧乙酸异辛酯水乳剂和288 g/L氯氟吡氧乙酸异辛酯乳油。

②技术要点。玉米3～5叶期，阔叶杂草2～6叶期，亩用20%氯氟吡氧乙酸异辛酯水乳剂60～70 mL或288 g/L氯氟吡氧乙酸异辛酯乳油40～50 mL，施药时均匀喷雾，请避免飘移至邻近作物。推荐无风晴天下午4:00以后用药。施药时应周到、均匀，勿重喷或漏喷。每季作物最多使用1次。

③注意事项。一是不可与呈碱性的农药等物质混用。二是使用本品时应穿戴防护服、口罩和手套，避免吸入药液。施药期间不可吃东西、饮水和吸烟。施药后应及时洗手和洗脸。三是孕妇及哺乳期妇女应避免接触。四是施药期间应避免对周围蜂群的影响，开花植物花期、蚕室和桑园附近禁用。清洗器具的废水，不能排入河流、池塘等水体，以免污染水源。五是用过的容器应妥善处理，不可做他用，也不可随意丢弃。

6.3.3 杀菌剂

根据中国农药信息网数据中心的农药登记信息，目前已登记的玉米田常用的高效低毒杀菌剂产品有11个，其中防治玉米叶部病害的高效低毒杀菌剂产品有9个，防治玉米瘤黑粉病的高效低毒杀菌剂有1个，防治玉米粗缩病的高效低毒杀菌剂有1个，具体药剂信息、用药量及防治对象见下表（表6-6）。

表6-6 玉米田杀菌剂

农药名称	有效成分及含量	亩用药量	防治对象
氟硅唑	400 g/L	5～6 mL	小斑病
27%氟唑·福美双	福美双24%，氟环唑3%	60～80 g	小斑病

(续)

农药名称	有效成分及含量	亩用药量	防治对象
代森铵	45%	78~100 mL	大斑病、小斑病
22%嘧菌·戊唑醇	嘧菌酯7.2%，戊唑醇14.8%	40~60 mL	大斑病、小斑病
18.7%丙环·嘧菌酯	丙环唑11.7%，嘧菌酯7%	50~70 mL	大斑病、小斑病
32%戊唑·嘧菌酯	戊唑醇20%，嘧菌酯12%	32~42 mL	大斑病、小斑病
75%肟菌·戊唑醇	肟菌酯25%，戊唑醇50%	15~20 g	大斑病、小斑病
30%肟菌·戊唑醇	肟菌酯10%，戊唑醇20%	36~45mL	大斑病、小斑病、灰斑病
井冈霉素	24%	30~40 mL	大斑病、小斑病、纹枯病
苯醚甲环唑	40%	12.5~15 mL	瘤黑粉病
低聚糖素	6%	62~83 mL	粗缩病

6.3.3.1 玉米田高效低毒杀菌剂的作用原理及施用

1. 防治玉米叶部病害的高效低毒杀菌剂

（1）400 g/L氟硅唑。该药剂属于三唑类内吸性杀菌剂，具有保护和治疗作用，渗透性较强，能深入植物体内，不能与碱性农药等物质混合使用，对天敌存在一定风险。在玉米小斑病发病初期或玉米叶片出现病斑时开始施药，每隔10 d左右施药1次，连续2次。

（2）27%氟唑·福美双。该药剂是一种复配型杀菌剂，对玉米小斑病有较好防效，且对玉米安全，可选择与本品作用方式不同的杀菌剂交替使用，但赤眼蜂等天敌放飞区域禁用。于叶片初见病斑时开始施药，雨后喷雾防治是关键，雨过天晴要及时喷药，预计4 h内降雨则勿施药；在配制药液时，可进行二次稀释，以保证产品发挥最佳药效；该药剂的安全间隔期为30 d，每季最多使用2次。

（3）45%代森铵。该药剂是一种具有渗透、保护和治疗作用的农用杀菌剂，它渗入植物组织，杀菌力较强，不宜与石硫合剂、波尔多液等碱性农药混用，也不能与含铜制剂等混用，但可与其他作用机制不同的杀菌剂轮换使用。于发病前或发病初期施药，视病害发生情况，每 7 d 左右施药一次，可连续用药 2～3 次；如遇大风天或预计 1 h 内降雨，请勿施药；在夏季高温时，避免在作物上连续施用，以免发生药害。

（4）22%嘧菌·戊唑醇。该药剂是内吸性杀菌剂，使用后保护效果好、持效期长，能阻止病斑发展蔓延。发病初期用药，使用前摇匀，药液配成后，立即使用；安全间隔期为 30 d，每季最多用药 2 次。

（5）18.7%丙环·嘧菌酯。该药剂是内吸性杀菌剂，由两种作用机理不同的活性成分混配而成，具有保护和治疗双重功效，经植株吸收后可迅速向上传导分布，能有效防治玉米大斑病和小斑病。为延缓耐药性的发生发展，在玉米整个生长季应与其他不同作用机理的药剂轮换使用。于病害初发期施药 1～2 次，根据作物株高和种植密度调整兑水量，整株叶面均匀喷雾至开始滴水为止，间隔 7～10 d；每季最多使用 2 次，安全间隔期 30 d。

（6）32%戊唑·嘧菌酯。该药剂由三唑类杀菌剂和甲氧基丙烯酸酯类杀菌剂复配而成，既有保护作用又具有治疗作用，杀菌活性较高、内吸性较强、持效期较长，可与作用机制不同的杀菌剂合理轮换使用，延缓抗性的发生。于发病前或发病初期施药，视病害发生情况，间隔 7～10 d 左右施药 1 次；使用前摇匀，采用二次稀释法，以利于最大限度发挥药效；大风天或预计 1 h 内有雨，请勿施药；安全间隔期为 21 d，每季最多使用 2 次。

（7）75%肟菌·戊唑醇。该药剂由甲氧基丙烯酸酯类杀菌剂肟菌酯和三唑类杀菌剂戊唑醇复配而成，既具有保护作用又具有治疗作用。在病害发生初期开始施药，根据植株大小进行叶面均匀喷雾处理，间隔 7～10 d 施用一次；在病害重发生情况下，建议使用登

记的高剂量；大风天或预计 1 h 内降雨则勿施药；安全间隔期为
14 d，每季最多使用 2 次。

（8）30%肟菌·戊唑醇。该药剂由甲氧基丙烯酸酯类杀菌剂肟
菌酯和三唑类杀菌剂戊唑醇复配而成，既具有保护作用又具有治疗
作用，其杀菌活性较高、内吸性较强、持效期较长，可用于防治多
种作物主要真菌病害。在病害发生初期开始施药，根据植株大小进
行叶面均匀喷雾处理，间隔 7～10 d 施用一次；在病害重发生情况
下，建议使用登记的高剂量；大风天或预计 1 h 内降雨则勿施药；
安全间隔期为 21 d，每季最多使用 2 次。

（9）24%井冈霉素。该药剂是内吸作用较强的农用抗生素，当
植物病菌菌丝接触到井冈霉素后，能很快被菌体细胞吸收并在菌体
内传导，干扰和抑制菌体细胞正常生长发育，可防治玉米大斑病、
纹枯病和小斑病。发病初期施药一次，间隔 7～10 d 再施药一次，
共施药 2 次；在晴朗天气可早晚两头趁露水未干时喷药，夜间喷药
效果尤佳，阴天可全天喷药，风力大于 3 级时不宜喷药；安全间隔
期为 7 d，每季最多使用 2 次。

2. 防治玉米瘤黑粉病的高效低毒杀菌剂 40%苯醚甲环唑，
该药剂为广谱内吸性杀菌剂，具有保护和治疗作用，持效期长，对
玉米瘤黑粉病有较好的防效。发病前或发病初期用药，兑水均匀喷
雾；安全间隔期为 21 d，每季最多使用 2 次。

3. 防治玉米粗缩病的高效低毒杀菌剂 6%低聚糖素，该药剂
是一种新型植物抗性诱导剂，通过激活植物表面受体及信号分子传
导，调控植物病原相关蛋白、植保素等相关抗病物质的产生及次生
代谢物质的积累，达到预防病毒病侵入、扩展及在植物体内转移的
作用；同时低聚糖素兼有活化植物细胞和促进生长的作用，可以增
强患病植株的耐病能力，可与不同作用机制杀菌剂轮换使用。防治
玉米粗缩病时，于玉米 4 叶期或发病前开始施药，注意叶面、叶背
及茎秆均匀喷雾，视病情和天气情况间隔 7～10 d 连续施药 2～3

次；大风天或预计 1 h 内降雨，请勿施药。

6.3.3.2 豫南夏玉米田杀菌剂推荐使用

1.6 种杀菌剂不同施药处理方式对玉米叶斑病的预防及治疗的探索与研究 选用黄淮海区域主栽玉米品种郑单 958，该品种抗小斑病、高感弯孢菌叶斑病和南方锈病。田间设置 3 种不同的试验处理方式：①先接种后施药，调查药剂的治疗作用；②先施药后接种，调查药剂的保护预防作用；③只施药不接种（自然条件），调查药剂对植物的保健作用。每种处理方式下设 6 个药剂处理及清水对照，共 7 个处理。

在先接种后施药条件下，对照的发病级别多为 7 级和 9 级，病情指数为 80.6，6 种药剂处理的病情指数为 60.0 左右，和对照相比均存在显著差异（表 6-7），但 6 种药剂间差异均不显著，和对照相比，防效在 19.2%～26.8% 之间，对叶斑病的治疗效果一般。在先施药后接种条件下，对照的发病级别也多为 7 级和 9 级，病情指数为 87.3，6 种药剂处理的病情指数在 53.1～67.9 之间，和对照相比均存在显著差异（表 6-7），同样 6 种药剂间差异均不显著，和对照相比，防效在 22.2%～39.2% 之间，17% 吡唑醚菌酯・氟环唑和 23% 醚菌酯・氟环唑对叶斑病防效较高。在只施药不接种（自然环境）条件下，对照的发病级别多为 3 级，少数为 5 级，病情指数为 33.0，同样 6 种药剂处理与对照相比均存在显著差异（表 6-7），但多数药剂间差别不显著，与对照相比，防效在 28.8%～59.7% 之间，其中 18.7% 丙环・嘧菌酯和 17% 吡唑醚菌酯・氟环唑的防效在 50% 以上。

在 3 种施药处理方式条件下各施药处理产量均高于对照，表明本研究所选的药剂对玉米均有增产作用。在先接种后施药条件下，除 17% 吡唑醚菌酯・氟环唑处理和对照差异不显著以外，其余 5 个施药处理产量均显著高于对照，增产幅度在 9.1%～23.6% 之间，其中 75% 肟菌・戊唑醇增产幅度最高（23.6%）（表 6-7）。在

表6-7 叶斑病玉米在不同施药处理方式不同药剂处理下的病情指数、防效和产量

处理	先接种后施药				先施药后接种				只施药不接种（自然条件）			
	病情指数	防效(%)	产量(kg/hm²)	±CK(%)	病情指数	防效(%)	产量(kg/hm²)	±CK(%)	病情指数	防效(%)	产量(kg/hm²)	±CK(%)
18.7%丙环·嘧菌酯	65.1 b	19.2	6 874.5 a	15.5	57.7 b	33.9	7 576.8 a	28.6	13.3 c	59.7	8 319.3 a	23.9
75%肟菌·戊唑醇	63.6 b	21.2	7 353.9 a	23.6	67.9 b	22.2	6 385.4 bc	8.4	18.5 cb	43.9	8 421.9 a	25.5
250 g/L吡唑醚菌酯	62.7 b	22.2	6 783.2 ba	14.0	65.7 b	24.7	7 294.6 a	23.8	17.6 cb	46.7	8 083.7 ba	20.4
17%吡唑醚菌酯·氟环唑	61.1 b	24.2	6 492.6 bc	9.1	53.1 b	39.2	7 258.6 a	23.2	16.0 cb	51.5	7 340.0 ba	9.4
125 g/L氟环唑	59.0 b	26.8	6 760.1 ba	13.6	62.0 b	29.0	6 982.3 ab	18.5	21.9 b	33.6	7 746.8 ba	15.4
23%醚菌酯·氟环唑	59.9 b	25.7	6 996.5 ba	17.6	53.1 b	39.2	6 830.9 ab	15.9	23.5 b	28.8	7 020.6 ba	4.6
CK	80.6 a	0.0	5 951.0 c	0.0	87.3 a	0.0	5 891.7 c	0.0	33.0 a	0.0	6 712.1 b	0.0

先施药后接种条件下，除75%肟菌·戊唑醇与对照差异不显著以外，其余5个施药处理产量均显著高于对照，增产幅度在8.4%～28.6%之间，其中18.7%丙环·嘧菌酯增产幅度最高。在只施药不接种（自然环境）条件下，施药处理的增产幅度在4.6%～25.5%之间，除18.7%丙环·嘧菌酯和75%肟菌·戊唑醇增产幅度显著高于对照以外，其他4个处理与对照差异均不显著。综上可知，18.7%丙环·嘧菌酯在不同施药处理方式下均具有较好的增产效果，250 g/L吡唑醚菌酯和125 g/L氟环唑次之，75%肟菌·戊唑醇在先接种后施药和只施药不接种（自然环境）条件下有很好的增产效果。

玉米种植户施药的主要目的是通过病害防治达到增产增收。由于机械施药成本（150元/hm²）低于人工施药（225元/hm²），因此在3种施药方式下机械施药获得净利润的概率几乎均高于对应的人工施药（表6-8）。通过施药获得净利润的概率变幅（$D=0$美元/hm²）在0.470～1.00之间。如果需要获得1 500元/hm²的净利润（$D=1\,500$元/hm²），在先接种后施药环境条件下，概率的变幅为0.001～0.860，其中75%肟菌·戊唑醇的概率最高，其变幅为0.676～0.860；在先施药后接种环境条件下，概率的变幅为0.047～0.917，其中18.7%丙环·嘧菌酯的概率最高（0.818～0.917），而75%肟菌·戊唑醇的概率最低；在只施药不接种（自然环境）条件下，概率的变幅为0.086～0.935，其中18.7%丙环·嘧菌酯的概率最高（0.826～0.935），其次为75%肟菌·戊唑醇（0.752～0.848）。综上所述，18.7%丙环·嘧菌酯和75%肟菌·戊唑醇在两种环境下施药具有较好的收益，所有供试杀菌剂在3种施药方式条件下概率均未超过0.500。

2. 7种杀菌剂对玉米南方锈病的防治效果及经济效益分析

选用玉米品种豫保122（感锈病、中抗叶斑病）和生产上常用的7种药剂（6个杀菌剂和1个生防制剂）。

296

表6-8 不同环境条件下人工或机械施药的盈利概率

施药处理方式	药剂处理	纯利润 (D) =0元/hm²（盈利平衡点）时的概率						纯利润 (D) =1 500元/hm² 时的概率					
		1.6		1.8		2.0		1.6		1.8		2.0	
		AS	MS	AS	MS	AS	MS	AS	MS	AS	MS	AS	MS
	18.7%丙环·嘧菌酯	0.999	1.000	1.000	1.000	1.000	1.000	0.005	0.009	0.030	0.058	0.179	0.318
	75%肟菌·戊唑醇	0.980	0.982	0.982	0.984	0.983	0.984	0.676	0.715	0.780	0.806	0.842	0.860
	250 g/L 吡唑醚菌酯	0.986	0.991	0.992	0.994	0.995	0.996	0.001	0.002	0.004	0.006	0.012	0.017
先接种后施药	17%吡唑醚菌酯·氟环唑	0.709	0.810	0.819	0.879	0.879	0.916	0.001	0.001	0.002	0.003	0.004	0.005
	125 g/L 氟环唑	0.926	0.938	0.934	0.944	0.940	0.948	0.119	0.143	0.203	0.238	0.302	0.343
	23%醚菌酯·氟环唑	0.999	0.999	0.999	0.999	0.999	0.999	0.028	0.049	0.163	0.269	0.542	0.683

(续)

施药处理方式	药剂处理	纯利润 (D) =0 元/hm² (盈利平衡点) 时的概率						纯利润 (D) =1 500 元/hm² 时的概率					
		1.6		1.8		2.0		1.6		1.8		2.0	
		AS	MS	AS	MS	AS	MS	AS	MS	AS	MS	AS	MS
	18.7%丙环·嘧菌酯	0.984	0.985	0.985	0.986	0.986	0.987	0.818	0.840	0.875	0.889	0.908	0.917
	75%肟菌·戊唑醇	0.721	0.760	0.748	0.780	0.768	0.795	0.047	0.056	0.075	0.087	0.111	0.126
	250 g/L吡唑醚菌酯	0.945	0.951	0.952	0.957	0.958	0.961	0.457	0.497	0.595	0.629	0.695	0.721
先施药后接种	17%吡唑醚菌酯·氟环唑	0.870	0.880	0.881	0.890	0.890	0.896	0.478	0.504	0.564	0.586	0.629	0.648
	125 g/L氟环唑	0.961	0.967	0.965	0.969	0.967	0.971	0.364	0.412	0.508	0.553	0.624	0.661
	23%醚菌酯·氟环唑	0.876	0.891	0.889	0.901	0.898	0.908	0.229	0.257	0.325	0.357	0.418	0.449

（续）

| 施药处理方式 | 药剂处理 | 纯利润 (D) =0元/hm² (盈利平衡点) 时的概率 | | | | | | 纯利润 (D) =1 500元/hm² 时的概率 | | | | | |
| | | 1.6 | | 1.8 | | 2.0 | | 1.6 | | 1.8 | | 2.0 | |
		AS	MS	AS	MS	AS	MS	AS	MS	AS	MS	AS	MS
只施药不接种（自然条件）	18.7%丙环·嘧菌酯	0.991	0.992	0.991	0.992	0.992	0.993	0.826	0.852	0.892	0.907	0.927	0.935
	75%肟菌·戊唑醇	0.952	0.956	0.955	0.958	0.957	0.959	0.752	0.771	0.803	0.817	0.837	0.848
	250 g/L吡唑醚菌酯	0.950	0.956	0.957	0.962	0.962	0.966	0.425	0.468	0.574	0.611	0.685	0.714
	17%吡唑醚菌酯·氟环唑	0.613	0.645	0.648	0.675	0.675	0.698	0.104	0.115	0.148	0.163	0.196	0.212
	125 g/L氟环唑	0.862	0.874	0.870	0.881	0.877	0.885	0.387	0.415	0.469	0.496	0.537	0.561
	23%醚菌酯·氟环唑	0.470	0.499	0.495	0.521	0.515	0.538	0.086	0.095	0.115	0.125	0.144	0.156

AS: 人工施药，MS: 机械施药; 1.6, 1.8, 2.0分别为每千克玉米的价格（元）。

299

2020年8月5日黄淮海区域受台风黑格比的影响，河南、山东、安徽、江苏等地出现暴雨或大暴雨。台风、暴雨等为锈病孢子的传播创造了有利条件，为当年玉米南方锈病的发生创造了有利的条件。9月10日田间锈病调查的结果表明，锈病已经较重发生，对照RT0的发病病级多为5级和7级，而施药处理的发病病级多为3级和5级；9月22日田间锈病的调查结果表明，对照RT0的发病病级多为9级，少数为7级，而施药处理的发病病级多为7级，少数达到9级。可见，2020年豫南夏玉米南方锈病整体发病较重。

对病害数据分析的结果表明（表6-9），大喇叭口期无人机施药，长葛点75%肟菌·戊唑醇的病情指数最低为84.30，防治效果为12.04%；西华点19%啶氧·丙环唑的病情指数最低为82.59，防治效果最好（13.40%）；由于当年玉米南方锈病发病严重，最后一次调查时病级基本都达到7级或9级，因此用AUDPC值（病害进展曲线下的面积）更能评估施药处理对病害的影响，长葛和西华点18.7%丙环·嘧菌酯的AUDPC值均最低，分别为714.67和1 000.74，6%寡糖·链蛋白的AUDPC值最高分别为874.67和1 215.92。以上结果表明在大喇叭口期无人机施药，18.7%丙环·嘧菌酯对玉米南方锈病有较好的防效，生防制剂6%寡糖·链蛋白对玉米南方锈病的防效一般。

产量性状的结果表明（表6-9），大喇叭口期无人机施药，长葛和西华两点18.7%丙环·嘧菌酯施药的产量均高于对照，分别增产5.36%和19.27%。根据公式计算净利润=（处理产量-对照产量）×2.2元/kg（玉米价格）-施药成本（无人机施药每亩10元）-药剂成本，18.7%丙环·嘧菌酯在两个地点大喇叭口期无人机施药处理的产量和利润均较高（西华利润每亩211.03元，长葛利润每亩44.91元）。

表6-9 大喇叭口期无人机施药对病情指数、防效、产量及净利润的影响

地点	处理	病情指数	防治效果（%）	AUDPC	亩产量（kg）	±CK（%）	每亩净利润（元）
长葛	40%腈菌唑	86.37 cd	9.91 ab	830.22 c	628.62 ab	1.74	6.19
	75%肟菌·戊唑醇	84.30 d	12.04 a	778.67 d	624.68 ab	1.11	−9.97
	19%啶氧·丙环唑	86.37 cd	9.90 ab	757.33 de	616.46 ab	−0.22	−31.06
	17%吡唑醚菌酯·氟环唑	87.56 c	8.63 b	723.56 ef	527.73 c	−14.59	−225.76
	300 g/L苯甲·丙环唑	88.74 bc	7.40 bc	823.11 c	668.20 a	8.15	81.77
	18.7%丙环·嘧菌酯	87.56 c	8.65 b	714.67 f	650.99 a	5.36	44.91
	6%寡糖·链蛋白	91.11 b	4.93 c	874.67 b	581.53 bc	−5.88	−164.90
	对照（CK）	95.85 a	0.00 d	1 009.78 a	617.85 ab		
西华	40%腈菌唑	92.22 ab	3.25 bc	1 112.22 b	638.40 abc	13.24	146.71
	75%肟菌·戊唑醇	85.19 c	10.71 a	1 088.89 bc	593.88 bc	5.34	41.26
	19%啶氧·丙环唑	82.59 c	13.40 a	1 037.04 cd	637.28 abc	13.04	133.74
	17%吡唑醚菌酯·氟环唑	87.04 bc	8.74 ab	1 112.22 b	604.96 abc	7.31	63.14
	300g/L苯甲·丙环唑	84.82 c	11.01 a	1 132.96 b	641.39 abc	13.77	141.79
	18.7%丙环·嘧菌酯	83.71 c	12.36 a	1 000.74 d	672.41 a	19.27	211.03
	6%寡糖·链蛋白	95.93 a	−0.50 c	1 215.92 a	595.61 bc	5.65	−14.93
	对照（CK）	95.56 a	0.00 c	1 213.33 a	563.76 c		

3. 豫南夏玉米田高效低毒杀菌剂的推荐应用 对玉米叶部病害防治试验的结果表明，18.7％丙环·嘧菌酯对玉米叶部病害有较好的防效，且产量和利润均较高。依据当年当地病害的监测预警及品种的抗病性，推荐使用广谱的杀菌剂18.7％丙环·嘧菌酯来防治玉米叶部病害。在病虫害发生较重的年份，应及时进行化学应急防治，一次性施药（杀菌剂和杀虫剂混合使用）一体化防治中后期的病虫害，每亩推荐的杀虫剂＋杀菌剂组合为：40％氯虫·噻虫嗪水分散粒剂（8 g）＋18.7％丙环·嘧菌酯悬乳剂（制剂用量80 mL），或40％氯虫·噻虫嗪水分散粒剂（8 g）＋30％肟菌·戊唑醇悬乳剂（40 mL）。

6.3.4 杀虫剂

6.3.4.1 防治玉米田苗期害虫的高效低毒杀虫剂

1. 10％吡虫啉可湿性粉剂 该药为硝基亚甲基类内吸杀虫剂，是烟碱乙酰胆碱酯酶受体的作用体，干扰蚜虫、蓟马和灰飞虱运动神经系统使化学信号失灵，无交互抗性。防治蚜虫在虫口上升时喷药，亩兑水40～50 kg。防治灰飞虱在低龄若虫盛发期施用，玉米上使用间隔期为14 d，每季（年）最多使用次数为2次。

2. 15％茚虫威悬浮剂 该药是一种噁二嗪类高效低毒杀虫剂，通过干扰钠离子通道导致害虫中毒，随即麻痹直至僵死。以胃毒作用为主兼有触杀活性，施药后害虫停止取食，对作物保护效果优越且耐雨水冲刷。对玉米甜菜夜蛾有较好防效。每亩用药量15～20 g，喷雾防治。于卵孵化盛期至1～2龄幼虫期施药，每季使用不超过2次，间隔5～7 d。

3. 3％辛硫磷颗粒剂 该药是一种低毒有机磷杀虫剂，以触杀和胃毒为主，无内吸作用，对鳞翅目害虫的幼虫有效，可用于防治蛴螬、金针虫等玉米地下害虫，效果较好。低毒低残留安全性好，是广谱杀虫剂，杀虫广泛。每亩用药量250～350 g，撒施防治。

4. 30%乙酰甲胺磷乳油 该药为内吸杀虫剂，具有胃毒和触杀作用，并可杀卵，有一定的熏蒸作用，是缓效型杀虫剂。在施药后初效作用缓慢，2～3 d 后效果显著，后效作用强，适用于玉米，能防治多种咀嚼式和刺吸式口器害虫，可防治黏虫和玉米螟。每亩用药量为 120～240 mL，喷雾防治。

5. 40%毒死蜱颗粒剂 该药是一种极广谱的杀虫剂，具有强烈的触杀、胃毒和熏蒸作用。一次施药可防治作物上的多种害虫和螨类，尤其对玉米害虫防效突出。其与土壤有机质吸附能力极强，因此对地下害虫（小地老虎、金针虫、蛴螬等）防效出色，控制期长。每亩用药量为 20～25 kg，沟施防治。

6.3.4.2 防治玉米田小喇叭—大喇叭口期害虫的高效低毒杀虫剂

1. 1%甲氨基阿维菌素苯甲酸盐乳油 该药具有胃毒和触杀作用，通过阻碍玉米螟运动神经信息传递而使害虫身体麻痹死亡。可用于防治玉米螟和草地贪夜蛾。每亩用药量为 10～15 g，喷雾防治。施药的最佳时期在卵孵盛期至低龄幼虫期（3 龄前）钻蛀期间施药，注意喷雾均匀，视虫害发生情况，每 10 d 左右施药一次，可连续用药 2 次。玉米上的安全间隔期为 14 d，每个作物周期最多使用 2 次。

2. 200 g/L 氯虫苯甲酰胺悬浮剂 该药为酰胺类新型内吸杀虫剂，胃毒为主，兼具触杀。害虫摄入后数分钟内可停止取食。可用于防治玉米螟和草地贪夜蛾。每亩用药量为 3～5 g，喷雾防治。于卵孵化高峰期用药，使用方法为兑水全株茎叶均匀喷雾，亩用水量为 45 kg。一季作物，建议使用本产品不得多过 2 次。

3. 8 000 IU/μL 苏云金杆菌悬浮剂 该药的防虫原理是其菌株可产生内毒素（伴胞晶体）和外毒素两类毒素，使害虫停止取食，害虫均因饥饿、细胞壁破裂、血液败坏和神经中毒而死。苏云金杆菌杀虫谱较广泛，主要用于防治鳞翅目害虫幼虫，如玉米螟、玉米黏虫、草地贪夜蛾、银纹夜蛾等多种害虫幼虫。每亩用药量为

150～200 mL，加细沙灌心叶施药。该药作用缓慢，害虫取食后2 d左右才能见效，持效期约1 d，因此使用时应比常规化学药剂提前2～3 d，且在害虫低龄期使用效果较好。

4.4%克百威颗粒剂 该药是一种氨基甲酸酯类杀虫剂，具有触杀和胃毒作用，是广谱类杀虫剂。用4%呋喃丹颗粒剂，于玉米喇叭口期撒施到玉米叶心（喇叭口），可达到良好的防虫效果，可用于防治玉米螟。每亩用药量2～3 kg，撒施施药。

6.3.4.3 防治玉米田穗期害虫的高效低毒杀虫剂

1.30%乙酰甲胺磷乳油 该药是一种低毒口服杀虫剂，具有胃毒和触杀作用，并可杀卵，有一定的熏蒸作用，是缓效型杀虫剂，防治多种咀嚼式、刺吸式口器害虫，可用于防治玉米田穗期害虫，如玉米螟、棉铃虫和黏虫。每亩用药量100～200 mL，喷雾施药。

2.4.5%高效氯氰菊酯乳油 该药具有胃毒和触杀作用，并有强烈渗透作用，持效期长，对刺吸式口器害虫、鞘翅目、鳞翅目具有更快的杀伤速度。可用于防治棉铃虫、黏虫和草地贪夜蛾。每亩用药量100～200 mL，在害虫发生初期开始用药，均匀喷雾。安全间隔期为21 d，每个作物周期最多使用2次。

3.20%氰戊菊酯乳油 该品为广谱高效杀虫剂，作用迅速，击倒力强，以触杀和胃毒作用为主，对鳞翅目幼虫效果良好，可防治多种玉米田棉铃虫。防治棉铃虫于卵孵盛期施药，每亩用药量10～20 mL，喷雾施药，同时可兼治红蜘蛛、蓟马等害虫。安全间隔期为21 d，每个作物周期最多使用2次。

4.25%灭幼脲悬浮剂 该药属苯甲酰脲类昆虫几丁质合成抑制剂，为昆虫激素类农药，主要表现为胃毒作用。对鳞翅目幼虫表现有很好的杀虫活性，对益虫和蜜蜂等膜翅目昆虫和森林鸟类几乎无害。可用于防治玉米黏虫和桃蛀螟，2 000～2 500倍液均匀喷雾防治。

5.5%氟铃脲乳油 属苯甲酰脲杀虫剂，是几丁质合成抑制剂，具有很高的杀虫和杀卵活性，而且速效，尤其是防治棉铃虫。对食叶害虫应在低龄幼虫期施药。钻蛀性害虫应在产卵盛期、卵孵化盛期施药。每亩用药量 120～160 mL，喷雾防治。该药剂无内吸性和渗透性，喷药要均匀、周密。安全间隔期为 7 d，每季最多使用次数为 2 次。

6.3.4.4 豫南夏玉米高效低毒杀虫剂的推荐应用

豫南夏玉米常见虫害主要有甜菜夜蛾、黏虫、玉米螟、棉铃虫和草地贪夜蛾，每亩可使用 1.5％甲氨基阿维菌素苯甲酸盐乳油 1 500 倍液，200 g/L 氯虫苯甲酰胺悬浮剂 3～5 g，20％虫酰肼悬浮剂 400 倍液，25％多杀菌素悬浮剂 1 000 倍液，5％氟啶脲乳油 1 000 倍液，4.5％高效氯氰菊酯乳油 100～200 mL，40％辛硫磷乳油 200～250 mL，20％氰戊菊酯乳油 10～20 mL 等药剂进行防治。

6.4 植物生长调节剂

植物生长调节剂是植物体内的天然植物激素以及由人工合成的具有生理活性、对植物生长发育起调节控制作用的化合物的统称，泛指对植物生长发育有调控作用的内源的和人工合成的化学物质。近年来，植物生长调节剂品种发展较快，迄今为止，植物生长调节剂在农业、林业、果树、蔬菜和花卉生产中得到了广泛的应用，已在插条生根、壮秆抗倒、促进开花、增加结实、改善品质、贮藏保鲜、促进成熟、防止脱落、疏花疏果、诱导或打破休眠、单性结实、性别转化、防除杂草等方面取得了可喜成果，并预示着更加广阔的应用前景。近年可用于调节植物生长的药剂已达 500 多种。在植物生长调节剂中，有些是除草剂，如 2,4-D、调节膦，有些是杀虫剂，如西维因等，有些是杀菌剂，如吡唑醚菌酯等，但是当这些药剂用作调节植物生长时，是按照调控作物的目的、使用时期、使用剂量和施药方法而进行的，从而实现调节植物生长的目的。调节剂对植物具有一定的生理活性，无论是刺激植物胚芽、根尖生长的生长素，还是抑制细胞分裂、控制植株徒长的抑制剂，都必须进入植株体内才能起调节作用，使植物体内的酶活动并相互联系起来，通过代谢在一定的部位起作用，并以较小的剂量具有较高的调节功能。这不同于氮、磷、钾、硼、钙、镁、钼、铁等化学肥料，也不同于植物体内固有的糖、蛋白质、脂类、酶类、维生素等营养物质。

6.4.1 植物生长调节剂的主要类型

目前公认的植物生长调节物质包括赤霉素类、生长素类、细胞分裂素类、乙烯类、脱落酸类等，同时还有近年陆续发现的芸薹素类、茉莉素类等多种新型植物生长调节剂。

6.4.1.1 赤霉素类

赤霉素被发现的种类达 130 多种，但植物体内只有 GA_1、GA_3、GA_4、GA_7 等少数几种具有生理活性。赤霉素主要在胚、茎尖、根尖、生长中的种子和果实等组织中合成，主要通过促进茎的伸长而实现生理作用，大量利用矮生性突变体所做的试验都表明：赤霉素对矮生植物的调控作用非常明显；诱导植物开花，尤其对未经春化作用的植物和长日照植物诱导开花效果显著；启动多种水解酶的合成，打破休眠，促进种子发芽；促进雄花分化，尤其对葫芦科植物最有效；诱导某些植物单性结实，提高坐果率；抑制成熟和器官衰老；延缓叶片衰老；促进块茎形成。研究发现，GA_1 是最主要的促进茎生长的赤霉素类物质，GA_{32} 能有效促进开花。

6.4.1.2 生长素类

生长素大多集中分布在根尖、茎尖、嫩叶、正在发育的种子和果实等植物体内分裂和生长代谢旺盛的组织。当植物体内生长素含量过高时，植株会通过把游离型生长素变为束缚型生长素或通过两种降解途径来调控体内自由型生长素的含量。生长素的主要生理作用有：①促进侧根和不定根的形成；②促进胚芽鞘和茎的生长，抑制根的生长，维持顶端优势；③推迟叶片衰老脱落；④诱导雌花分化和单性果实发育；⑤促进果实发育，延迟果实成熟；⑥促进叶片扩大；⑦诱导维管细胞分化。

6.4.1.3 细胞分裂素类

细胞分裂素是一类腺嘌呤衍生物。天然的细胞分裂素分为游离态细胞分裂素和结合态细胞分裂素。植物体内天然的游离态细胞分裂素有玉米素（ZT）、玉米素核苷（ZR）、二氢玉米素（DHZ）、二氢玉米素核苷（DHZR）、异戊烯基腺嘌呤（IP）等。结合态细胞分裂素有甲硫基玉米素、甲硫基异戊烯基腺苷、异戊烯基腺苷（iPA）等。人工合成的有6-苄氨基嘌呤（6-BA）、激动素、多氯苯甲酸（PBA）等。其中6-BA在农业和园艺上得到广泛应用。高等植物中细胞分裂素主要在根尖、茎端、发育中的果实和萌发的种子等组织合成。细胞分裂素的生理作用主要有：①促进细胞分裂，细胞分裂素促进细胞质分裂，从而使细胞体积扩大；②延缓植物衰老，其中玉米素核苷和二氢玉米素核苷作用最明显，它们能延缓蛋白质和叶绿素的降解速度，抑制一些与植物组织衰老相关水解酶的活性；③诱导芽分化，当培养基中CTK/IAA的比值较大时主要诱导芽的形成，当CTK/IAA的比值较小时则主要诱导根的形成，两者浓度相同时愈伤组织不分化；④消除顶端优势，促进侧芽生长。

6.4.1.4 乙烯类

乙烯是目前发现的唯一的气态激素。乙烯的生理作用为：破除休眠芽，促进发芽及生根；抑制植株生长及矮化；引起叶子的偏上生长；促进果实成熟。此外，其还可诱导苹果幼苗提早进入开花期；使葫芦科植物性别转化，诱导多生雌花，从而增加前期雌花数，降低雌花的着花节位，提高早期产量。

6.4.1.5 脱落酸类

脱落酸（ABA）主要存在于休眠态和将要脱落的器官内。植物在逆境条件下体内的 ABA 含量迅速增多。ABA 主要以游离型形式运输，运输不具有极性。脱落酸作为一种调节休眠、脱落及植物胁迫反应的生长抑制物质，主要生理功能有：①抑制植株生长，阻止了细胞壁酸化和细胞伸长，进而抑制胚芽鞘、胚轴、嫩枝、根等伸长生长；②引起气孔关闭，原因是 ABA 促进了保卫细胞钾离子、氯离子等物质外流，引起保卫细胞失水引起气孔关闭；③增加植物的抗逆性，这是 ABA 重要的生理效应。逆境条件引起植物体内 ABA 含量增加。ABA 诱导抗性相关的某些酶的重新合成而增加植物的抗逆性，因此，ABA 被称为胁迫激素或应激激素。另外，ABA 可促进休眠，抑制萌发。例如许多休眠种子的种皮存在脱落酸，秋季植物叶子中的 ABA 含量明显多于其他季节。生产实际中已用 ABA 处理多种植物种子来延长其休眠期。

6.4.1.6 芸薹素类

芸薹素是一种甾醇类激素，参与调控植物多方面的生长发育过程。芸薹素促进细胞延伸在很大程度上依赖木葡聚糖内糖基转移酶基因的表达，木葡聚糖内糖基转移酶主要是将新的木葡聚糖添加进正在形成的细胞壁中。芸薹素通过转录因子 BES1 结合纤维素合成酶基因的上游元件来调节纤维素的合成，调控细胞的伸长。芸薹素不仅可单独与生长素或者乙烯相互作用调节拟南芥下胚轴的生长，三者之间也可共同发挥作用。芸薹素促进气孔的形成，提高植物对于干旱的抵抗能力。目前，芸薹素内酯已被列为第六激素，在农业生产中具有广阔的应用前景。

6.4.1.7 茉莉素类

茉莉素是广泛存在于植物体内的一类化合物。茉莉酸和茉莉酸甲酯是植物组织中最主要的茉莉素，在被子植物中分布最普遍。茉莉素约有 20 种，是抗性相关的植物生长物质。

6.4.2 植物生长调节剂在玉米田的主要应用

玉米是我国第三大粮食作物，常年种植约 3 000 万 hm²。随着畜牧业和综合利用新技术的发展，玉米已成为全世界重要的粮食、饲料、经济兼用作物，需求量不断增加，在国民经济和人民生活中占有愈来愈重要的地位（吴琼，2020；李秀枝等，2015；刘晓庆等，2018）。玉米总产增加主要依赖于单产的提高，创建合理的群体结构是玉米高产栽培的重要环节。玉米生产中易出现苗弱、倒伏、空秆和秃尖等栽培管理问题影响产量，植物生长调节剂的应用，为玉米高产提供了简便易行的技术保障，已成为我国玉米高产、稳产、高效栽培措施中的重要组成部分（孙宁等，2020；王霞，2016；陶群等，2019；樊海潮等，2017；徐田军等，2019）。

6.4.2.1 萘乙酸

萘乙酸是一种广谱性植物生长调节剂，它具有调节生长，促进生根、发芽和开花，防止落花落果，促进早熟增产的作用，同时也能增加作物的抗病害、抗倒伏能力。玉米浸种时可以使用 16～32 mg/L萘乙酸溶液浸种 24 h，播种前用清水洗 1 遍，可使玉米籽粒提前 2～3 d 发芽，苗全苗壮，根深根多，增强幼苗对不良环境的抗性。目前，在玉米浸种应用上进行农药登记的萘乙酸产品有 80％萘乙酸原药，由于萘乙酸水溶性强，因此可以选择 80％萘乙酸原药进行玉米浸种处理，使用时将 80％萘乙酸稀释为 25 000～50 000 倍液，即得 16～32 mg/L 萘乙酸溶液，用配好的萘乙酸溶液浸泡玉米种子 24 h，再用清水洗一遍即可播种。复配制剂主要有 10％吲哚丁酸·萘乙酸可湿性粉剂，将其稀释 5 000～6 667 倍后浸种 24 h，再用清水洗 1 遍即可播种。浸种处理后，可以激化植物细胞的活性，打破种子休眠，提高发芽率。

6.4.2.2 矮壮素

本产品为低毒性植物生长调节剂，可抑制细胞伸长，能使植株矮壮，有利于培育壮苗，叶色加深，促进根系生长，茎秆增粗，结棒位低，无秃尖，穗大粒满。用于玉米浸种，可有效促进植株节间缩短，植株变矮，防止倒伏和提高产量，可以使用 300～1 000 mg/L 矮壮素溶液浸种 6～8 h，捞出晾干后播种，能使玉米早出苗 2～3 d，增强光合作用，且能杀死种子表面和残留在土壤中的黑粉菌，降低玉米丝黑穗病的发病率 15%～32%。玉米苗期，50%矮壮素水剂每亩施用浓度 2 000～3 000 mg/L 的矮壮素药液 50 L，可起到蹲苗的作用，提高玉米抗盐碱和抗旱的能力，后期还有一定的增产能力。在玉米生长至 13～14 片叶（大喇叭口时期）喷施 500 mg/L 矮壮素溶液，一定程度上增加玉米产量，经济效益较高。生产应用时可以使用 50%矮壮素水剂进行兑水喷雾处理，在玉米大喇叭口期每亩取 50%矮壮素水剂 50 mL 兑水稀释为 1 000 倍液，每亩用药液量 50 L 进行喷雾。该药剂在玉米作物上使用的安全间隔期为 30 d，每个作物周期的最多使用次数为 1 次；不能与呈碱性的农药等物质混用，严格控制用药量，用药量过大易产生药害；地力较差的田块不能使用矮壮素。

6.4.2.3 赤霉素

赤霉酸是五大天然植物生长调节剂之一，普遍存在于植物体内，是促进植物生长发育的重要激素之一。本品能促进作物细胞分裂与生长，促进植物生长发育，有效提高结实率，增加千粒重，对提高玉米产量有较好效果。玉米种子播前用 12～24 mg/L 赤霉素药液浸泡 2 h，浸种后在阴凉处晾干，然后播种，可使出苗早而整齐，增加幼苗干重和出苗率。在播种较深时，提高种子顶土能力的效果更明显。玉米浸种时选择 10%赤霉酸可溶性片剂稀释成 10～20 mg/L 进行处理，如片剂的净重为 1 g 时，取一片 10%赤霉酸可溶性片剂溶解到 5～10 L 的水中，即得 10～20 mg/L 赤霉酸溶液。在玉米苗期使用 10～20 mg/L 赤霉素溶液，药液量 50L，对小苗进行叶面喷洒，可促进小苗快速生长，使全田植株均匀一致，减少空

310

秆。生产上可以使用4%赤霉素乳油稀释为2 000～4 000 倍液，即得10～20 mg/L赤霉素溶液，进行叶面喷雾即可。在玉米雌花受精后，花丝开始发焦时，每亩用40～100 mg/L赤霉素药液50 L喷洒花丝，或灌入苞叶内（1 mL/株），均能减少秃尖，增加籽粒数，促进灌浆，提高千粒重，生产上使用4%赤霉素乳油稀释为400～1 000倍液，即得40～100 mg/L赤霉素溶液，进行叶面喷雾即可。

6.4.2.4 烯效唑

烯效唑为三唑类植物生长调节剂，主要生物学效应有抑制顶端生长优势，矮化植株，促进根系生长，增强光合效率，提高作物抗逆能力。使用浓度为20～30 mg/L的烯效唑药液浸种玉米5 h，将种子在阴凉处晾干后播种，可提高玉米的发芽率和发芽势，使根系发达，幼苗矮健，栽后成活快。使用5%烯效唑可湿性粉剂兑水稀释2 000～2 500倍进行种子处理即可。在玉米苗期使用200～300 mg/L烯效唑溶液喷雾，可明显延缓玉米地上部的生长，使茎秆粗壮，壮苗，提高保护性酶的活性，增强玉米的耐旱性和抗倒力，使玉米增产。浸种后必须将种子在阴凉处晾干才能播种，否则会招致药害。正常施用烯效唑不会产生药害，若用量过高，抑制过度时，可增施氮肥解救，促进秧苗恢复生长。

6.4.2.5 芸薹素内酯

本品属于甾醇类植物生长调节剂，能够激发植物内在潜能，提高种子活力，促进根系发育，调节植物健壮生长，提高肥料利用率，增强作物抗逆能力，提高结实率。用芸薹素内酯浸种时，使用浓度为0.1 mg/L的芸薹素内脂药液浸泡玉米种子24 h，在阴凉处晾干后播种，可加快玉米种子萌发，增加根系长度，提高单株鲜重。在玉米苗期、喇叭口期分别使用0.01%芸薹素内酯溶液1 250～1 667倍液茎叶喷施1次，能培育玉米壮苗，可以使玉米根系发达，长势旺盛，增强抗病虫性，提高植株光合速率、叶绿素含量和比叶重，促进灌浆，特别是能使果穗顶端的籽粒得到充足的营养，使之发育成正常的籽粒，减少玉米籽粒的败育率，提高籽粒产量，并能使玉米籽粒中总氨基酸含量比对照增加 25％左右。芸薹素内酯也可以用来提高作物的抗旱性，夏播玉米在雌穗小穗分化初期、小花分化期或吐丝后 7 d 各喷 1 次，可促进受水分胁迫影响的玉米生长，降低原生质膜相对透性，提高硝酸还原酶活性，增加 ATP 和叶绿素含量，加快光合速率，促进复水后生理过程的恢复，减少籽粒产量的损失。

近年来由芸薹素内酯逐渐衍生出 24-表芸薹素内酯、28-表高芸薹素内酯、14-羟基芸薹素甾醇等多种芸薹素类似产品在玉米上进行农药产品登记。24-表芸薹素内酯可经玉米的茎叶、果实和根部吸收，然后传导到起作用的部位发挥生理作用，能促进植物根系发达，壮苗健苗；提高叶绿素含量，增强光合作用；提高作物对养分的吸收利用率，从而促进作物生长，提高玉米产量。使用本品还能增强作物对低温、干旱等逆境的抵抗能力，扶苗解害。28-表高芸薹素内酯具有使玉米细胞分裂和伸长的双重作用，促进根系发达，增强光合作用，提高玉米绿叶素含量，促进玉米对肥料的有效吸收，辅助作物劣势部分良好生长。

6.4.2.6　甲哌鎓

甲哌鎓对植物有较好的内吸传导作用，有提高根系活力、抑制茎叶疯长、改善群体的光照条件、促进植物的生殖生长、提高产量的作用。在玉米大喇叭口期，使用 250 g/L 的甲哌鎓水剂 300～500 倍液叶面喷雾，可以抑制玉米细胞伸长，缩节矮壮，有利于培育壮苗。在玉米大喇叭口期，用药后如遇高温多雨，植物继续旺长，间隔 15 d 左右可再喷施一次。如施用后出现抑制过度现象，可浇水施肥促长。施用时应喷高不喷低、喷壮不喷弱、喷涝不喷旱、喷肥不喷瘦、少量多喷。根据作物生长情况，在土壤肥力条件差、水源不足、长势差的土块不宜使用。严格掌握使用剂量和施药时期，必须根据规定剂量喷施。施药时间不宜过早，以免影响植物正常生长，但施药过迟易引起药害。

6.4.2.7 乙烯利

乙烯利经由作物的叶片、果实和种子进入植物体内，然后传导到起作用的部位，释放出乙烯，能起到内源激素乙烯所起的生理作用，如促进果实成熟，叶片、果实脱落，矮化植株，改变雌雄花比例，诱导某些作物雄性不育等，抑制细胞伸长并增加细胞的横向膨胀，进而抑制茎秆节间的伸长生长。在玉米田有1％植株抽雄时喷施乙烯利，可缩短基部节间长度，降低穗位高，增加茎粗，促进玉米根系的发育。中秆品种的穗位高降低25 cm左右，茎秆坚韧，第8～9层气生根数增加，显著增强玉米植株的抗倒伏能力，增产。一般在玉米田有1％植株抽雄时，使用40％乙烯利水剂稀释为2 000～3 000倍液（约133～200 mg/L）进行叶面喷雾处理即可，每亩用水量25～30 L。玉米上单用乙烯利有很多副作用，主要表现为影响雌穗发育，使穗变小，易秃尖，穗粒数减少，败育率提高，千粒重下降。在生产上不推荐单独使用乙烯利。同时，玉米籽粒的败育主要发生在吐丝后的14～20 d。抽雄时玉米株高已超过人体高度，此时用乙烯利，不仅增加了技术操作的难度。而且仍无法完全避免乙烯利对雌穗发育的负面影响。由于乙烯利能明显使玉米植株矮化，可防止倒伏，因此在多风暴的地区使用还是有很大意义的。另外，使用乙烯利进行玉米生长调节时，适当增加种植密度可以获得更好的产量。本品为高活性植物生长调节剂，要根据作物长势，喷旺不喷弱，严格按照使用说明施药，以避免造成药害。

6.4.2.8 噻苯隆

本品是一种脲类植物生长调节剂，有极强的细胞分裂活性，其诱导植物细胞分裂、愈伤组织的能力比一般细胞分裂素高1 000倍以上；能延缓植物衰老，增强其抗逆性，促进植物的光合作用；还能提高作物产量，改善作物品质。在玉米7～8叶期进行0.2％噻苯隆水剂1 000～1 600倍液喷雾处理，可有效提高玉米产量。使用时应注意用药应均匀，不宜重复使用。用药最适浓度因品种、气温、栽培管理而异，凡未用过本品的作物品种和地区，应先试后再用，切忌滥用。初次使用宜先从低浓度用起，浓度过高可引起果实畸形、僵果等不良现象。

6.4.2.9 胺鲜酯

本品具有延缓植物生长，抑制茎秆伸长，缩短节间，促进植物分蘖，增加植物抗逆性能等效果。按登记剂量使用，对玉米有较好的调节生长作用。在玉米拔节初期（玉米8～12叶期）可每亩使用20～30 mL或2%胺鲜酯水剂20～30 g茎叶喷雾处理，可有效提高玉米产量。本品在玉米上使用，每季作物最多使用1次，建议与其他作用机制不同的植物生长调节剂轮换使用，以延缓抗性产生。

6.4.2.10 糠氨基嘌呤

本品为植物内源细胞分裂素，能诱导花芽分化，提高花芽质量，催花促花，增加有效花数，保花保果，稳果壮果；加速细胞分裂，促幼果发育，膨大果实，减少裂果；提高作物授粉性，促进结实；延缓植物衰老，促进灌浆；促进侧枝侧芽的发育，增加叶绿素含量，提高光合效率。在玉米苗期、小喇叭口期、大喇叭口期每亩各使用0.4%糠氨基嘌呤20～30 g茎叶喷雾处理一次，可有效提高玉米产量。本品对蜜蜂有毒，周围开花作物花期禁用；对水生生物有毒，使用时应注意远离水产养殖区、河塘等水体，禁止在河塘等水体中清洗施药器具，鱼或虾蟹套养的稻田禁用，施药后的田水不得直接排入水体。

6.4.2.11 吲哚丁酸

本品为植物内源生长素，可经由叶片、植物的嫩表皮、种子，进入到植物体内，随营养流输导到起作用的部位，能够诱导植物根原基分化，快速开根，加速根系生长和发育，大大增加毛细根数量和侧根长度，有利于形成多而壮的植株根系群，缩短植株移栽返青天数，显著提高移栽成活率和抗逆性；促进分蘖和壮苗；促进根系

314

更新，强壮植株，增加产量，提高品质。在玉米苗期、小喇叭口期、大喇叭口期各进行 1.2％吲哚丁酸水剂 1 200～2 000 倍液喷雾一次，可显著增加玉米根系的发育，提高玉米产量。使用药剂时应远离水产养殖区，禁止将残液倒入河塘等水体中，禁止在河塘等水体中清洗施药器具，避免对水体造成污染。使用作物为水稻时，在鱼或虾蟹套养稻田禁用。

6.4.2.12 羟烯腺嘌呤

本品系植物生长调节剂，能促进叶绿素形成，增强作物光合作用，从而改善作物品质，提高蛋白质含量，并能提高植物抗病性。在玉米拔节期、喇叭口期各进行 0.000 1％羟烯腺嘌呤可湿性粉剂 588 倍液喷雾处理一次，可明显提高玉米的抗病性，减少病害的发生，增加玉米产量。禁止在河塘等水域清洗施药器具，清洗器具的废水不能排入河流、池塘等水源，废弃物要妥善处理，不能乱丢乱放，也不能做他用。

6.5 农药高效使用技术

6.5.1 种子包衣

6.5.1.1 种子包衣技术的发展

20 世纪 50 年代，我国开始推广浸种、拌种技术，用于防治地下害虫、保护种子的正常生长发育。我国种衣剂的发展经历了研究阶段（70 年代末开始研究，80 年代进入田间试验示范）、推广阶段（90 年代逐步推广应用）和发展成熟阶段。

种子包衣，要求种衣剂有良好的成膜性（经过包衣处理的种子间互不粘连、不结块）、附着性（凡加入种衣中的杀虫剂、杀菌剂或微肥及警戒色素等配套添加剂，均能牢固均匀地附着在种子表面）、稳定性（夏季不溶解，冬季不结冻，有效成分含量稳定）和缓释性（具有透水、透气性，在土壤中只溶胀而几乎不溶于水，能伴随种子前期生长发育，相应地起到缓慢释放其保护和补养功能）。

种衣剂作为种子包衣处理的集杀虫剂、杀菌剂、微量元素和生长调节剂为一体的药剂，在我国已普遍应用，并取得了明显的效果（Deng et al.，2015；Avelar et al.，2012）。研究表明，不论受灾与否，各种剂型的种衣剂都比未包衣的增产4%～15.3%（傅振祥等，1993）；到2005年左右，随着包衣技术的改进，玉米增产提高到15%～20%（赵康平，2005）；随着技术的不断发展，在2013年，包衣种子比未包衣的出苗率提高22%，增产13.7%（李海林，2013）。

6.5.1.2 种衣剂的组成及分类

种子包衣处理时需要使用种衣剂，这是一种由多种成分组合而成的种子包衣产品，包括杀虫剂、复合肥料、种子发育所需的各类微量元素等，可以有效消除种子中携带的细菌、线虫或者其他病毒等，降低了种子受病虫害的侵袭概率。种衣剂主要由活性化学成分与非活性化学成分组成，活性化学成分主要包括植物杀菌剂、杀虫剂、肥料和植物生长调节剂；非活性化学成分主要包括活性成膜剂及试剂辅助用抑制剂（Liu et al.，1993）。

按照作用成分，种衣剂可分为杀菌剂、杀虫剂、肥料和植物生长调节剂4类。杀菌剂，包括保护性专用杀菌剂（如福美双、克菌丹等，主要防治土传病害，对种子自身携带的各种病菌的抑制效果甚微）和吸附性杀菌剂（如烯唑醇、戊唑醇等，具有较强的吸附作用，不仅对种子具有病害预防和治疗作用，还对作物生长形成持久保护）。杀虫剂，易溶于水，在土壤中不易分解，药效可持续40 d以上，如氯虫苯甲酰胺、溴氰虫酰胺等对地老虎、蝼蛄等幼龄地下害虫具有强劲的抑杀效果。肥料，主要是在种衣剂中添加作物生长必需的微量元素（铜、锌、锰、硼、钼等），可以有效补充作物对微量元素的需求，并且在30 d左右可全部降解为无毒物质，不会渗入土壤及地下水造成污染。植物生长调节剂，一般是人工合成的、具有天然植物激素相似的一类化合物和具有生物学效应的活性物质，主要包括各种赤霉素类、生长素类、细胞分裂素类和生长延缓剂类，如 NAA、GA_3、B_3、PIX、CCC 及三唑类延缓剂等。

6.5.1.3 种子包衣的方法、作用和注意事项

1. 种子包衣的方法 种子包衣的方法有机械包衣（适用于大公司，用包衣机对大量种子进行包衣）和人工包衣（少量种子的手工包衣）2 种，而其包衣技术根据种子本身的体积和形状又分为种子包膜和种子丸化 2 种类型。

2. 种子包衣的作用

（1）提高发芽率和保苗率，防治地下病虫。使用种衣剂防治作物地下害虫，用药量相对较少，防治效果较好。种衣剂中的各种农药可以有效地防治苗期的病虫，如地老虎、蛴螬、蝼蛄等地下害虫及茎腐病、丝黑穗病等病害，并对老鼠等有趋避作用，对玉米田地下害虫起到双向调节作用，从而保证种子安全发芽、出苗（Qiu et al.，2005；Gesch et al.，2005；Herbert et al.，2003）。

（2）促进玉米生长发育，增强抗逆性，提早成熟。种子包衣后，不但可防治病虫，同时也促进作物根系的生长发育，地上部分叶色浓绿、叶片肥厚，成熟期一般比不包衣提前 2~3 d（段强等，2012；赵康平，2005）。

（3）提高作物品质与产量。种衣剂中的农药可有效控制病虫害发生，其含有的速效复合肥、微量元素、植物生长调节剂等可促进玉米早期的生长发育，提高作物品质和产量。

（4）节省种子和农药，药效期长，减少环境污染，保护天敌。包衣的种子发芽率、保苗率都高，可以实现精量播种，从而节约了种子用量。包在种子上的种衣在土壤中遇水只能吸胀而不被溶解，随着种子萌芽和胚根、胚芽生长发育，其中的药剂和微肥等物质逐步释放，持效期可达 40~60 d，减少了农药施用次数，也就减少了

农药用量（崔华威等，2015；Kaufman et al.，1991）。种子包衣本身又是一种隐蔽的用药方式，其中的农药、化肥仅附着于土壤内种子上的小范围内，药力和肥力集中发挥、利用效率高，对空气和土层污染小，对人畜安全，从而减少了对环境的污染，也保护了天敌。

3. 种子包衣的注意事项

（1）选用合适的种衣剂和发芽率高的优质种子。杀虫的、防黑穗病的、防茎腐病的、带微肥的种衣剂较好，使用前必须做好种衣剂对玉米种子的安全性测定，必须按规定量使用，过多会发生药害，过少又起不到作用，尤其是甜、糯玉米更要严格掌握种衣剂的使用安全性。包衣种子的发芽势和发芽率都要达标，含水量要比一般种子标准含水量低1％，包衣时必须搅拌均匀，防止产生药害。

（2）种衣剂中要有警戒色素。包衣种子要带有警戒色，且只能用于指定的种子，严禁徒手接触种衣剂或包衣种子，包衣种子绝不能食用或饲用。

（3）种子包衣的条件和场所。机械包衣要在专门的车间内进行，搅拌时不能使用金属器具，不能在太阳光直射条件下操作，操作人员要穿工作服和佩戴防护用具。人工包衣不能在高温条件下操作，包衣种子包装不能用麻袋，包装后要密封。存放、使用包衣种子的场所要远离粮食和食品，用过的工具和衣服都应及时彻底清洗，包衣种子的调运和使用过程中也要注意安全。

（4）防止包衣种子的药害。播种时要戴橡胶手套、穿工作服，防止对人、畜的药害；播种间隙不能吃东西、喝水，未洗手前不能用手擦眼睛和脸部以防中毒；播种结束时，应将多余的包衣种子单独贮藏，切忌食用或作饲料；出苗后间下的玉米苗严禁喂养畜禽。

6.5.1.4 二次包衣

玉米种子包衣作为一项已推广数年的技术，可减少用种量、预防作物苗期甚至中期一些病虫害的发生，降低了打药成本，节省了农户的劳力和时间，在农业生产中发挥着重要作用。玉米田种传病害和苗期虫害具有突发性的特点，并且发生传播快，危害重，防治难。因此，针对目前市场上已经包衣的玉米种子，可以根据当年当地玉米田病虫害的监测预警情况进行二次包衣。有研究表明，选用优质高效杀虫剂和杀菌剂进行二次包衣，对苗期叶部害虫具有明显防治效果，苗期蓟马危害明显减轻，苗期根腐病发生较轻，根系长势较好，产量显著提高（王义等，2020）。并且，二次包衣的玉米良种，在原有良好性状基础上，种子的性状和品质又有明显提升，从而提高成苗率，确保一播全苗，为农户省工省时，并为增产增收提供保障。

6.5.2　喷杆喷雾

喷杆式喷雾机是一种将喷头装在横向喷杆或竖喷杆上的机动喷雾机。这类喷雾机具有作业效率高、劳动强度低、通过性强、喷洒质量好和喷液量分布均匀等优点，适合于大面积喷洒各种农药、肥料等液态制剂，近年来广泛用于农作物、果园、非耕地等。农业生产用喷杆喷雾机喷洒雾的农药可分为除草剂、杀虫剂、杀菌剂等，按它们在植物体内的吸收传导能力和作用方式又分触杀型和内吸型药剂，按药剂施用时期针对作物又可分为苗前喷雾和苗后喷雾（洪露等，2020；贾卫东等，2013）。

6.5.2.1　喷杆喷雾机的种类

喷杆喷雾机的种类很多，可分为下列几种。

1. 按喷杆的形式分 3 类

（1）横喷杆式。横喷杆式是将喷杆水平配置，喷头直接装在喷杆下面，是常用机型。

（2）吊杆式。吊杆式是在横喷杆下面平行地垂吊着若干根竖喷杆，作业时，横喷杆和竖喷杆上的喷头对作物形成门字形喷洒，使作物的叶面、叶背等处能较均匀地被雾滴覆盖。主要用在棉花等阔叶作物的生长中后期喷洒杀虫剂、杀菌剂等。

（3）风幕式。风幕式是在喷杆上方装有一条气囊，风机向气囊供气，气囊上正对每个喷头的位置都开有出气孔。作业时，喷头喷出的雾滴与从气囊出气孔排出的气流相撞击，形成二次雾化，并在气流的作用下，吹向作物。同时，气流对作物枝叶有翻动作用，有利于雾滴在叶丛中穿透及在叶背、叶面上均匀附着。主要用于对棉花等阔叶作物喷施杀虫剂。

2. 按动力配套方式分 3 类

（1）自走式喷雾机。自身带有动力行走系统。

（2）悬挂式喷雾机。通过拖拉机三点液压悬挂装置与拖拉机相连接。

（3）牵引式喷雾机。自身带有底盘和行走轮，通过牵引杆与拖拉机相连接。

3. 按机具作业幅宽分 3 类

（1）大型喷幅。大型喷幅在 18 m 以上，主要与 36.75 kW（50 hp）以上的拖拉机配套作业。大型喷杆喷雾机大多为牵引式与自走式。

（2）中型喷幅。中型喷幅为 10～18 m，主要与功率在 14.7～36.75 kW（20～50 hp）拖拉机配套作业。

（3）小型喷幅。小型喷幅在 10 m 以下，配套动力多为小四轮拖拉机和手扶拖拉机。

6.5.2.2 常用喷杆喷雾机类型

1. 悬挂式喷杆喷雾机 悬挂式喷杆喷雾机是目前我国喷杆喷雾机中市场占有量最大的一种，其特点是结构紧凑，喷幅适中，较适合目前我国大田作物的种植规模。它既可进行土壤处理，又可进行苗带喷雾，由于该机是通过三点悬挂与拖拉机连接，所以停放时占地面积小（陈晨，2015）。

2. 风幕式喷杆喷雾机 风幕式喷杆喷雾机是在喷杆喷雾机上

采用风幕式气流辅助喷雾技术，即在喷杆喷雾机上加设风挡与风囊，作业时风囊出口形成的风幕可防止细小雾滴飘失，胁迫雾滴向作物冠层沉积，同时风幕使作物叶片发生翻动，改善作物叶片背面及作物中下部的雾滴的沉积状况，而且在有风的天气（4级风下）也能正常工作，另外风幕的风力可使雾滴进行二次雾化，进一步提高雾化效果（吴彦强等，2018）。

3. 高地隙自走式喷杆喷雾机 多年来，我国优势经济作物如玉米、棉花、大豆等中后期病虫害防治一直是难题，主要原因是现有拖拉机地隙低，无法进入目标地进行喷药作业。高地隙喷杆喷雾机，主要用于对农作物进行药液喷洒，尤其是玉米、高粱等高秆作物的害虫防治，离地间隙达到 2 m，解决了现有技术中喷杆喷雾机离地间隙小的缺陷。其主要结构包括车架，车架上设有驾驶室、动力系统、喷雾系统悬挂支架、油箱、药箱、前灯和尾灯；动力系统包括发动机、双联齿轮泵、液压驱动装置和车轮；喷雾系统包括喷洒泵和喷杆，喷杆上设有喷头；喷雾系统安装在喷雾系统悬挂支架上；车架包括前车架和后车架，前车架和后车架通过转向铰接装置连接（郝建周等，2020）。

4. 吊杆喷雾机 吊杆喷雾机主要用于大面积棉田的病虫害防治，其结构主要由药液箱、液泵、喷头、搅拌器、喷杆桁架、吊杆和机架等部件组成。吊杆通过软管连接在横喷杆下方，工作时，吊杆由于自重而下垂，当行间有枝叶阻挡可自动后倾，以免损伤作物。吊杆的间距可根据作物的行距任意调整。在每个吊杆上左、右向各装有两只喷头向作物两侧喷雾，喷头的方向可调整。横喷杆上，在每两吊杆之间装有一只喷头，自上向下喷雾，从而对棉株形成了门字形立体喷雾。使植株的上、下部和叶面、叶背都能均匀附着药液（殷梦杰，2018）。

6.5.2.3 喷杆喷雾机的使用

1. 机具准备 作业前对机具进行检修保养使机具各部分处于

良好的技术状态，做到各连接部分畅通不漏，开关灵活，雾化良好，并按说明书要求进行必要的润滑。

喷量测定按正常工作时的喷雾压力和确定的喷孔喷量，测量单个喷头的喷量（L/min），喷杆总喷量等于各喷头喷量的总和。

进行试喷检查压力指示装置、安全阀工作是否正常，喷雾压力、雾化质量及各部分连接处是否漏滴等。

2. 喷雾作业

（1）施药量的调整。单位面积有效药剂施用量由农业技术要求确定，喷雾作业时，可以通过调整喷药量、药液浓度和作业行驶速度来实现。如果浓度大，喷药量可以少一些，反之可以大一些。喷药量的多少还应考虑地块的长度，药箱的容积和不同浓度对药效的影响。喷药量的多少与喷雾压力有关，少量改变可调喷雾压力，但喷雾压力直接影响雾化质量，故一般在作业前确定，作业过程中不得随意改变。

由此可以确定机组作业时的前进速度V：

$$V = (40/B \times Q) \times g$$

式中：V 为机组前进速度（km/h）；g 为喷雾机的喷药量（L/min）；Q 为亩施药量（L）；B 为喷雾机的喷幅（m）。

前进速度不宜过高，否则机具颠簸会影响喷洒均匀度。行驶速度确定后，作业过程中不得任意改变。

（2）喷杆高度的调整。向地面全面喷施除草剂时，喷杆高度对地面受药量的均匀度影响很大。喷施除草剂应选用扇形雾喷头，喷杆高度应使相邻喷雾面交叉重叠，使地面受药均匀。当扇形雾喷雾角为110°，喷头在喷杆上间距为50 cm时，喷杆高度为50 cm。当喷杆高度过低时，相邻喷雾面因接不上而漏喷；当喷杆高度在临界位置时重叠不够，地面不平将造成漏喷；当喷杆高度合适时，地面受药最为均匀。此外，喷杆应与地面始终保持平行（孙星等，2020）。

吊杆式喷雾机主要是对棉花等作物喷洒杀虫剂，因此，通常在横喷杆上棉株的顶部位置安装一只空心圆锥雾喷头自上向下喷雾，在吊杆上根据棉株情况安装若干个相同的喷头，还可根据需要任意调节喷雾角度，使整个棉株的正反面都能喷到雾滴。这样，就形成立体喷雾，达到治虫的最佳效果。

（3）行走方法。一般采用梭形走法。在进行无作物全面喷雾时，应有明显标志指示行走路线，防止重喷或漏喷。若对大田作物行间喷雾时，应在播种时留出拖拉机喷药作业道，保证相邻喷雾工作幅的相接。操作驾驶员必须使前进速度和工作压力保持稳定，同时还应注意喷头堵塞和泄漏；药液箱用空，造成泵脱水运转；喷杆碰撞障碍物等。

（4）作业中的安全技术。应穿戴必要的安全保护用品；工作中禁止吃喝，手应彻底洗净后，才能饮食；作业中注意风向改变；田间排除故障时，应先卸压后再进行拆卸；加药时注意防止飞溅；药液容器要集中处理等。

（5）清洗。每喷洒一种农药之后及喷雾季节结束后或在修理喷雾机前，必须仔细清洗喷雾机。每次加药后，应立即清除溅落在喷雾机外表面上的农药。喷雾机外表要用肥皂水或中性洗涤剂彻底清洗，并用清水冲洗。坚实的药液沉积物可用硬毛刷刷去。

6.5.2.4 农业生产中喷杆喷雾机的使用规范

1. 对喷洒雾滴直径和雾滴密度的要求 防治对象不同，需要喷洒雾滴大小不同，在室内没有影响因素条件下，如防治飞翔的昆虫成虫适宜喷洒雾滴直径 $10\sim50\ \mu m$，防治病害、害虫幼虫适宜喷洒雾滴直径 $30\sim150\ \mu m$，苗后喷洒除草剂适宜喷洒雾滴直径 $100\sim300\ \mu m$。喷洒苗后除草剂、杀虫剂、杀菌剂、植物生长调节剂和液体肥料在农业生产中考虑气象条件（挥发、飘移、风等）影响，适宜喷洒雾滴直径 $200\sim400\ \mu m$（徐德进等，2020）。

2. 对喷嘴、过滤器和喷液量的要求 喷杆喷雾机常用喷嘴为扇形雾喷嘴，这类喷嘴喷洒雾滴大小在 280～400 μm 范围内变化，将装在喷杆上的扇形喷嘴进行准确、有效地调整后，均可在平坦地块用于喷洒各种类型的农药和液体肥料等，比锥形喷嘴分布均匀，效果好，在喷杆喷雾机和飞机喷杆上均被广泛使用（杨锐等，2021）。

喷嘴的编号原则上是前两位或者三位数代表该喷嘴在 2.9 Pa 液压下的喷雾角度，最后两位或三位数字是在该压力下每分钟的喷液量。如美国喷雾系统公司（Spraying System Co.）生产的 XR11004VS 喷嘴为例，XR 表示延长范围扇形喷嘴（Extend Range），V 表示不同流量用不同颜色标识，S 表示喷嘴的喷孔嵌体材料为不锈钢，110 表示在 2.9 Pa（40 英镑/平方英寸）下的喷嘴的喷雾角度为 110°，04 表示在 2.9 Pa（40 英镑/平方英寸）压力下流量为每分钟 0.4 加仑，相当于每分钟 1.514L。喷洒苗前除草剂一般选择喷嘴型号 TeeJet11003、11004（TeeJet 表示美国喷雾系统公司农用喷嘴的注册商标），过滤器型号为 50 筛目，喷液量 180～200 L/hm^2。喷洒苗后除草剂、杀虫剂、杀菌剂、植物生长调节剂和液体肥料一般选择喷嘴型号 TeeJet80015 或 TeeJet8002，过滤器型号为 100 筛目，喷药量 100 L/hm^2 以下（王晋等，2019）。

为了防止水中杂质、土块、未溶解的药剂颗粒等堵塞喷头，影响作业质量，在喷嘴前方安装标准过滤器十分重要。喷头过滤器要求孔径大小不得大于喷孔尺寸的一半；容易拆卸，以便经常清理；质量高，寿命长；具有防后滴功能；喷嘴与过滤器型号配套。

3. 对喷杆喷雾机的压力、车速要求 喷洒农药、液体肥料要选择适宜且稳定的压力，喷雾压力 2～3 Pa，会产生均匀而适宜喷洒的雾滴。车速要求稳定，拖拉机车速一般 6～8 km/h，不能太快和太慢，速度太快由于喷杆的颤动会造成不均匀的喷雾，喷幅内药量不均匀；速度太慢影响工作效率。

4. 喷洒农药、液体肥料对气象条件的要求 在适宜气象条件下（气温 13～27℃，空气相对湿度大于 65％，风速小于 4 m/s）喷洒农药、液体肥料，一般晴天上午 8：00 以前或下午 6：00 以后，最好夜间无露水时喷洒作业。在不适宜气象条件下，农药、液体肥料的飘移、挥发损失严重；如作物、杂草等对农药、液体肥料的吸收传导性差，严重影响药效、肥效，则不推荐喷洒作业。

5. 喷洒农药、液体肥料的气象条件与农药喷雾助剂的用量

在适宜的气象条件下（气温 13～27℃，空气相对湿度大于 65％，风速小于 4 m/s），施药时加入农药喷雾助剂，可增加药效，如液体肥料，加入矿物油、人工合成的非离子表面活性剂、植物油型的喷雾助剂后具有明显的增效作用。喷洒触杀性农药使用矿物油、人工合成的非离子表面活性剂会增加药害，可选用植物油型的喷雾助剂。

在不适宜气象条件下要想喷雾作业，必须在喷雾作业时药箱中加入 1％植物油型农药喷雾助剂；加入其他类型的农药喷雾助剂如液体肥料、矿物油、人工合成的非离子表面活性剂等无增效作用。

6.5.3 植保无人机

农业是我国经济建设的重要基础，粮食安全是保障经济安全、国家安定的前提。农作物生长过程中，不可避免会受到病虫害的影响，想要保证农作物正常发育和生长，促进粮食增产增收，需要注重采用科学合理的植保手段。农业植保领域加快提高施药技术手段，推广施药装备的机械化，可以在很大程度上增强病虫害防治能力，更好保障粮食安全，促进农业稳定增产。无人机施药技术是以航空、信息、生物和农业装备为支撑点的现代农业技术系统，具有作业效率高，突击能力强，机动性好，适应性强等优点（张天鹏等，2021）。满足专业化防治对精准、高效施药技术与装备的迫切需求，适于消灭暴发性病虫害，符合"统防统治"理念，对加速手动药械和小型机动药械的更新换代，促进政策、法规和相关标准的研究、制定，提升机动施药装备的技术水平具有重大意义。

6.5.3.1 农业植保无人机的基本情况

农用植保无人机是被称为无人飞行器，是用于农林植物保护工作的无人驾驶飞机。由飞翔渠道（固定翼、单旋翼、多旋翼）、GPS飞控和喷洒组织3部分构成。通过地上遥控或GPS飞控，来完成喷洒药剂、种子、粉剂等作业（黄传鹏等，2020；李丽媛，2019）。农业植保无人机主要是为开展农作物病虫害防治工作而使用的高科技设备，实际应用中可以显著增加农作物产量，保护农作物生长环境不受到病虫害的影响，还可以针对农药喷射量加以精准控制，满足不同农作物的用药量需求，避免农药残留（翁海舟等，2021）。

1. 植保无人机施药的技术特点

（1）超低量喷雾。植保无人机施药具有超低量喷雾特点，每亩喷液量一般在0.5～1 L，药液浓度高，而且一般用2种以上不同农药制剂同时配制。

（2）穿透性较强。穿透性较强，旋翼旋转时产生风场，药液对植被穿透性好。

（3）作业高度高。作业高度一般为1.5～8 m。

（4）易受外界环境影响。气象因素（温度、湿度、风速、风向等）影响较大，容易造成雾滴的飘失和蒸发。另外，飞机类型、喷嘴类型、药液性质、操作方式（喷液压力、飞行速度、飞手熟练程度、重喷、漏喷等）等都会对最后的防效及周围环境产生影响（鲁文霞等，2021）。

2. 植保无人机施药的优势 常规喷药技术不仅不安全，而且效率非常低下，早已不能满足农业快速发展的需要，而植保无人机的出现则弥补了传统喷药技术的不足。使用植保无人机施药进行农作物病虫害的防治，与常规喷雾相比，具有以下几方面的优势。

（1）安全系数高。植保无人机可用于低空农情监测、植保、作物制种辅助授粉等。植保中使用最多的是喷洒农药，携带摄像头的无人机可以多次飞行进行农田巡查，帮助农民更准确地了解粮食生长情况，从而更有针对性地喷洒农药，防治害虫或是清除杂草。其效率比人工打药快百倍，还能避免人工打药的中毒危险。

（2）节约大量资源。农业植保无人机属于高科技设备，操作人员只需要设定好相关数据，不需要加以直接操作，就可以大幅度节约人力资源，安全系数更高，避免操作人员受到农药的伤害。无人机喷药服务 1 亩地的价格在 10 元左右，用时也仅仅只有 1 min 左右，一个植保作业组包括 6 个人、1 辆轻卡和 1 辆面包车、4 架多旋翼无人机，在 $5\sim7$ d 时间内可施药作业 $650\sim700$ hm^2。与以往的传统喷药技术雇人喷药相比，节约了成本、节省了人力和时间（蔡金，2020；张俊等，2020）。

（3）作业效率高。植保无人机旋翼产生向下的气流，扰动了作物叶片，药液更容易渗入，可以减少 20% 以上的农药用量，达到最佳喷药效果，理想的飞行高度低于 3 m，飞行速度小于 10 m/s。大大提高作业效率的同时，也更加有效地提高了防治效果。而传统的喷药技术速度慢、效率低，很容易发生故障，还可能导致农作物不能提早上市（王香芝等，2019）。

（4）精准施药，避免农药残留。农业植保无人机可以采用自动喷洒的模式，从农作物具体种类出发，喷洒不同浓度的农药，精准化控制好农作物需要的药量，有效提升了农药喷洒效率。这一手段可以有效控制好各类农作物需要的农药量，适应农作物的生长需求，避免农药残留，减少损害农作物的现象，且避免浪费水资源、污染土壤的情况发生（孙铁波等，2020）。

（5）拥有良好适应性。农业植保无人机可以快速适应不同的工作环境，发挥自主模式的作用，减少人力资源在崎岖环境受到的限制。

6.5.3.2　农业植保无人机发展现状

　　世界上第 1 台农用无人机于 1987 年出现在日本。经过近 30 年的发展，农用无人机技术已在日本、韩国以及欧美等国得到快速发展，成为植保作业的主力军。我国对农业植保无人机的研究起始于 20 世纪 50 年代，60 年代逐步研制相关设备的生产与应用，发展进程较为缓慢。随着科研能力和研制技术的发展，无人机航空施药喷雾技术的系统研究始于 2008 年，目前仍处于初级研究阶段（李建平等，2020；王昌陵等，2020）。至今，我国农业航空技术 95% 以上用于航空植保作业，其余 5% 左右用于农田信息搜集，如农情信息获取、航空拍摄等。然而相较于国外对于农业植保无人机的应用，国内现阶段应用范围还不够广泛。当前国内用于农业植保的无人机，主要集中在单旋翼、多旋翼无人机方面。单旋翼无人机能够承载大约 15 kg 的药量，最高可以 3.6 m/s 的速度连续作业 26～40 h，还能够保持着自动悬停的状态，并对农作物的具体种类、喷洒轨迹加以观察。多旋翼无人机的载药量可以达到 5.0～8.0 L，作业速度最高能够达到 6.0 m/s，在载药状态下能够连续飞行 25 min。这类无人机运行中，能够按照自身电量、载药量，规划好飞行航线，准确判断气象信息，实现植保作业的节能化、精准化、智能化和高效化。

　　国内相关专家学者深入持续研究农业植保无人机的研制和生产、应用技术，取得显著成果，包括对口设计低空飞行、高效与均匀喷洒、低量等方面要求，调整喷嘴部分，试验电动离心喷头性能。在农业植保无人机实践使用过程中，逐步改善和优化农业植保无人机的喷雾高度、雾化盘转速以及喷嘴流量等，合理缩短作业时间，控制农药使用量，提升病虫害防治效果。

6.5.3.3　农业植保无人机在玉米生产中的应用

　　在我国当前大农业、小农户生产条件下，农业机械化应用水平低，病虫害防控技术落后，玉米生产种植复杂多样、玉米生产呈现出碎片化，并受气候环境、种植模式、管理水平等因素影响，玉米生产病、虫、草害频发，而植保无人机的使用能够有效解决玉米田施药难题，具有广泛的应用前景。在产业需求和科技战略双重作用下，以植保无人机为代表的产业逐渐占据了植保新高地，植保无人机的新机型、新技术、新方法广泛应用于玉米、水稻、小麦、果树等多种作物的病虫草害防治，大大提高了防治效率和防治效果，降低了劳动强度，节省了生产成本，提高了综合效益。

玉米生长周期中常见的病虫害主要有大斑病、小斑病、茎基腐病、丝黑穗病、玉米螟等，玉米植株根部到穗部均可能受到病虫害的危害。同时，约 60% 的玉米病虫害发生在生长中后期，玉米栽植密度大，田间封闭性高，人工防治难度大、作业效率差、农药利用率低。因此，采用植保无人机从空中施药，能有效提高农药施用效率及防治效果（卢辉等，2020；高军等，2020；田新湖等，2020；孔辉等，2019；王磊等，2019）。近年来，豫南玉米每年病虫害均有大面积发生，采取植保无人机防治作业能够提高病害防治效果。为此，应该不断推广植保无人机技术取代传统的喷雾技术，促进农业的现代化发展。特别是小型植保无人机作业，其对地形要求低，在豫南玉米田均可使用，前景广阔，潜力巨大。

6.5.3.4 植保无人机在玉米种植中的应用

1. 植保喷洒 与传统人工植保方式相比，无人机植保的特点是简单、安全、环保和效率高，能够提高玉米田病虫害防治的效率，减少劳动力的投入，提高防治的效果，促进玉米的病虫害防治向着机械化、规模化和集约化的方向发展。

2. 植物授粉 植保无人机还能够协助玉米授粉，提高授粉的效率，保障玉米的产量和质量。

3. 生长识别 植保无人机能够识别玉米的出苗率和长势，并收集和整理监测到的数据，通过数据分析得出玉米生长的具体情况。此外，植保无人机技术还能识别玉米的种植密度，结合玉米的生长情况和营养水平，制定有针对性的管理措施。

4. 信息监测 无人机能够对玉米田中的病虫害、灌溉情况以及玉米生长情况进行监测，了解玉米生长的情况，可对大面积的农田进行航拍，分析玉米生长环境、周期等各项指标，采取科学的措施治理玉米病虫害和杂草。此外，通过植保无人机大范围、精准监测玉米田信息，准确观察判断玉米的生长情况，从而可以为方便玉米田管理奠定基础（韩鼎等，2020）。

6.5.3.5 植保无人机在玉米生产应用中存在的问题

1. 农户需求不强 我国玉米产业发展仍存在规模化程度低的问题，普遍为小农户经营，而无人机技术比较适合连片地块使用，广大农户对植保无人机技术接受能力不高。

2. 扶持力度较低 当前为了保证农村产业经济的发展，国家相继出台了一系列购买农业机械设备的补贴政策，但是植保无人机仍没有补贴项目，在一定程度上抑制了农民购买植保无人机的积极性。

3. 设备价格较高 由于植保无人机售价较高，目前售价在5万～15万元，且要购入相应配套车辆，农户无法负担高额费用，缺乏购置植保无人机补贴政策，不利于植保无人机的推广应用。

4. 配套服务滞后 植保无人机在使用过程中存在着配套服务能力不足的问题，使用和维修的成本比较高，一旦遇到损坏问题，需要一定的维修成本，影响了农业生产。

5. 标准有待完善 植保无人机行业内没有形成统一、明确的行业标准和规范，国家以及行业管理中均未出台相关的行业标准，在植保无人机研发制造过程中缺乏行业标准的指导，造成产品质量参差不齐，影响了农户的购置信心（李建平等，2020）。

植保无人机在玉米生产中的广泛使用是机械化、省力化的重要技术，也是大力推广统防统治、农药减量化行动的关键因素，在降低防治成本的同时，提升玉米质量安全水平，促进农民增产增收。植保无人机作为一个新兴产业，成为行业投资的热点。目前我国有400家植保无人机生产企业，为促进植保无人机产业的发展，相关企业加大了对技术的研发投入力度，尤其在植保无人机自动化和智能化技术方面有着较好的发展空间，增强了植保无人机的安全性能，同时也在一定程度上提高了植保无人机的环境适应能力。最大程度上利用玉米植保技术机械化，是确保玉米产业安全发展的必要保障。

参考文献

边文波 . 2017. 利用黑光灯和性诱剂对玉米田三种主要害虫的诱集效果初探 . 农业科技通讯（6）：65-67.

蔡金 . 2020. 植保无人机在农田病虫害防治中的应用探究 . 南方农业，14（17）：150，155.

蔡晓明，李兆群，潘洪生，等 . 2018. 植食性害虫食诱剂的研究与应用 . 中国生物防治学报，34（1）：8-35.

曾娟，杜永均，姜玉英，等 . 2015. 我国农业害虫性诱监测技术的开发和应用 . 植物保护，41（4）：9-15.

车晋英，陈华，陈永明 . 2019. 4 种不同性诱剂对玉米草地贪夜蛾诱集作用 . 植物保护，46（2）：261-266.

陈晨，薛新宇，顾伟，等 . 2015. 喷雾机喷杆悬架系统的研究现状及发展 . 中国农机化学报，36（3）：98-101.

陈海霞，朱明芬，许和水，等 . 2019. 应用糖醋液诱集鲜食玉米田小地老虎成虫试验 . 上海农业学报，35（6）：106-109.

陈昊楠，徐翔，邓晓悦，等 . 2020. 单波长杀虫灯对草地贪夜蛾诱杀效果初步评价 . 四川农业科技（2）：41-42.

陈红印，王树英，陈长风 . 2000. 以米蛾卵为寄主繁殖玉米螟赤眼蜂的质量控制技术 . 昆虫天敌，22（4）：145-150.

陈琦，张运栋，侯艳红，等 . 2020. 河南省漯河地区黏虫幼虫寄生性天敌种类记述 . 植物保护，46（3）：274-277.

崔华威，马文广 . 2015. 种子包衣剂及包衣方法研究进展 . 种子，34（1）：48-53.

崔学贵，张立青，王建法，等 . 2011. 灯光诱虫及专用设备杀虫灯问题研究综述 . 现代农业科技（23）：224-226.

段强，赵国玲，姜兴印，等 . 2012. 吡虫啉拌种对玉米种子活力及其幼苗生长的影响 . 玉米科学，20（6）：63-69.

樊海潮，顾万荣，尉菊萍，等 . 2017. 植物生长调节剂增强玉米抗倒伏能力的机制 . 江苏农业学报，33（2）：253-262.

傅振祥，傅萌华 . 1993. 玉米种子包衣应用效果 . 作物杂志（3）：24.

高峰，郭鹏 . 2017. 夏玉米田杂草播后苗前药剂防除效果比较 . 陕西农业科学，63（5）：12，44.

高军，江彦军，林永岭，等 . 2020. 植保无人机施药在玉米除草减量控害中的效果 . 基层农技推广，8（10）：16-17.

宫磊 . 2019. 五谷丰素和玉黄金配施对玉米生长及产量的影响 . 哈尔滨：东北农业大学 .

郭娜娜，李成功，郑园园，等 . 2014. 昆虫性信息素的研究进展 . 国际药学研究杂志，41（3）：325-328.

郭晓军，肖达，王甦，等 . 2017. 大面积连片应用性迷向素对桃园梨小食心虫的防控效果 . 环境昆虫学报，39（6）：1242-1249.

韩鼎，陈乔，王晖，等 . 2020. 植保无人机在玉米生产中的应用 . 种子科技，38（17）：139-140.

韩毅强，石英，杜吉到，等 . 2016. 复合型生长调节剂对玉米生长和产量的影响 . 东北农业科学，41（1）：28-31，49.

郝建周，李社潮 . 2020. 自走式喷杆喷雾机正确调整技术 . 农业机械（6）：38-39.

洪露，王光明，李仿舟 . 2020. 植保喷雾机发展趋势探讨 . 农机质量与监督（4）：34-35.

黄冲，姜玉英，曾娟 . 2019. 我国小麦主要病虫害测报技术规范制定方法和改进建议 . 中国植保导刊，39（1）：31-36.

黄传鹏，毛鹏军，李鹏举，等 . 2020. 农用无人机自主飞行技术研究与趋势 .

中国农机化学报, 41 (11): 162-170.

黄娟, 王建, 孙家峰, 等. 2018. 不同测报调查方法对棉铃虫发生动态的分析. 基层农技推广, 6 (11): 42-44.

贾卫东, 张磊江, 燕明德, 等. 2013. 喷杆喷雾机研究现状及发展趋势. 中国农机化学报, 34 (4): 19-22.

姜玉英, 刘杰, 杨俊杰, 等. 2020. 2019年草地贪夜蛾灯诱监测应用效果. 植物保护, 46 (3): 1-7.

姜玉英. 2013. 我国农作物害虫测报技术规范制定与应用. 应用昆虫学报, 50 (3): 868-873.

可欣, 王秀英, 李新, 等. 2010. 频振式杀虫灯防治玉米螟效果研究. 现代农业科技 (5): 135-137.

孔辉, 兰玉彬, 韩鑫, 等. 2019. 无人机喷施乙草胺防除玉米苗前杂草的用量初探. 中国植保导刊, 39 (9): 73-75.

孔琳. 2020. 四种瓢虫对草地贪夜蛾卵和幼虫的捕食功能研究. 北京: 中国农业科学院.

李敦松, 袁曦, 张宝鑫, 等. 2013. 利用无人机释放赤眼蜂研究. 中国生物防治学报, 29 (3): 455-458.

李海林. 2013. 玉米种子包衣技术应用效果初探. 现代农业 (3): 69.

李建平, 魏刚, 周良平. 2020. 植保无人机施药技术在大田作物生产中的应用. 农业装备技术, 46 (6): 16-17, 19.

李丽莉, 郭婷婷, 门兴元, 等. 2015. 性诱剂和糖醋液对梨小食心虫诱集效果比较. 山东农业科学, 47 (12): 85-87.

李丽媛. 2019. 植保无人机飞行参数对喷施效果的影响. 太谷: 山西农业大学.

李琳. 2014. 豫北地区夏玉米田间杂草防除技术. 种业导刊 (4): 20-21.

李秀枝, 黄智鸿, 袁进成, 等. 2015. 植物生长调节剂对玉米籽粒灌浆特性及粒重的影响. 河北北方学院学报 (自然科学版), 31 (2): 41-44.

李玉艳, 王孟卿, 张莹莹, 等. 2020. 大草蛉幼虫对草地贪夜蛾卵及低龄幼虫的捕食能力评价. 植物保护 (4): 1-9.

李中建, 王绍新, 许洛, 等. 2018. 夏玉米田间杂草化学防除技术规程. 现代农村科技（6）：21.

林艳丽.2020.种植密度和植物生长调节剂对玉米茎秆性状的影响与调控.农业开发与装备（7）：224.

刘立春，朱白平，徐炜民，等.2005.高效节能双波诱虫灯田间试验及应用效果.昆虫知识（2）：202-206.

刘文旭，冉红凡，路子云，等.2014.性诱剂与糖醋液组合对桃园梨小食心虫的诱捕效果研究.中国植保导刊，34（10）：43-47.

刘晓庆，詹延廷，王月，等.2018.植物调节剂分期施用对玉米籽粒胚乳及淀粉粒发育的影响.华北农学报，33（6）：137-144.

刘玉芹，赵国芳，温永秀.2010.除草剂概述及玉米田综合除草技术探讨.河北农业科学，14（8）：127-128.

卢辉，郭向阳，黄廷杰.2020.植保无人机防治玉米病虫害的田间药效试验研究.农业开发与装备（10）：26-28.

鲁文霞，兰玉彬，王国宾，等.2021.环境风速对四旋翼植保无人机喷施雾滴飘移的影响研究.农机化研究，43（7）：187-193.

陆宴辉，赵紫华，蔡晓明，等.2017.我国农业害虫综合防治研究进展.应用昆虫学报，54（3）：349-363.

陆宴辉.2016.农业昆虫植物源引诱剂防治技术发展战略//中国农业害虫绿色防控发展战略.北京：科学出版社：119-130.

路子云，杨小凡，马爱红，等.2020.2种侧沟茧蜂对草地贪夜蛾的寄生效果.河北农业科学，24（4）：37-39.

马慧，张宏喜.2011.特制高压汞灯防治玉米螟成虫效果研究.现代农业科技（15）：151.

马志坚.2020.植保无人机在防治玉米田间杂草的应用推广.农业工程技术，40（9）：35-36.

孟祥盟，孙宁，边少锋，等.2016.植物生长调节剂对春玉米茎秆农艺性状及产量的影响.东北农业科学，41（6）：16-20.

裴文斌.2021.植保无人机在玉米病虫害防治中的应用.农业工程技术，41（3）：52-54.

裴玉贺，郝卫艳，郭新梅，等.2016.植物生长调节剂浸种对玉米种子萌发及幼苗生长的影响.湖北农业科学，55（12）：3009-3012，3041.

彭俊英.2019.除草剂分类及我省主要粮食作物全程除草技术综述.河北农业（4）：37-39.

蒲蛰龙，刘志诚.1962.赤眼蜂大量繁殖及其对于甘蔗螟虫的大田防治效果.昆虫学报（4）：409-414.

邱德文，杨秀芬，刘峥，等.2005.植物激活蛋白对白菜生长和品质的影响.中国生物防治，21（增刊）：183-186.

邱德文.2013.生物农药研究进展与未来展望.植物保护，39（5）：81-89.

邱德文.2015.生物农药的发展现状与趋势分析.中国生物防治学报，31（5）：679-684.

邱德文.2016.我国植物免疫诱导技术的研究现状与趋势分析.植物保护，42（5）：10-14.

孙丰磊，高文伟，吴鹏昊.2018.生长调节剂在不同密度下对不同玉米品种生长发育的影响.中国农学通报，34（10）：22-27.

孙宁，边少锋，孟祥盟，等.2020.品种与植物生长调节剂互作对春玉米产量和农艺性状的影响.南方农业，14（30）：154-157.

孙铁波.2020.无人机在精准农业中的关键技术及应用.湖北农机化（1）：51-52.

孙星，杨学军，董祥，等.2020.基于专家控制的喷杆高度智能调节系统研究.农业机械学报，51（S2）：275-282.

唐柳青，李欣，孙淑君.2007.郑州郊区小菜蛾寄生蜂种类、田间消长动态及防治效果调查.河南农业大学学报（2）：167-170.

唐璞，王知知，吴琼，等.2019.草地贪夜蛾的天敌资源及其生物防治中的应用.应用昆虫学报，56（3）：370-381.

唐艺婷，李玉艳，刘晨曦，等.2019.蠋蝽对草地贪夜蛾的捕食能力评价和捕食行为观察.植物保护，45（4）：65-68.

陶群，黄官民，郭庆，等.2019.冠菌素对玉米抗倒伏能力及产量的影响.农药学学报，21（1）：43-51.

田新湖，陈益生，肖灿荣，等.2020.植保无人机施药对玉米草地贪夜蛾的防治效果.农药科学与管理，41（1）：48-53.

王昌陵，曾爱军，何雄奎，等.2020.风洞条件下植保无人机喷雾单元雾滴飘移特性试验.农业工程技术，40（33）：85.

王晋，杨华，胡林双，闵凡祥.2019.喷杆喷雾机研究现状和发展趋势.农机使用与维修（10）：7-9.

王磊，祝海燕，谢旭东，等.2019.植保无人机减量施药雾滴沉积分布及草地贪夜蛾防效评价.基层农技推广，7（11）：29-33.

王丽坤，郑乐贵，程敬丽，等.2015.红火蚁信息素及其在化学防治中的应用研究进展.农药学学报，17（5）：497-504.

王霞.2016.六种植物生长调节剂对玉米抗倒伏能力及其产量和品质的影响.新乡：河南科技学院.

王香芝，王守宝，肖林云.2019.植保无人机与常规机械玉米田作业效果对比研究.河南农业（16）：40-41.

王晓鸣，刘骏，郭云燕，等.2020.中国玉米南方锈病初侵染源的多源性.玉米科学，139（3）：1-14.

王昕.2019.乙烯利—胺鲜酯（玉黄金）对春玉米不同器官的调节效应.武汉：华中农业大学.

王燕，张红梅，尹艳琼，等.2019.蠋蝽成虫对草地贪夜蛾不同龄期幼虫的捕食能力.植物保护，45（5）：42-46.

王义，曹慧英.2020.种子包衣处理对夏玉米生长的影响.中国农技推广，36（7）：81-82.

王云鹏.2020.玉米—绿豆间作方式对玉米和绿豆害虫及天敌发生的影响.泰安：山东农业大学.

翁海舟，周杭超，孙琳，等.2021.植保无人机喷雾性能影响因素分析.装备制造技术（1）：171-174，185.

吴琼.2020.不同植物生长调节剂对玉米生长发育及产量的影响.大庆：黑龙江八一农垦大学.

吴全聪，杨秀芬，邱德文.2006.植物激活蛋白诱导脐橙抗病促生作用.中国生物防治，22（增刊）：102-105.

吴彦强，林立恒，侯加林，等.2018.风幕式高地隙喷杆喷雾机研究与设计.农机化研究，40（7）：55-61.

邢国珍，魏馨，李晶晶，等．2017．玉米南方锈病和普通锈病分子检测技术研究．中国农业大学学报，22（3）：6-11.

徐德进，徐广春，徐鹿，等．2020．喷雾参数对自走式喷杆喷雾机稻田喷雾农药利用率及雾滴沉积分布的影响．农药学学报，22（2）：324-332.

徐田军，吕天放，陈传永，等．2019．种植密度和植物生长调节剂对玉米茎秆性状的影响及调控．中国农业科学，52（4）：629-638.

许海涛，王友华，许波，等．2009．夏玉米田杂草的发生规律及防除．大麦与谷类科学（2）：50-51.

杨锐，徐翔，王学贵，等．2021．不同助剂、喷头及喷雾压力对自走式喷杆喷雾机稻田喷雾效果的影响．农药学学报（3）：587-596.

杨现明，陆宴辉，梁革梅．2020．昆虫趋光行为及灯光诱杀技术．照明工程学报，31（5）：22-31.

杨真海．2020．草地贪夜蛾的天敌资源及其生物防治中的应用．新农民（23）：48.

叶萱．2019．生物农药使用的现状和近来的发展．世界农药（5）：110-111.

殷梦杰，宋帅帅，杨欣，等．2018．高地隙喷雾机双平行四杆喷雾支架平稳性结构分析．农机化研究，40（5）：41-45.

袁曦，张宝鑫，李敦松，等．2016．室内外评价在黄淮海夏玉米区释放玉米螟赤眼蜂防治亚洲玉米螟的可行性．环境昆虫学报（3）：482-487.

张俊，杨志刚，廉勇，等．2020．植保无人机对农药及其剂型的选择．现代农业（5）：14-17.

张俊杰，阮长春，臧连生，等．2015．我国赤眼蜂工厂化繁育技术改进及防治农业害虫应用现状．中国生物防治学报，31（5）：638-646.

张天鹏，周志强，黄金鑫，等．2021．我国农业无人机航空植保技术现状与发展趋势分析．南方农机，52（1）：42-45.

张志刚，邱德文，曾洪梅，等．2007．细极链格孢菌蛋白激发子对棉花主要性状及相关酶的影响．中国农业大学学报，12（5）：16-21.

赵康平．2005．玉米种子包衣效果的研究．兰州：甘肃农业大学.

赵莲英．2020．植保无人机喷施纳米农药防治水稻主要病虫的药效评价．安徽农业科学，48（14）：144-146，155.

赵晓琴，阮拴平．2009. 夏玉米田杂草化学防除药效比较试验．农药科学与管理，30（3）：26-27.

赵英杰，符成悦，李维薇，等．2020. 异色瓢虫幼虫对草地贪夜蛾卵和低龄幼虫的捕食作用．植物保护，46（1）：51-54.

郑丽霞，吴兰花，余玲，等．2018. 昆虫类信息素研究进展及应用前景．植物保护学报，45（6）：1185-1193.

中国农业技术推广服务中心．2011. 主要农作物病虫害测报技术规范应用手册．北京：中国农业出版社：1-75.

周宇．2017. 夏玉米田杂草综合防除技术．河南农业（10）：33.

AlbertoG，Castro J，Jeannette V，et al. 2013. Seaweed Oligosaccharides Stimulate Plant Growth by Enhancing Carbon and Nitrogen Assimilation，Basal Metabolism，and Cell Division. Journal of Plant Growth Regulation，32（2）：443-448.

Avelar S A G，Sousa F V D，Fiss G，et al. 2012. The use of film coating on the performance of treated corn seed. Revista Brasileira de Sementes，34（2）：186-192.

Chapman R R. 1998. The insects：structure and function. 4th ed. Cambridge：Cambridge University Press.

Chen R Z，Klein M G，Sheng C F，et al. 2014. Mating disruption or mass trapping，compared with chemical insecticides，for suppression of *Chilo suppressalis*（Lepidoptera：Crambidae）in northeastern China. Journal of Economic Entomology，107（5）：1828-1838.

Deng Q，Zeng D. 2015. Physicochemical property testing of a novel maize seed coating agent and its antibacterial mechanism research. Open Journal of Soil Science，5（2）：45.

Gesch R W，Archer D W. 2005. Influence of sowing date on emergence characteristics of maize seed coated with a temperature-activated polymer. Agronomy Journal，97（6）：1543-1550.

Herbert R M. 2003. Application of latex emulsion polymers in seed coating technology. Pesticide Formulations and Application Systems，1449（23）：55-67.

Kaufman G. 1991. Seed coating: a tool for stand establishment; a stimulus to seed quality. Hort Technology, 1 (1): 98-102.

Liu L X, Litster J D. 1993. Spouted bed seed coating: the effect of process variables on maximum coating rate and elutriation. Powder Technology, 74 (3): 215-230.

Mao J J, Liu Q, Yang X F, et al. 2010. Purification and expression of a protein elicitor from Alternaria tenuissima and elicitor-mediated defense responses in tobacco. Annals of Applied Biology, 156 (3): 411-420.

Peng X C, Qiu D W, Zeng H M, et al. 2015. Inducible and constitutive expression of an elicitor gene Hrip1 from Alternaria tenuissima enhances stress tolerance in Arabidopsis. Transgenic Research, 24 (1): 135-145.

Qiu J, Wang R, Yan J, et al. 2005. Seed film coating with uniconazole improves rape seedling growth in relation to physiological changes under waterlogging stress. Plant Growth Regulation, 47 (1): 75-81.

Wang Z Y, He K L, Zhang F, et al. 2014. Mass rearing and release of *Trichogramma* for biological control of insect pests of corn in China. Biological Control, 68: 136-144.

Zhang W, Yang X F, Qiu D W, et al. 2011. Pea T1-induced systemic acquired resistance in tobacco follows salicylic aci-dependent pathway. Molecular Biological Report, 38 (4): 2549-2556.

第7章 豫南夏玉米高效栽培技术途径及其应用

河南省属暖温带至亚热带、湿润至半湿润季风气候。全省一般气候特征为：春季干燥多风，夏季炎热多雨，秋季晴朗干燥，冬季寒冷少雨。河南省复杂多样的土地类型和广袤的平原，以及适宜地理气候条件为农、林、牧、渔业综合发展提供了有利的条件，使河南成为全国重要的农畜产品生产基地，在保障国家粮食安全与稳定方面发挥着重大作用。河南省包括 17 个地级市，1 个省直管县级市。通常将河南省划分为豫中、豫东、豫西、豫南以及豫北 5 个地区，其中豫南包括南阳市、驻马店市、信阳市 3 个地级市和邓州市、固始县、新蔡县 3 个河南省直辖县（市）。豫南地区是河南省重要的农业生产基地，位于亚热带湿润性季风气候向暖温带半湿润季风气候的过渡地带，生物资源丰富，降雨充沛。当前，玉米已成为豫南地区主要的粮食作物、饲料作物，玉米产量的高低对粮食生产、畜牧业发展十分重要。

7.1 玉米生产中存在的问题

豫南大部分地区秋季玉米种植面积占全部耕地面积的 80% 以上，虽然当前玉米产业发展迅速，但在生产实际中还存在着许多问题，如品种选择盲目、播种质量差、水肥利用率低、病虫草害严重、过早收获等技术普及不足的问题，导致生产成本高，比较效益低，极大影响农民种粮积极性。此外，由于该地区处于北亚热带和暖温带之间的过渡地带，受大陆性季风气候影响，该区在 6—9 月玉米生长期间，不同年份及时期降水量分布不均，时有旱涝及大风天气出现，给玉米生产造成不良影响。

7.1.1 品种选择不当

选用优良品种是获得玉米高产的基本条件。目前由于种子经营者众多，且职业素质和专业技术水平良莠不齐，所以存在对所经营的品种特点及其在本地的综合适应能力了解不够的情况，如浅山丘陵地区土壤贫瘠、保水保肥能力差，不宜密植，故不能种植高密品种，而平原水肥好的地块需密植，宜选用高密品种，以充分挖掘其高产潜力，若不知农户土壤条件就向其推荐品种，造成品种错配，最终导致不必要的损失。目前，豫南地区种子市场销售的玉米品种众多，但主导品种不突出。在多、乱、杂的种子市场和种子广告面前，农民选种无所适从。面对众多的各种不同性状表现的玉米品种，农业技术人员无法进行具体配套技术的服务指导。

7.1.2 肥料施用不合理

在玉米生产中，氮肥可促进玉米旺盛生长，且价位较低，农民用量较大；而磷、钾肥的重要性却被不少农户忽视，用量偏少。同时，由于磷、钾肥原料的采购成本高，部分信誉差的化肥生产企业生产、销售的肥料有效成分含量少，甚至出售不含磷、钾肥的"复合肥"，从中谋取暴利。劣质肥料有效成分的包装标注与实际含量并不一致，农民在不知情的情况下，只能根据包装袋表面标注的含量和价位购买，而这些劣质化肥价格偏低，成为不少农户的首选。玉米田磷、钾肥的缺少，造成土壤养分不平衡，不但使植株易倒，而且易造成果穗有秃尖，籽粒粒重下降，进而影响产量。此外，豫南地区玉米生产中，不少农户把全部肥料一次性作底肥施用，导致玉米前期旺长，后期脱肥。旺长使玉米植株变高、茎秆变脆，易倒折；脱肥使果穗秃尖变长、粒重下降，从而影响产量。

7.1.3　田间管理粗放

7.1.3.1　整地质量差

小麦收获后，由于机收麦茬较深，秸秆粉碎不彻底，影响播种质量与玉米出苗，加之地下害虫防治不力而发生危害，使缺苗断垄多发。

7.1.3.2　草害严重

豫南地区玉米田间杂草较多，危害严重的恶性杂草主要是稗草和马唐，这两种杂草野性强，长势旺，若除草剂选择不当或施用过晚，杂草难以控制，不仅与玉米争水、争肥、争光，而且由于其生长快于玉米，使玉米苗被杂草遮盖，导致玉米不能正常生长而严重减产。

7.1.3.3　病虫害疏于防治

豫南地区夏、秋季比中北部降水偏多，田间湿度大，病虫害发生偏重。危害较重的主要病害有小斑病、弯孢菌叶病、粗缩病和锈病。特别是玉米锈病，只在河南中南部危害严重，个别年份，由于发病早、蔓延快，使大部分玉米品种减产过半。当地玉米田主要害虫有大、小地老虎，二点委夜蛾，蚜虫，玉米螟等。不少农民种完玉米后，疏于田间管理及病虫害防治，在病虫害发生严重年份，造成玉米较大幅度减产。

7.1.3.4　过早收获

进入9月，每当玉米苞叶刚刚转白，农民便急着收获，此时绝大多数玉米品种离真正成熟尚有一周时间。若此时人工收获，虽对玉米籽粒、色泽影响不大，但会造成一定产量损失；若此时机收，因籽粒未熟稚嫩，不仅减产且破碎粒多，籽粒色泽及品质变差，影响最终售价。

7.1.4　干旱危害

该地区东部为平原，西部为浅山丘陵，土壤主要有壤土、砂浆黑土及沙石土，玉米生长过程中若遇严重干旱，平原区因能井灌，影响不大，而浅山丘陵及沙石土区因地下水匮乏，缺灌溉条件，则玉米严重减产或颗粒无收。干旱作为影响作物生长的主要非生物胁迫因子之一，其胁迫程度和持续时间对作物不同发育进程产生不同的影响。适度的土壤干旱提高籽粒灌浆速率，而严重的土壤干旱胁迫则造成灌浆速率下降和灌浆期缩短，尤其是玉米抽雄吐丝期7月下旬到8月上旬之间，对水分需求量较大，占总需水量的30%～35%，对干旱胁迫最敏感，是玉米一生当中的水分"临界期"。抽雄吐丝期干旱造成花粉数量减少、活性降低，导致穗粒数减少，最终导致粒重下降；这一时期又称为"雨热同季"，即降水量大的时期，也是蒸发量大的时期。玉米抽雄吐丝期干旱影响越大，减产幅度也越大。

7.1.5 渍涝危害

玉米苗龄越小，耐渍涝的能力越弱。玉米苗期土壤含水量达到最大持水量的90%时就会形成明显的渍害。夏玉米从播种到拔节一个月的时间内，总降水量超过200 mm，或者旬降水量超过100 mm就会发生渍涝灾害。玉米种子吸水膨胀和主根开始伸长时对渍涝灾害最敏感。沿淮地区夏玉米播种时日平均温度一般在25℃左右，如果播种后遇到连阴雨天气很容易发生渍涝灾害，造成出苗不齐和缺苗断垄。如果发生芽涝2～4 d即需要重新播种。玉米出苗以后，抗渍涝的能力逐步加强，但渍涝发生越早，其危害性就越大。如2007年6月中旬至7月上旬的连阴雨天气，造成播种较晚玉米田块严重减产。玉米生育中后期耐渍涝能力显著增强，抽雄后适宜的土壤湿度为土壤最大持水量的70%～90%，土壤湿度大于90%时才会影响玉米的正常生长发育。若7月下旬至8月中旬的总降水量超过200 mm，或者旬降水量超过100 mm，就会发生渍涝灾害。玉米吐丝授粉结实后，适宜的土壤湿度随着灌浆进程的推进土壤最大持水量由 80% 逐渐降至 60% 以下，此时由于玉米根系、植株发育的完善，玉米耐渍涝能力较强，一般不会造成明显的减产。

7.1.6 病害和倒伏发生

豫南地区夏玉米生长季节雨热同期，病害发生严重。南方锈病在高温多湿，连阴雨、多雾或光照不足生态条件下，发生较重，当平均气温 24~26℃、相对湿度在 85% 时极易发生和流行。温度是影响弯孢霉病原菌生长、致病等过程的关键因子，温度过高或过低均对病原菌的生长和侵染有抑制作用。孢子萌发的适宜温度为25~35℃，温度为 28℃ 时，孢子萌发率最大，分生孢子萌发率达 98%。温度对病害的潜育期有重要影响，温度越高潜育期越短。玉米生长期若遇到温度高（23~30℃）、湿度大（相对湿度 85% 以上），阴雨较多的天气条件，则有利于褐斑病害发生。6 月下旬到 7 月上旬河南省各地普遍出现高温、高湿，并伴有持续的阴雨天气，十分有利于褐斑病发生流行，易造成褐斑病暴发。粗缩病在靠近地头、渠边、路旁杂草多的玉米上发生重，在靠近菜田等潮湿而杂草多的玉米上发生重。玉米瘤黑粉菌的冬孢子在 10~40℃ 范围内均可以萌发，最适温度为 25~30℃，萌发率可达 40.0%~64.7%。瘤黑粉菌冬孢子在自然条件下，分散的冬孢子不易长期存活，但集结成块的冬孢子无论在地表或土内存活期都很长。担孢子和次生担孢子萌发最适温度为 20~26℃，最高为 40℃，侵入最适温度为 26~35℃。担孢子和次生担孢子对不良环境的耐力也较强，在干燥的条件下 5 周才死亡，这对病害的传播和流行起重要作用。

玉米的茎倒伏一般发生在穗位节以下部位。茎倒伏主要发生在地表土壤紧实、生长过高的植株、茎秆细弱的植株等情况下，病害侵染或者暴风雨引起的。再加上种植密度增加、高氮投入等等因素，又大大降低了抗逆能力。该地区在拔节到灌浆初期时易出现风雨频繁发生的天气，使玉米非常容易发生茎倒伏。根倒伏多发生在发育较弱的根系、湿度过大的土壤、下降的根系固持能力等情况下，遇到大风而引起的。种植密度不断增加将抑制玉米根系的发育，增大了根倒伏的风险。玉米倒伏后，会恶化玉米群体的结构，降低光合效率，减少光合面积，对玉米籽粒灌浆成熟造成直接的影响，严重影响有效穗数和穗粒数，从而造成减产。此外，玉米倒伏后常易发生病害，如玉米大小斑病、褐斑病、玉米螟等，要及时打药防治；农民也可以割除空秆及病株、喷施叶面肥或磷酸二氢钾，来提高地温和通风透光，加速籽粒成熟。

7.2　夏玉米合理密植高效栽培技术途径

合理密植是夏玉米实现增产的主要途径，其主要通过提高光热资源利用效率，充分挖掘群体产量潜力达到增产的目的。当前豫南夏玉米平均亩种植密度约为 4 000 株，低于发达国家 6 000 株左右的密植水平。因此，适当增加种植密度是实现高产的有效途径。同时，该地区也存在阴雨寡照和大风降雨发生频繁，易引发病虫害和发生大风倒伏等危害玉米生产的灾害。因此，在合理密植的同时，应注意加强病虫害的防治和排涝抗倒伏等方面技术的应用。夏玉米合理密植高效栽培技术途径的技术要点主要有以下几个方面。

7.2.1　选用高产、稳产、多抗、紧凑型的夏玉米品种

夏玉米一般选用通过国家或省审定的，株型紧凑、耐密性好、抗病虫害性强、抗倒性好的高产稳产，且适合豫南地区种植的紧凑型品种。适合豫南夏播的品种有郑单 958、浚单 20、中科 11、伟科 702、先玉 335 等品种。应购买正规厂家生产的带有包衣的种子进行种植。

7.2.2 科学选地，机械化贴茬播种

结合玉米生长特征，选择地势平坦、土层深厚、土壤肥沃的地块种植玉米，要求土壤有机质含量在1%以上，碱解氮80 g/kg以上，速效磷20 mg/kg以上，速效钾100 mg/kg以上；土层深厚，土壤通透性好；水源充足，具备灌水、排水设施条件。

采用机械性好、灵敏度高的播种机进行贴茬免耕覆盖施肥一体化播种。早播能充分利用光热水资源，使玉米各阶段生长与豫南气候条件达到最佳结合。因此，麦收后应趁早足墒抢时免耕贴茬播种。播种时要确保田块平整，保证下种深浅一致，播前撒匀秸秆，保证全苗。如底墒不足，应于播后及时浇灌蒙头水，并且浇透浇匀。

7.2.3 采用科学种植方式，合理密植

夏玉米宽窄行种植有利于通风透光，可以有效改善田间小气候，提高田间CO_2含量，增强玉米植株光合作用，实现高产。因此，夏玉米高产高效种植一般采用宽窄行种植。宽窄行种植采用72 cm/48 cm或者80 cm/40 cm。根据夏玉米品种特性种植密度一般采用每亩5 000～5 500株。为确保种植密度合理，在提高播种质量的基础上，要早中耕蹲苗、除弱苗、留壮苗。

7.2.4 培肥地力，合理施肥

在豫南一年两熟制种植模式中，秸秆直接还田的方式最简便、快捷、省工。连年实施秸秆还田可以提高土壤有机质含量，增强土壤蓄水保墒能力，促进微生物活力和玉米根系发育。小麦秸秆还田应注意秸秆粉碎（切碎）长度最好小于5 cm，勿超10 cm，留茬高度越低越好，撒施要均匀；还田量不宜过大，每亩400 kg为宜。同时，在秸秆还田时可以合理施入氮素化肥，保持秸秆合理的碳氮

比，有利秸秆腐烂，缓解与苗争氮。

在前茬冬小麦施足有机肥的前提下，夏玉米以施用化肥为主，注意平衡氮、磷、硫营养，进行配方施肥，实现各种养分平衡供应，满足作物的需要；达到提高肥料利用率和减少肥料用量，提高作物产量，节支增收的目的。根据夏玉米目标产量确定施肥量，一般高产田按每生产 100 kg 籽粒需施用 N 3 kg、P_2O_5 1 kg、K_2O 2 kg。同时，每亩还需增施硫酸锌 1 kg。根据施肥量选择合适比例的含硫玉米专用缓控肥结合播种进行一次性施入。

7.2.5 及时科学防治病虫害

豫南地区夏玉米病虫害苗期主要有地老虎、金针虫、蓟马、黏虫和灰飞虱，生育中后期主要有粗缩病、大小斑病、青枯病、穗蚜及玉米螟等，应以预防为主。对苗期地下害虫应做好药剂拌种和种子包衣预防措施，确保全苗；没有进行药剂拌种的，可在出苗后亩用吡虫啉 150 g 拌炒熟麦麸 2.5～3.5 kg，顺行撒施诱杀地老虎、金针虫等。并于出苗后亩用 2.6％高效氯氟氰菊酯乳油 1 000 倍液进行喷雾，预防蓟马、黏虫、斜纹夜蛾、灰飞虱等虫害，喷后 7～10 d 再喷 1 次。大口期用 3％的克百威颗粒或甲基异柳磷颗粒剂进行丢心，亩用 1.5～2 kg，可有效杀灭一、二代玉米螟幼虫，并可兼治穗蚜。对三代玉米螟可用 2.6％高效氯氟氰菊酯乳油 1 000 倍液对雌穗花丝喷雾防治。7月下旬至 8 月上中旬，雨水较多，田间湿度大，易造成大、小斑病侵染流行，可在发病初期，亩用 100～150 g 代森锰锌可湿粉剂或百菌清兑水 50 kg 喷雾，预防和控制病害蔓延。乳熟至蜡熟期，遇中到大雨天气，要及时排水，防止田间积水，减轻渍害，预防青枯病的发生。

7.2.6 及时排灌，消除涝、渍灾害

玉米苗期土壤含水量达到最大持水量的 90％时就会形成明显

的渍害，在拔节以后玉米耐涝能力加强。玉米抽雄前后，适宜的土壤相对湿度为土壤最大持水量的 70%～90%，土壤相对湿度大于90%时才会影响玉米的正常生长发育。因此，如遇到洪涝灾害年份，应及时启动防洪排涝除渍害预案，及时清理泄洪排水主干道，疏通排水系统，深挖地头排水沟，清理厢沟、腰沟，及时排涝除渍害。如苗期出现持续强降雨天气，会造成田间长时间积水，无法及时排水的话，应及时补苗。同时，在品种选择方面也应选择抗渍涝性能强的玉米品种。

7.2.7 适时收获，及时扒皮晾晒

夏玉米适时收获期为蜡熟末期。此时，果穗苞叶变白并且包裹程度松散，籽粒乳线消失，是玉米最佳的收获时期。当前生产上应用的紧凑型玉米品种多有"假熟"现象，即玉米苞叶提早变白而籽粒尚未停止灌浆，这些品种往往被提前收获。玉米在果穗下部籽粒乳线消失，籽粒含水量 30%左右，果穗苞叶变白而松散时收获粒重最高，玉米的产量也最高，可以作为适期收获的主要标志。因此，要在果穗苞叶发黄后推迟 8～10 d 收获，此时苞叶干枯、松散、籽粒"乳线"消失、基部形成黑色层、显示特有光泽，此时收获可增产 10%，且品质好。

此外，收获后要及时进行扒皮晾晒，适时脱粒晾晒。收获后不要堆垛，要及时进行扒皮晾晒。晚收玉米的含水量一般在 30%～40%左右，农民可根据天气预报，选晴朗天气进行晾晒，待含水量在 20%～30%时，及时进行脱粒晾晒。晾晒至含水量到 14%以下储存为宜。

7.3 夏玉米水肥高效栽培技术途径

灌溉和施肥措施是调控夏玉米生长发育，提高产量的主要措

施。长期以来，我国夏玉米产量的提高主要依赖于大量的水肥投入。在豫南玉米生产中就普遍存在水肥过量投入、灌水施肥不合理等严重问题，造成水分养分不协调、水肥利用效率低和农业水土环境污染等制约农业可持续发展的不良现象。因此，提高水肥利用效率一直是夏玉米高产高效生产需要解决的主要问题。合理的水肥配合可以使夏玉米在有限的资源条件下，发挥产量潜力，达到"以水促肥、以肥调水"，提高水肥资源利用效率。夏玉米水肥高效栽培技术要点主要有以下几个方面。

7.3.1 土壤条件适宜

结合玉米的具体生长特性，选择地势平坦、土层深厚、疏松多孔、有机质含量丰富的种植地，并且要具备良好的排灌条件。

7.3.2 选择适栽品种

选择通过国家或省作物品种审定委员会审定的、适合豫南地区种植的、水肥资源高效利用和病虫害抗性强的夏玉米品种。

7.3.3 提高播种质量

豫南播种期一般不迟于 6 月 10 日，一般根据品种特性按照每亩 4 500～5 000 株的种植密度进行播种。采用种肥同播技术。如前茬作物是小麦，小麦收获后秸秆还田，镇压灭茬。采用精量种肥同播一体播种机等行距播种，行距 60 cm。免耕直播，精量播种单粒率≥90%，机械破损率≤0.5%，空穴率<1%。播种深度 4～5 cm，播种机作业速度≤4 km/h，防止漏播。

7.3.4 加强水肥管理

为提高水分利用效率，采用微喷带进行灌溉。输水管道宜采用低压灌溉输水管道，微喷带宜采用多孔微喷带。微喷带铺设于夏玉米行间，铺设间距以不超过 4 行或 2.4 m 为宜，铺设长度不宜超过 80 m。建议实际灌溉时，根据水压大小调整微喷带田间铺设方案。播种后，如土壤墒情差，土壤相对含水量低于 60%±5%，短期无降雨，应及时灌溉。苗期土壤相对含水量低于 50%，且 1 周内无有效降雨则按照每亩 30 m³ 进行灌溉。若此时期土壤相对含水量低于 70%±5% 时，按照每亩 40 m³ 进行灌溉。籽粒灌浆前期如遇干旱，则每亩灌溉 30～40 m³；除遇到极端干旱，灌浆中后期不宜灌溉。

为平衡土壤养分情况，提高肥料利用效率，采用种肥同播一次性施用复合肥料或者缓控释肥料技术。施肥量根据夏玉米目标产量确定。当目标亩产量≤500 kg 时，每亩氮肥施用量为 12～13 kg（纯氮）；目标亩产量在 500～600 kg 时，每亩氮肥施用量为 13～15 kg（纯氮）；目标亩产量≥600 kg 时，每亩氮肥施用量为 15～16 kg（纯氮）。磷钾肥施用量根据土壤基础地力水平确定，每亩施用磷肥（五氧化二磷）5～6 kg，钾肥（氧化钾）6～7 kg。

7.3.5 及时、科学防治病虫草害

病虫草害的防治按照"预防为主，综合防治"的原则，优先采用农业防治、生物防治和物理防治，合理使用化学防治。在夏玉米播种后到出苗前，防治草害。浇水或雨后使用封闭除草剂，每亩喷施乙莠（40%悬浮剂）或甲乙莠（42%悬浮剂）200～250 mL，兑水 50 L 对地面进行封闭处理。在出苗到拔节期，每亩用吡虫啉（10%可湿性粉剂）20 g 或噻虫嗪（25%可湿性粉剂）20 g 兑水 50 L 防治灰飞虱，预防粗缩病害发生；采用频振式杀虫灯、太阳能杀虫灯诱杀玉米螟、棉铃虫、小地老虎、蚜虫等害虫；在玉米螟产卵始期至产卵盛末期，通过释放赤眼蜂进行防治；用氰戊菊酯或吡虫啉防治蓟马、黏虫和蚜虫；用甲维盐喷雾防治甜菜叶蛾和棉铃虫；用辛硫磷防治地下害虫；用敌百虫防治二点委夜蛾及地下害

虫。在拔节到抽雄期间，病害初期应及时去除底叶，加强通风，减少病菌传播；虫害防治同出苗到拔节期间。抽雄到成熟期，锈病发生初期应及时喷洒代森锌或三唑酮类杀菌剂进行预防；用多菌灵或甲基硫菌灵喷施果穗及下部茎叶，防治穗腐病。

7.3.6 适时晚收，实现机械化粒收

抢时早播与适时晚收相配合可以提高玉米单产。在不耽误下茬小麦播种且玉米籽粒乳线消失、黑层出现时收获。此时，果穗苞叶枯松变黄，籽粒含水量低于28%，可进行机械化粒收，收获后应及时进行晾晒防止霉变。豫南地区一般在9月底到10月初进行收获。

7.4 加快玉米高效栽培技术途径应用的措施

推广和应用玉米高效栽培技术的根本目的是让玉米产量提高，保障我国粮食生产，促进我国农业发展。为提高农业生产力，满足现代社会发展对玉米不断增加的需求，需要不断加强豫南夏玉米高产高效技术的推广和应用。

7.4.1 注重新品种、新技术的推广与创新应用

在玉米高产栽培技术推广应用过程中，应深入掌握现阶段玉米栽培过程中所存在的诸多问题，要结合实际的问题，不断加强新技术的创新应用，积极创新玉米栽培推广新模式，保证栽培科学合理，提高土地的利用效率，增加玉米产量。鼓励科研人员结合生产实际积极主动培育新品种和研发新技术，确保玉米新品种进入到科学分类的状态，还需要从玉米品种、玉米栽培方式、玉米性能等角度来进行归结，这样可以使玉米新品种与种植技术之间产生对应的关系，确保实际的种植户可以依照这样的关系来选择对应的玉米

品种。

在进行技术推广过程中，不断加强农业信息平台建设，利用互联网智能手持设备，不断加强玉米高产栽培技术的宣传和推广。同时还应积极发挥地方媒体、网络媒体的宣传作用，拓展第三方服务力量，对玉米高产种植技术进行全面的提升。

7.4.2 完善玉米高产高效技术推广体制

技术的推广应用是一个长期且系统的过程，农民群众作为技术应用的主体，在推广过程中发挥着不可或缺的作用。为此就需要构建完善的农机技术推广体系，将农业科研部门、农业经营企业、政府三者有机结合起来，为农民群众的实际玉米种植生产提供专业化的技术指导服务。另外还应在技术、资金上面给予充分的保证和有力的支持。只有实现三方的优势互补，才能够为玉米高产栽培技术推广应用奠定坚实基础。

7.4.3 加强宣传力度，定期开展培训

通过定期开展农业技术培训，能够更加方便农业户掌握玉米栽培新技术，实时掌握农业信息。在具体培训工作开展过程中，应该构建县、乡、村三级网络培训体系，不断加强村级、乡镇、县级相关农业技术部门的培训工作，加强农民群众和农机技术推广人员的专业学习，提高整个农民群众的技术应用能力，以及整个农机技术推广队伍的专业素质。另外还应该不断加强农机技术推广人员和农民群众的有效互动沟通，通过深入基层，深入农田，开展针对性的技术推广应用，让广大农民群众能够看到应用新技术取得的实实在在的成效，加速新技术的推广应用。

参考文献

胡国安.2014. 豫南雨养区冬小麦-夏玉米轻简精准化栽培技术探索. 中国作

物学年会.

李培红.2019.豫南夏玉米高产栽培技术.乡村科技（29）：90-91.

李少昆，王崇桃.2009.中国玉米生产技术的演变与发展.中国农业科学，42（6）：1941-1951.

刘静.2021.豫南地区夏玉米花粒期管理措施.河南农业（13）：48.

牛全根，金广彦.2020.夏玉米节水高产高效栽培管理技术.河南农业，534（10）：60-60.

任俊美.2020.夏玉米高产高效种植技术.农业科学，3（3）：11-12.

唐玉凤，陈平平，易镇邪，等.2020.玉米倒伏影响因素及其化学调控研究进展.作物研究，34（2）：84-90.

王成业，武建华，贺建峰.2010.豫南豫北玉米生长发育的气候条件比较及豫南玉米发展对策.中国农学通报，26（18）：353-358.

王更新.2012.豫南夏玉米高产栽培技术.现代农业科技，577（11）：30-31.

王艳萍.2019.玉米高产栽培技术的推广与实践应用.现代农业（12）：32-33.

谢张军，郭盈温.2013.豫南地区玉米生产存在的问题及应对措施.现代农业科技（2）：56-57.

杨军.2020.玉米高产栽培技术的应用推广存在的问题及对策.现代农业科技（3）：63.

张伟杨，徐云姬，钱希旸，等.2016.小麦籽粒游离多胺对土壤干旱的响应及其与籽粒灌浆的关系.作物学报，42（6）：860-872.

周敬广.2016.玉米高产栽培技术的推广与实践应用.中国农业信息（7）：77.

第8章 化肥农药减施增效技术集成与应用

8.1 化肥农药减施增效技术集成模式

本研究根据豫南夏玉米化肥农药减施存在的主观因素和客观因素，结合现有专项技术，进行技术优化、组装与集成，构建了2个豫南夏玉米化肥农药减施增效综合技术模式，即豫南高肥力农田秸秆还田一次性施肥的夏玉米化肥农药减施增效综合技术模式和中低肥力农田周年有机替代的夏玉米化肥农药减施增效综合技术模式。同时，采用"三准①"农田管理措施、"一推②"技术推广模式及"四轮驱动③"工作机制，以豫南核心示范田为样板，以专业合作社、种植大户及农民散户种植能手为抓手，加强落实技术模式的示范及辐射效应，在豫南进行大面积综合技术模式示范推广应用。

8.1.1 高肥力农田秸秆还田一次性施肥的化肥农药减施增效技术模式

8.1.1.1 技术需求

豫南农田土质黏重和酸化，土壤耕性与透气性差；玉米密植且植株高大，追肥施药困难；玉米生育期内雨热同季，高温干旱、阴

---

① 即用肥准、施药准、选用品种与配套栽培措施准。

② 即依托百县千乡万村测土推荐施肥推广工程进行技术示范推广应用。

③ 即通过科研院所与基层农技推广部门、农资经营实体、新型农业经营主体，四方协同互动配合开展示范推广工作。

雨寡照等自然灾害严重及病虫草害多发、频发；农药化肥过量施用且针对性差等问题突出。改善土壤肥力、减少化肥农药施用、提高玉米养分利用率和抗逆性、解决追肥难及化肥农药盲目施用等问题是豫南夏玉米生产中的迫切需求。

8.1.1.2 技术概况

本技术模式以测土配方和 NE 养分专家推荐施肥为基础，以筛选适合一次性施肥的高效新型肥料与玉米品种、适宜施肥量与比例、适宜种植密度、优化植株活力激发、改善植物健康，监测预报病虫害等发生动态，结合"一拌两喷"或"一拌一喷一放"病虫草害防控技术，集成技术模式并进行了示范应用。

8.1.1.3 关键技术

测土配方和 NE 养分专家推荐施肥、周年秸秆还田、高效新型肥料筛选与施用、高效玉米品种筛选与氮密协同增效、基于监测预报合理施药防控病虫害、赤眼蜂释放等技术。

8.1.1.4 技术要点

冬小麦秸秆全部粉碎还田，玉米进行贴茬播种。播种前测土配方 NE 养分专家推荐合理养分施用量：每亩 N 12 kg、P_2O_5 4 kg 和 K_2O 6 kg。基于以上亩施肥量，配施腐殖酸肥料 40 kg，于玉米播种前进行种肥同播一次性施入，生育期内不再追肥。玉米品种可选择郑单 1002、伟科 702、迪卡 653 和郑单 958，密度为每亩 5 000～5 500 株。采用"一拌两喷"或"一拌一喷一放"病虫害防控技术。"一拌"：播前，采用 30% 噻虫嗪＋35 g/L 精甲·咯菌腈 1∶150（药种比）拌种，防治苗期病虫害。"两喷"：5～7 叶期，亩用除草剂＋助剂组合（24.2% 硝磺草酮·烟嘧黄隆·莠去津 210 mL＋助剂 GY-S903 3 g），结合虫害添加杀虫剂（20% 氯虫苯甲酰胺或 5% 甲维盐），防治苗期虫害和杂草；基于监测预警预报及防治时间前移，合理防治中后期病虫害，推荐大喇叭口期（V14）人工施用 18.7% 丙环·嘧菌酯＋40% 氯虫·噻虫嗪，或抽雄吐丝期无人机施

用 75％肟菌·戊唑醇＋40％氯虫·噻虫嗪，防控中后期主要病虫
害。"一喷一放"：在虫害发生较轻的情况下，5～7 叶期施药基础
上，抽雄吐丝期连续 4 次释放玉米螟赤眼蜂，每亩 10 000 头，防
治穗部蛀虫危害。

8.1.1.5　适用对象与技术效果

适用对象：豫南高肥力农田，适用范围为玉米种植合作社、土
地流转大户及普通种植户等。

技术效果：与农民种植习惯相比，该技术模式下减施氮肥
18％～20％，氮肥利用效率提高 8.7％～10.2％，农药减施 28％～
35％，病虫草害综合防效 85％以上，玉米产量提高 6.5％～
18.8％，效益每亩增加 66.8～95.1 元。

8.1.1.6　技术原理

该技术中 NE 推荐施肥、施用腐殖酸肥料能够较好满足不同肥
力地块上玉米对主要养分的需求量及合理配比供应，能够解决目前
生产中施肥不科学、不合理的问题；秸秆还田配合施用，可改善土
壤耕性、通透性，维持与提高土壤肥力；种肥同播能够有效地改善
农业效率和养分供应；适宜的玉米品种及配套技术，可提高玉米光
热及养分利用效率，促进高产稳产；基于监测预警预报的病虫害防
控技术有效提高防治针对性和合理性，减轻危害，降低用药成本。

8.1.2　中低肥力农田周年有机替代的化肥农药减施增效技术模式

8.1.2.1　技术需求

豫南农田中低产田面积大、比例高；土壤结构性差，有机质含
量低，有效养分含量偏低且分布不平衡；化肥持效期普遍较短，肥
料利用效率低，玉米生育后期脱肥现象时有发生而追肥困难；同
时，高效玉米品种、合理种植方式及病虫害防控等技术缺乏也是影
响玉米生产的重要因素。

8.1.2.2 技术概况

本技术模式以有机肥替代化肥、秸秆还田为核心，采用适宜的高效玉米品种及配套栽培措施，监测预报病虫害等发生动态，结合"一拌两喷"或"一拌一喷一放"等病虫草害防控技术，集成综合技术模式并进行了示范应用。

8.1.2.3 关键技术

有机肥料周年替代、周年秸秆还田、高效玉米品种与栽培、种衣剂结合新型药剂病虫害防控、赤眼蜂释放等技术。

8.1.2.4 技术要点

中低肥力农田推荐合理养分每亩施用量：N 15 kg、P_2O_5 4 kg 和 K_2O 6 kg。其中，30%～40%的氮源由有机肥料替代（纯氮亩施用量为9～10.5 kg）。有机肥料于冬小麦播种季节同其他肥料作为基肥一并施入，玉米季节不再施用。冬小麦秸秆全部粉碎还田，麦茬高度≤10 cm，玉米采用种肥同播技术进行贴茬播种，玉米品种可选择郑单1002、伟科702、迪卡653和郑单958，密度为每亩5 000～5 500株。基于以上管理模式，采用"一拌两喷"或"一拌一喷一放"病虫害防控技术。"一拌"：播前，采用30%噻虫嗪＋35 g/L精甲·咯菌腈 1∶150（药种比）拌种，防治玉米苗期病虫害。"两喷"：5～7叶期，每亩选用玉米田除草剂＋助剂组合（24.2%硝磺草酮·烟嘧黄隆·莠去津 210 mL＋助剂GY-S903 3 g），结合虫害添加杀虫剂（20%氯虫苯甲酰胺或5%甲维盐），防治苗期虫害和杂草；监测预报叶斑病、南方锈病、草地贪夜蛾、玉米螟、棉铃虫等发生动态，大发生启用化学应急防控，推荐大喇叭口期（V14）人工施用18.7%丙环·嘧菌酯＋40%氯虫·噻虫嗪，或抽雄吐丝期无人机施用75%肟菌·戊唑醇＋40%氯虫·噻虫嗪，防控中后期主要病虫害。"一喷一放"：在虫害发生较轻的情况下，5～7叶期施药基础上，抽雄吐丝期连续4次释放玉米螟赤眼蜂，每亩10 000头，防治穗部蚜虫危害。

8.1.2.5 适用对象与技术效果

适用对象：豫南中低肥力农田，适用范围为具有畜禽养殖、畜禽粪便处理的企业或公司并拥有一定规模流转耕地。

技术效果：与农民种植习惯相比，减少化学氮肥用量30%～40%，农药减施28%～35%，化学氮肥利用率提高13.2%～16.4%，产量提高5.6%～16.4%，净效益每亩增加90～100元，病虫草害综合防效90%以上。

8.1.2.6 技术原理

采用化肥周年有机替代技术，结合肥料高效利用的玉米品种、种肥同播、氮密协同增效技术，以及"一拌两喷"或"一拌一喷一放"病虫草害防控技术：一方面能够明显改善土壤耕性、养分库容量及养分有效性，加之有机养分释放缓慢且持效期长，弥补玉米生育中后期养分供应不足；另一方面，能够有效地降低土壤养分流失，提高作物养分利用效率，促进高产稳产。同时，监测预报病虫害发生动态，大发生启动化学应急防控，使防治药剂具有针对性、合理性，能够在高防效基础上最大限度地降低农药施用量和投入成本。

8.2 化肥农药减施增效技术集成模式的应用

8.2.1 核心示范田分布及示范规模

示范田分布：河南驻马店、漯河、许昌、周口等地，共19个示范田。

示范品种：郑单1002、郑单958、伟科702、迪卡653等品种。

示范规模：累计安排核心示范田1 226.7 hm²，核心技术示范应用面积15.3万 hm²。

2019—2020 年部分核心示范点分布与规模见表 8-1、表 8-2。

表 8-1　2019 年部分核心示范点分布与规模

示范地点	示范户名称	示范品种	规模（hm²）
许昌市禹州	禹州市鑫鑫种植专业合作社	郑单 1002	50
临颍	临颍县峰盛种植专业合作社	郑单 1002	35
	临颍县德营种植专业合作社	郑单 1002	23
驻马店市遂平	遂平秋生种植专业合作社	郑单 1002	57
	遂平军红种植专业合作社	郑单 1002	33
	遂平兴旺种植专业合作社	迪卡 653	34
驻马店市西平	西平县二郎乡四新家庭农场	郑单 1002	23
	河南丰源和普农牧公司	迪卡 653	38
许昌市长葛	河南鼎研泽田农业科技有限公司	鼎优 163	23
周口市西华	黄泛区农场农科所	泛玉 298	37

表 8-2　2020 年部分核心示范点分布与规模

示范地点	示范户名称	示范品种	规模（hm²）
驻马店市	遂平县常庄镇龙泉村	郑单 1002	80
	遂平县农业试验站	郑单 1002	13
	遂平县大刘庄村	鼎优 163、郑单 1002	53
	遂平县褚堂镇褚堂村	郑单 1002	15
	驻马店市西平二郎镇	郑单 1002	63
	驻马店市农业科学院基地	鼎优 163、郑单 1002	13
许昌市	河南省长葛市石象乡尚官曹村	鼎优 163	40
	禹州市乐君家庭农场	郑单 1002	33
	禹州市晟良家庭农场	郑单 1002	27
	禹州市古城镇小集村	郑单 1002	87

8.2.2　示范应用效果

2018 年：通过对 67 hm² 核心技术示范田示范效果的抽样调查统计（表 8-3），核心示范田化肥减施 19.4%，氮肥利用率提高 10.1%；化学农药减施 28.6%，农药利用率提高 12.9%；每亩平均增产 26.9 kg，增产率 5.3%，节本增效 62.0 元。

表 8-3　2018 年核心示范田示范效果抽样调查汇总表

		减肥（%）	氮肥利用率增幅（%）	减药（%）	农药利用率增幅（%）	亩产量（kg）	每亩增产（kg）	增产率（%）	每亩节本增效（元）
驻马店遂平	示范	20.0	11.4	28.6	12.9	557.2	30.1	5.7	63.0
	对照	—	—	—	—	527.1	—	—	—
漯河临颍	示范	18.8	8.8	28.6	12.9	516.0	23.6	4.8	61.0
	对照	—	—	—	—	492.4	—	—	—
平均		19.4	10.1	28.6	12.9	536.6	26.9	5.3	62.0

注：据查，无人机喷药的农药利用率为 52.7%，多用手动或电动喷雾器喷药的农药利用率为 35.8%，少数合作社或种植大户用高杆喷雾器喷药的农药利用率为 47.8%。与农民田相比，示范田的农药利用率提高了 12.9%。

2019 年：通过对 353 hm² 核心技术示范田示范效果的抽样调查统计（表 8-4），核心示范田化肥减施 21.5%，氮肥利用率提高 12.5%；化学农药减施 33.1%，农药利用率提高 12.9%；每亩平均增产 58.5 kg，增产率 9.8%，节本增效 94.6 元。

2020 年：通过对 800 hm² 核心技术示范田示范效果的抽样调查统计（表 8-5），核心示范田化肥减施 18.4%，氮肥利用率提高 11.9%；化学农药减施 30.7%，农药利用率提高 12.9%；每亩平均增产 68.3 kg，增产率 12.2%，节本增效 187.8 元。

表 8-4 2019 年核心示范田示范效果抽样调查汇总表

		减肥 （%）	氮肥利用 率增幅 （%）	减药 （%）	农药利用 率增幅 （%）	亩产量 （kg）	每亩增产 （kg）	增产率 （%）	每亩节本 增效 （元）
许昌 禹州	示范	20.0	13.7	30.5	12.9	742.2	37.5	5.3	113.6
	对照	—	—	—	—	704.7	—	—	—
许昌 长葛	示范	20.0	8.4	35.3	12.9	646.5	83.9	14.9	103.7
	对照	—	—	—	—	562.6	—	—	—
漯河 临颍	示范	19	12.5	31.5	12.9	658.6	63.9	10.7	97.5
	对照	—	—	—	—	594.7	—	—	—
驻马店 遂平	示范	20.0	14.9	35.3	12.9	745	58	8.4	104.4
	对照	—	—	—	—	687	—	—	—
驻马店 西平	示范	30.0	16.4	30.5	12.9	518	35	7.2	66.5
	对照	—	—	—	—	483	—	—	—
周口 西华	示范	20.0	8.9	35.3	12.9	652.3	72.4	12.5	82.0
	对照	—	—	—	—	579.9	—	—	—
平均		21.5	12.5	33.1	12.9	660.4	58.5	9.8	94.6

表 8-5 2020 年部分核心示范田示范效果抽样调查汇总表

		减肥 （%）	氮肥利用 率增幅 （%）	减药 （%）	农药利用 率增幅 （%）	亩产量 （kg）	每亩增产 （kg）	增产率 （%）	每亩节本 增效 （元）
驻马店 遂平	示范	17.5	15.6	32.0	12.9	673	76	12.7	204.2
	对照	—	—	—	—	597	—	—	—
驻马店 西平	示范	21.3	9.3	30.5	12.9	658	54	8.9	159.3
	对照	—	—	—	—	604	—	—	—
漯河 临颍	示范	19.0	13.3	28.0	12.9	665	91	15.9	237.1
	对照	—	—	—	—	574	—	—	—
许昌 禹州	示范	20.0	15.4	30.5	12.9	571	56	10.9	162.5
	对照	—	—	—	—	515	—	—	—

（续）

		减肥 （%）	氮肥利用 率增幅 （%）	减药 （%）	农药利用 率增幅 （%）	亩产量 （kg）	每亩增产 （kg）	增产率 （%）	每亩节本 增效 （元）
许昌 长葛	示范	16.1	9.8	33.0	12.9	613	71	13.1	191.9
	对照	—	—	—	—	542			
周口 西华	示范	17.0	8.2	30.1	12.9	607	62	11.4	171.8
	对照	—	—	—	—	545			
平均		18.4	11.9	30.7	12.9	631.2	68.3	12.2	187.8

注：2020 年玉米价格为 2.2 元/kg，肥料价格 2.4 元/kg，农药成本投入每亩 50 元。

2018—2020 年结果统计显示，在 2 种综合技术模式下核心示范田化肥减施 19.8%，肥料利用率提高 11.5%；化学农药减施 30.8%，农药利用率提高 12.9%；每亩平均增产 51.2 kg，增产率 9.1%，节本增效 114.8 元。